普通高等教育电子信息类专业"十三五"规划教材

运动控制系统综合实验教程（第2版）

主编 杨国安

参编 刘小勇 杨 旸

西安交通大学出版社

XI'AN JIAOTONG UNIVERSITY PRESS

内容提要

　　本实验教程以 NMCL-Ⅲ型电力电子及运动控制实验教学装置为主线,较为详细地介绍了电力电子技术、电机学、电力拖动自动控制系统和运动控制系统等课程的实验内容、实验原理和实验方法,并适用于开设运动控制系统专题实验,以培养学生自主设计能力、综合实验能力、创新意识和创新能力。主要内容包括电力电子基础实验、电机学基础实验、直流调速系统实验、交流调速系统实验和伺服电机控制系统实验五个部分,并将基于 DSP 芯片的数字控制、基于 Matlab/Simulink 仿真设计和基于 Labview 的网络化虚拟实现技术融合到相关章节中,使之具有足够的扩展空间,以适应未来进一步的实验教学要求。

　　本书可作为自动化专业、电气工程及其自动化专业,以及其他自动化类和电气类的本科生实验教学用书,同时对从事电力电子技术、电机与拖动、电力拖动自动控制系统、运动控制系统的工程技术人员也有较好的参考价值。

图书在版编目(CIP)数据

运动控制系统综合实验教程/杨国安主编.—2版.
—西安:西安交通大学出版社,2016.12(2019.4 重印)
ISBN 978-7-5605-9008-0

　Ⅰ.①运…　Ⅱ.①杨…　Ⅲ.①自动控制系统-实验-高等学校-教材　Ⅳ.①TP273-33

中国版本图书馆 CIP 数据核字(2016)第 222452 号

策　划	程光旭　成永红　徐忠锋	

书　　名	运动控制系统综合实验教程(第2版)
主　　编	杨国安
策划编辑	杨　璠　王　欣
责任编辑	杨　璠
出版发行	西安交通大学出版社
	(西安市兴庆南路10号　邮政编码 710049)
网　　址	http://www.xjtupress.com
电　　话	(029)82668357　82667874(发行中心)
	(029)82668315(总编办)
传　　真	(029)82668280
印　　刷	西安日报社印务中心
开　　本	727mm×960mm　1/16　　**印张** 23.5　　**字数** 430 千字
版次印次	2017 年 1 月第 2 版　　2019 年 4 月第 2 次印刷
书　　号	ISBN 978-7-5605-9008-0
定　　价	48.00 元

编审委员会

Preface 序

教育部《关于全面提高高等教育质量的若干意见》（教高〔2012〕4 号）第八条"强化实践育人环节"指出，要制定加强高校实践育人工作的办法。《意见》要求高校分类制订实践教学标准；增加实践教学比重，确保各类专业实践教学必要的学分（学时）；组织编写一批优秀实验教材；重点建设一批国家级实验教学示范中心、国家大学生校外实践教育基地……。这一被我们习惯称之为"质量 30 条"的文件，"实践育人"被专门列了一条，意义深远。

目前，我国正处在努力建设人才资源强国的关键时期，高等学校更需具备战略性眼光，从造就强国之才的长远观点出发，重新审视实验教学的定位。事实上，经精心设计的实验教学更适合承担起培养多学科综合素质人才的重任，为培养复合型创新人才服务。

早在 1995 年，西安交通大学就率先提出创建基础教学实验中心的构想，通过实验中心的建立和完善，将基本知识、基本技能、实验能力训练融为一炉，实现教师资源、设备资源和管理人员一体化管理，突破以课程或专业设置实验室的传统管理模式，向根据学科群组建基础实验和跨学科专业基础实验大平台的模式转变。以此为起点，学校以高素质创新人才培养为核心，相继建成 8 个国家级、6 个省级实验教学示范中心和 16 个校级实验教学中心，形成了重点学科有布局的国家、省、校三级实验教学中心体系。2012 年 7 月，学校从"985 工程"三期重点建设经费中专门划拨经费资助立项系列实验教材，并纳入到"西安交通大学本科'十二五'规划教材"系列，反映了学校对实验教学的重视。从教材的立项到建设，教师们热情相当高，经过近一年的努力，这批教材已见端倪。

我很高兴地看到这次立项教材有几个优点：一是覆盖面较宽，能确实解决实验教学中的一些问题，系列实验教材涉及全校 12 个学院和一批重要的课程；二是质量有保证,90％的教材都是在多年使用的讲义的基础上编写而成的,教材的作者大多是具有丰富教学经验的一线教师,新教材贴近教学实际;三是按西安交大《2010版本科培养方案》编写,紧密结合学校当前教学方案,符合西安交大人才培养规格和学科特色。

最后,我要向这些作者表示感谢,对他们的奉献表示敬意,并期望这些书能受到学生欢迎,同时希望作者不断改版,形成精品,为中国的高等教育做出贡献。

西安交通大学教授
国家级教学名师

2013 年 6 月 1 日

Foreword 前言

　　根据《国家中长期教育改革和发展规划纲要（2010—2020年）》的指导精神和教育部《关于进一步加强高等学校本科生教学工作的若干意见》，我国高等教育应该实行课程教学与实验教学并重的基本方针，应着眼于国家发展和人才的全面发展需要，坚持知识、能力、素质协调发展，注重能力培养。为适应新形势下的要求，西安交通大学大力支持通过实验教学使得学生加深认识理论的正确性和实感性，纠正错误的理论理解，发现新技术，加强学生探索、创新、开拓的精神并培养学生严肃认真、实事求是的科学作风。本实验教程自成体系，实验内容与理论教学各有相对的独立性，便于单独开设专题实验课，同时也适合随理论课进行的基础实验教学。本教程在理论与实践相结合方面留给学生充分的思考余地，以利于培养和提高学生的实际动手能力和独立分析问题、解决问题的能力。

　　运动控制系统是以电动机为被控对象的机械运动自动控制，是一种电力拖动自动控制系统，是工业自动化领域的重要分支，具有很强的应用背景。运动控制系统是我国高等学校工科自动化类的专业课程，涉及的知识领域包括控制技术、计算机技术、电力电子技术、电机与拖动等，具有很强的综合性。因此，运动控制系统的实验教学特别是专题实验教学不仅可以对理论知识加深理解，而且可以通过理论知识的融会贯通与应用，建立"系统"的整体概念，领会系统分析的思想，培养学生在实际应用中分析问题和解决问题的能力，以及探索问题、研究问题的创新精神。

　　以往的运动控制系统实验教学设备多为模拟量控制的实验装置，且以直流调速系统实验装置为主。由于交流调速系统的复杂性，采用模拟量控制方式的实验装置难以较好地达到实验目的。随着以DSP为标志的数字控制技术的发展，以计算机为核心的数字控制调速系统越来越广泛并深入到工业自动化应用的各个领域。因此在运动控制系统实验教学中引入数字控制技术和计算机控制技术，可以打破以往模拟量控制的局限性，提高运动控制系统实验教学的灵活性、可扩展性和准确性，实现现代交流调速系统和伺服调速系统的实验内容，弥补以往运动控制系统实验教学内容的不足。

　　本实验教程综合了电力电子技术、电机学、电力拖动自动控制系统和运动控制

1

系统等课程教学大纲中的实验内容,并考虑到开设专题实验的需求,以王兆安主编的《电力电子技术》第 5 版和陈伯时主编的《电力拖动自动控制系统——运动控制系统》第 3 版为基准,同时以浙江大学电气学院电机系和浙江求是科教设备有限公司合作研制的 NMCL -Ⅲ型现代电力电子技术及运动控制系统实验教学装置为实验教学平台编写而成。主要内容包括实验装置的技术性能以及各单元的组件挂箱介绍,电力电子技术、电机学、电力拖动自动控制系统和运动控制系统等课程共计 45 个相关实验的实验目的、实验内容、实验原理和实验方法,除保留传统实验项目外,还增加了现代电力电子电路,Buck-Boost 变换器研究,单相斩波交流调压实验研究,单相正弦波脉宽调制(SPWM)逆变电路实验研究,微机控制脉宽调制(SP-WM)变频调速系统实验研究,电压空间矢量脉宽调制(SVPWM)变频调速系统实验研究,SPWM 和 SVPWM 变频调速系统,采用 DSP 的磁场定向控制(FOC)变频调速系统实验研究,基于 DSP 的矢量控制变频调速实验,直接转矩控制(DTC)变频调速系统实验研究,采用 DSP 控制的直流方波无刷电机(BLDCM)调速系统实验研究,直流和交流伺服控制系统特性实验,DSP 控制的同步电机伺服系统实验研究等新型内容。

NMCL -Ⅲ型现代电力电子技术及运动控制系统实验装置是一种依据组件化、模块化理念而设计的具有强扩展能力的大型综合性实验装置,可以根据电力电子器件、电力电子技术、电机技术和运动控制技术的发展而开发新的组件挂箱,开设新的实验;各学校可根据自身需要,选择相关组件挂箱。除本教程列出的实验项目外,学生还能以此实验装置为平台,设计相应的研究型实验。本教程在实验内容的编排上以相关新型实验设备为主线,既反映了学科本身的系统性,又结合了本学科的最新技术成果,全面满足了课程教学和实验教学大纲的基本要求。

本书由西安交通大学杨国安副教授、刘小勇副教授、杨旸讲师共同编写。其中第 1、7 章由杨国安编写,第 6 章由杨国安和刘小勇共同编写,第 3、4、5 章由杨国安和杨旸共同编写,全书由杨国安统稿。

另外,在本实验教程编写过程中,浙江求是科教设备有限公司和天煌科技实业有限公司提供了相关资料,上海大学机电工程与自动化学院阮毅教授对本书的编写提出了许多宝贵建议,在此谨表示诚挚的感谢。

限于编者的水平,书中难免存在疏漏和不妥之处,恳请广大读者批评指正。

编　者

2013 年 6 月于西安交通大学电子与信息工程学院

Contents 目 录

第1章　实验概述

电力电子技术是自动化专业、电气工程及自动化专业的电子技术基础课程之一,电机与拖动、电机学、电力拖动自动控制系统、运动控制系统等课程是这些专业重要的专业课或专业基础课,上述课程涉及电气、电子、控制、计算机等领域,而实验教学是这些专业课程的重要组成部分。本运动控制系统实验教程涵盖了电力电子技术基础、电机学和电力拖动自动控制系统——运动控制系统的基本知识,自成体系,便于实验教学,并通过实验教学帮助加深对基本理论的理解,综合相关知识,进行设计型综合实验甚至研究型实验项目,培养和提高实际动手能力、分析和解决问题的独立工作能力。

1.1　实验要求

电力电子技术、电机学、电力拖动自动控制系统、运动控制系统的实验教学内容繁多,实验系统比较复杂,系统性较强,特别是运动控制系统专题实验教学是上述课程理论教学的重要补充、继续和深化。而理论教学则是实验教学的基础,学生在实验中应学会运用所学的基础理论及基本知识去分析和解决实际系统中出现的各种问题,去发现新现象、新规律,并能提高动手能力,进行综合型和设计型实验,最终达到实验性研究的目的;同时,通过实验来加深理解理论,促使理论和实践相结合,使认识不断提高、深化。具体地说,学生在完成本实验教学之后可以具有以下能力:

(1)掌握电力电子器件的主电路、驱动电路的构成及调试方法,以及设计和应用这些电路的方法。

(2)掌握直流、交流、伺服电机的主要结构、工作原理及技术参数的测定方法。

(3)掌握交流、直流电机控制系统的组成和调试方法,系统参数的测试和整定方法。

(4)熟悉设计交流、直流电机调速系统的具体实验线路。

(5)熟悉实验装置、测试仪器的基本构造、性能和使用方法。

(6)能够运用理论知识对实验现象、实验结果进行分析和处理,解决实验中遇到的问题。

(7)能够综合实验数据,分析实验现象,编写实验报告,完成实验思考题。

本实验教程介绍了 45 个电力电子技术、电机学和运动控制系统的实验项目。电力电子技术实验可优先选做全控整流及有源逆变电路、各类驱动触发电路、单相交流调压电路、自关断电力电子器件的驱动与保护电路、功率器件(GTR、GTO、MOSFET、IGBT)开关特性实验、交-直-交变频电路的性能研究等实验;电机学基础实验可选做直流、交流、伺服电机的基本特性实验;运动控制系统实验可选做双闭环晶闸管不可逆直流调速系统、直流脉宽可逆调速系统、DSP 控制的方波无刷直流电机(BLDCM)调速系统、微机控制交流调速系统、双闭环三相异步电机调压调速系统、双闭环三相异步电机串级调速系统、正弦波脉宽调制(SPWM)变频调速系统、基于 DSP 的矢量变换控制与直接转矩控制变频调速系统等实验。

1.2 实验准备

实验准备即实验的预习阶段,是保证实验教学顺利进行的必要环节。每次实验前都应先进行预习,从而提高实验质量和效率,否则就有可能在实验中不能准确掌握实验的基本原理,浪费时间,达不到实验要求,甚至损坏实验装置。因此,实验前应做到以下几点:

(1)复习理论课程中与实验有关的基本内容,熟悉与本次实验相关的理论知识。

(2)阅读实验教程或实验指导,了解本次实验的目的和内容,掌握本次实验的实验原理和实验方法。

(3)写出预习报告,其中包括实验系统的详细接线图、实验步骤、数据记录表格等。

(4)熟悉实验所用的实验装置、测试仪器、显示仪表等。

(5)进行实验分组。一般情况下,电力电子技术实验小组为每组 1~2 人,交流、直流调速系统实验小组和伺服调速系统实验小组为每组 2~3 人。

1.3 实验实施

在完成理论学习、实验预习等环节后,便可进入实验实施阶段。

实验时要做到以下几点:

(1)实验开始前,指导教师要对学生的预习报告做检查,要求学生了解本次实验的目的、内容和方法,只有满足此要求后,方能允许实验开始。

（2）指导教师对实验装置做介绍，要求学生熟悉本次实验使用的实验设备、测试仪器、显示仪表，明确这些设备的基本功能和使用方法。

（3）按实验小组进行实验。实验小组成员应进行明确的分工，每个人的任务应在实验进行中实行轮换，以使所有实验参加者能全面掌握实验技术，提高动手能力，并能分析各种实现现象，发现实验中出现的问题。

（4）按预习报告上的实验系统详细线路图进行接线。一般情况下，接线次序为先主电路，后控制电路；先串联，后并联。在进行调速系统实验时，也可以由 2 人同时进行主电路和控制电路的接线。

（5）在完成实验系统接线后，必须进行自查。串联回路从电源的某一端出发，按回路逐项检查各仪表、挂箱模块、负载的位置、极性等是否正确；并联支路则检查其两端的连接点是否正确。距离较远的两连接端必须选用长导线直接跨接，不得用 2 根导线在实验装置上的某接线端进行过渡连接。自查完成后，须经指导教师复查，经指导教师同意后，方可合闸通电，开始实验。

（6）实验时，应按实验教程所提出的要求及步骤，逐项进行实验和操作。除做阶跃起动实验外，系统起动前，应使负载电阻值最大，给定电位器处于零位；测试点的分布应均匀；改接线路时，必须断开主电路电源。实验中应观察实验现象是否正常，所得数据是否合理，实验结果是否与理论相一致。

（7）完成本次实验全部内容后，应请指导教师检查实验数据、记录的波形。经指导教师认可，方可拆除接线，整理好连接线、仪器、工具等，使之物归原位。

1.4　实验分析

实验的最后阶段是实验总结，即对实验数据进行整理，绘制波形和图表，分析实验现象和实验中出现的各种问题，撰写实验报告。每个实验参与者均应独立完成一份实验报告，实验报告的编写应持严肃认真、实事求是的科学态度。如果实验结果与理论有较大出入，不得随意修改实验数据和结果，用凑数据的方法来向理论靠拢，而是应用理论知识来分析实验数据和结果，解释实验现象，找出引起较大误差的真正原因。

实验报告的基本内容如下：

（1）实验名称、班级、姓名、同组者姓名、实验时间；

（2）实验目的、实验线路、实验内容；

（3）实验设备、仪器、仪表的型号、规格、铭牌数据及实验装置编号；

（4）实验数据、列表、计算，并列出计算所用的公式；

（5）绘制与实验数据相对应的特性曲线及记录的波形；

(6)用理论知识对实验结果进行分析和总结,得出明确的结论;

(7)对实验中出现的某些现象、遇到的问题进行分析、讨论,写出心得体会,并对实验提出自己的建议和改进措施。

第2章　实验装置

2.1　概述

NMCL-Ⅲ型电力电子及运动控制实验教学装置(见图2-1)是由浙江大学电气学院电机系和浙江求是科教设备有限公司联合开发的一种功能齐全的大型综合性实验装置,可用来完成电力电子技术、电机学、电力拖动自动控制系统、运动控制系统等系列课程的全部教学实验,并可单独开设运动控制系统专题实验。

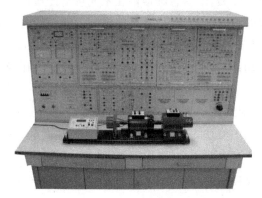

图2-1　NMCL-Ⅲ型电力电子及运动控制实验教学装置外观图

2.2　实验装置的主要特点

NMCL-Ⅲ型实验装置的主要特点如下:

(1)采用固定式模块(测量仪表、交直流电源、质量较重的模块采用固定式结构)和挂箱式模块相结合的独特结构设计,既具有常用模块的不变性,又具有不同模块的自由组合性,可以完成众多不同实验,具有较强的灵活性和可扩展性;可以减少指导教师实验前的准备工作强度。而目前市场上大多采用全挂箱式模块,每次更换实验挂箱时,需要更换多个实验箱,指导教师和学生的劳动强度较大,学生的实验操作也较为复杂。

（2）该实验装置在完成传统的实验项目的同时，突出对现代电力电子技术、电机学的最新成果和现代运动控制系统专题实验的综合设计与实验研究。实验装置可分成三大部分：器件的研究、线路的研究和系统的研究。

①器件的研究：主要是对 GTR、GTO、MOSFET、IGBT 的开关特性及其驱动电路、控制电路、缓冲和保护电路进行研究。可通过改变不同的参数来研究器件的特性，具有综合设计的研究价值；而采用驱动电路直接连接至电力电子器件上，只具备验证性，无研究可言。

②线路的研究：主要有 Buck-Boost 电路、开关电源、单相交流调压电路、全桥DC/DC 变换、软开关、整流电路的有源功率因数提高等。

③系统的研究：主要有直流脉宽调速系统（采用 MOSFET 或 IGBT）、交流变频调速系统（功率器件采用 IPM 智能功率模块）、伺服调速系统。

学生通过完成以上实验，能对各种器件在不同场合的应用有一个深刻的了解，对目前流行的各种线路均能熟练掌握，直至能够独立地设计各种线路和电路系统。

（3）实验装置设置了完善的人身安全和设备安全保护功能。设备交流电源的输出设计了过流保护功能，并在各触发脉冲观察孔端设有高压保护电路，功率器件设有安全保护线路。为了不使强电信号混入弱电电路中，采用了三种不同种类的实验导线，使学生接线时高低压线路不会插错，从而避免低压电路的损坏。

（4）实验电机：采用的实验电机功率在 100～300 W 之间，均经过特殊设计，其参数和特性可模拟中小型电机。

实验教学平台的总体结构由仪表屏、电源控制屏、实验挂箱区、下组件区和实验桌组成。

仪表屏：提供实验时需要的仪表，根据用户的需要配置指针式和数字式表。

电源控制屏：对整个实验台的电源进行控制，并通过隔离变压器保障三相交流电源。

实验桌：桌内可放置各种组件及电机，桌面上放置电机导轨。

实验挂箱区：放置实验时所需的功能组件——实验挂箱。这些组件在实验台上可任意移动。组件内容可以根据实验要求进行搭配。

下组件区：主要放置实验时经常需要的直流电源以及变压器、电抗器、电阻盘等。

2.3　实验装置及电机的技术参数

1. 实验装置及技术参数

(1)整机容量:<1.5 kV·A。

(2)工作电源:3 N/380 V/50 Hz/3 A。

(3)尺寸:162 cm×75 cm×160 cm。

(4)质量:<150 kg。

2. 实验电机及技术参数

(1)M01 型直流复励发电机的技术参数:$P_N=100$ W,$U_N=200$ V,$I_N=0.5$ A,$n_N=1\,600$ r/min。

(2)M03 型直流并励电机的技术参数:$P_N=185$ W,$U_N=220$ V,$I_N=1.1$ A,$n_N=1\,600$ r/min。

(3)M04A 型三相鼠笼型异步电机的技术参数:$P_N=100$ W,$U_N=220$ V($\triangle$),$I_N=0.48$ A,$n_N=1\,420$ r/min。

(4)M09 型三相绕线式异步电机的技术参数:$P_N=100$ W,$U_N=220$ V(Y),$I_N=0.55$ A,$n_N=1\,420$ r/min。

(5)M15 型直流无刷伺服电机的技术参数:$P_N=40$ W,$U_N=36$ V(Y),$I_N=1.3$ A,$n_N=1\,500$ r/min。

(6)M21D 交流伺服电机的技术参数:$U_N=220$ V,$I_N=3$ A,$n_N=3\,000$ r/min,$T_R=0.95$ N·m,$P_N=300$ W。

NMEL - 30 交流伺服电机控制系统中永磁交流伺服电机驱动器主要技术参数:

①AC220V 电源供电;

②控制模式:位置/速度/转矩;

③编码器形式:增量型;

④可记忆 10 组错误历史;

⑤RS232 串行口。

(7)电机导轨、光电码盘和转速表:导轨可放置各种实验电机,并保持上下、左右同心度偏差小于或等于±0.05 mm,通过橡皮连轴头和编码器连接,并用底脚固定螺丝固定电机。导轨上装有 0.5 级转速表指示电机正转、反转转速。采用特制的低纹波系数编码器,可克服传统的测速发电机引起的不对称性以及非线性,提高测量精度,以保证闭环系统的稳定。提供 6 位数字转速表,精度为 0.5 级。

2.4　实验装置的挂箱配置

实验装置的挂箱配置见表 2-1。

表 2-1　实验装置的挂箱或组件配置一览表

序号	型号	挂箱或组件名称	备注
1	NMCL-32	电源控制屏	
2	NMCL-31	低压控制电路及仪表	
3	NMCL-05E	触发电路	
4	NMCL-05F	KC08 过零触发器	
5	NMCL-03	可调电阻	
6	NMCL-331	平波电抗器(含阻容吸收电路)	
7	NMCL-35	三相变压器	
8	NMCL-33	触发电路和晶闸管主回路	
9	NMCL-22	现代电力电子电路和直流脉宽调速	
10	NMCL-18	直流调速控制单元	
11	NMCL-07C	功率器件(IGBT、MOSFET、GTR、GTO)	
12	NMCL-09A	微机控制脉宽调制(SPWM)变频调速系统	
13	NMCL-13B	基于 DSP(TMS320F2812)的研究型变频调速系统	
14	NMCL-14A	DSP 控制的高性能直流无刷电机调速实验系统	
15	应用软件	直流无刷电机调速系统和伺服系统软件(含控制、波形采集)	
16	电机导轨	电机固定导轨及转速计显示器	
17	M01	复励直流发电机	
18	M03	直流他励电机/并励电机	
19	M15	直流无刷伺服电机	
20	M04A	三相鼠笼式异步电机及光电编码盘(2 048 脉冲/转)	
21	M09	三相绕线式异步电机	
22	XDS-510	DSP 仿真器(USB2.0,与 NMCL-13B 共用)	
23	运动控制卡	PCI 板卡(Matlab/Simulink 实时控制模块库)	
24	NMEL-30	直流伺服电机控制系统	
25	M30	直流伺服电机	
26	NMEL-21D	交流伺服电机控制系统	
27	M21D	交流伺服电机	

2.5　实验装置的安全与保护

1. 设备的人身安全保护

(1)三相隔离变压器的浮地保护,将实验用电与电网完全隔离,对人身安全起到有效的保护作用。

(2)三相电源输入端设有电流型漏电保护器,设备的漏电流大于 30 mA 即可断开开关,符合国家标准对低压电器安全的要求。

(3)三相隔离变压器的输出端设有电压型漏电保护,一旦实验台有漏电压,将会自动保护跳闸。

(4)强电实验导线采用全塑封闭型手枪式导线,导线内部为无氧铜抽丝而成发丝般细的多股线,质地柔软,护套用粗线径、防硬化化学制品制成,插头采用实芯铜质件,避免操作者触摸到金属部分而引起的双手带电操作触电的可能。

2. 设备的安全保护体系

(1)三相交流电源输出设有电子线路和保险丝双重过流及短路保护功能,其输出电流大于 3 A 即可断开电源,并告警指示。

(2)晶闸管的门极、阴极和各触发电路的观察孔设有高压保护功能,避免操作者误接线。

(3)实验台采用三种实验导线,相互间不能互插,强电采用全塑型封闭安全实验导线,弱电采用金属裸露实验导线(其铜质实芯直径大于强电导线),观察孔采用 2# 实验导线,避免操作者误操作将强电接到弱电的可能。

(4)实验台交直流电源设有过流保护功能。

3. 电源控制屏的上电操作方法

(1)推上空气开关(具有断路漏电保护功能),此时红色按钮即断开指示灯点亮。电源控制屏上所有单相电源有交流 220 V 电压,控制交流、直流仪表的电源和实验台上的所有挂箱电源均通电。

(2)按下绿色按钮,则闭合指示灯点亮,听到继电器吸合声,红色按钮即断开指示灯熄灭,三相交流电源和直流高压电源通电。

(3)各类实验均可按照本实验教程的要求完成。

(4)如果不需要用三相交流电输出、直流高压电源,可不必按下绿色闭合按钮。

4. 电源控制屏的断电操作方法

(1)按下红色按钮,则断开指示灯点亮,将所有实验挂箱及仪表显示器的电源开关拨向"OFF"。

(2)断开漏电保护器。

5. 注意事项

(1)如果设备的问题需要检查或更换保险丝,必须断电操作。若有保险丝烧坏,可用同规格保险丝更换,但保险丝不可增大或减小容量。

(2)电阻盘转动不要用力过猛,以免损坏电阻盘。

(3)使用变压器时不应超负荷运行。

(4)挂箱搬动需轻拿轻放,以免损坏挂件。

(5)用烙铁时需用烙铁架,不应直接放于实验桌上,以免烧坏实验桌及其他设备。

(6)双踪示波器有两个探头,可以同时测量两个信号,但这两个探头的地线都与示波器的外壳相连接,所以两个探头的地线不能同时接在某一电路的不同两点上,否则将使这两点通过示波器发生电气短路。为此,在实验中可将其中一根探头的地线取下或外包以绝缘,只使用其中一根地线。当需要同时观察两个信号时,必须在电路上找到这两个被测信号的公共点,将探头的地线接上,两个探头各接至信号处,即能在示波器上同时观察到两个信号,而不致发生意外。

2.6 实验装置的实验项目

1. 电力电子技术(半控型晶闸管特性部分)

(1)单结晶体管触发电路;

(2)正弦波同步移相触发电路实验;

(3)锯齿波同步移相触发电路实验;

(4)单相半波可控整流电路实验;

(5)单相桥式半控整流电路实验;

(6)单相桥式全控整流;

(7)单相桥式全控有源逆变电路实验;

(8)三相半波可控整流电路实验;

(9)三相桥式半控整流电路实验;

(10)三相半波有源逆变电路实验;

(11)三相桥式全控整流及有源逆变电路实验;

(12)单相交流调压电路实验;

(13)单相交流调功电路实验;

(14)三相交流调压电路实验。

2. 电力电子技术(全控型器件典型线路部分)

(1)可关断晶闸管(GTO)特性实验;

(2)功率场效应管(MOSFET)特性实验;

(3)电力晶体管(GTR)特性实验;

(4)绝缘双极型晶体管(IGBT)特性实验;

(5)直流斩波电路的性能研究;

(6)单相交-直-交变频电路的性能研究;

(7)采用自关断器件的单相交流调压实验研究;

(8)全桥 DC/DC 变换电路实验研究。

3. 电机学基础实验

(1)直流并励电机特性实验;

(2)直流串励电机基础实验;

(3)直流他励电机的机械特性测试;

(4)直流发电机特性实验;

(5)三相鼠笼异步电机的工作特性;

(6)三相异步电机的起动与调速;

(7)异步电机的单相电容起动;

(8)三相同步电机工作特性实验;

(9)三相同步电机参数的测定。

4. 直流调速系统实验

(1)晶闸管直流调速系统参数和环节特性的测定;

(2)晶闸管直流调速主要控制单元调试;

(3)不可逆单闭环直流调速系统静特性的研究;

(4)双闭环晶闸管不可逆直流调速系统;

(5)逻辑无环流可逆直流调速系统;

(6)双闭环可逆的直流脉宽调速系统。

5. 变频原理实验

(1)三相正弦波脉宽调制(SPWM)变频原理同步调制实验;

(2)三相正弦波脉宽调制(SPWM)变频原理异步调制实验;

(3)三相正弦波脉宽调制(SPWM)变频原理混合调制实验;

(4)三相电压空间矢量脉宽调制(SVPWM)变频原理同步调制实验;

(5)三相正弦波脉宽调制(SPWM)变频原理异步调制实验;

(6)三相正弦波脉宽调制(SPWM)变频原理混合调制实验;

(7)不同的变频模式下磁通轨迹测试与实验分析。

6. 交流调速系统实验

(1)双闭环三相异步电机调压调速系统实验；

(2)双闭环三相异步电机串级调速系统实验；

(3)采用 DSP 控制的直流方波无刷电机调速系统。

7. 研究型交流变频实验系统

(1)采用 SPWM 调制方式下调速系统的实验研究；

(2)采用电压空间矢量脉宽调制(SVPWM)方式下调速系统的实验研究；

(3)采用磁场定向控制(FOC)的高性能变频调速实验；

(4)采用直接转矩控制(DTC)的高性能变频调速实验；

(5)基于上述不同控制方式的感应电机变频调速系统比较研究。

8. 伺服调速系统实验研究

(1)直流伺服调速系统；

(2)交流伺服调速系统；

(3)基于 DSP 的同步电机伺服调速实验。

2.7　主要实验挂箱的使用说明

2.7.1　电源控制屏

合上空气开关(具有断路漏电保护功能,是实验台总电源开关),红色按钮即断开指示灯点亮,此时电源控制屏的隔离变压器单相电源插孔均有 220 V 电压输出,同时实验台通过航空插座给所有实验挂箱提供电源。实验时,确认实验接线正确无误后,按下绿色按钮则闭合指示灯点亮,此时三相电源经断路器、主接触器、隔离变压器、过流保护之后输出电压,即 U、V、W 接线端口有 220 V 电压输出。实验完毕后,按下红色按钮则断开指示灯点亮,此时便断开 U、V、W 接线端口的电压输出。

三相电源 U、V、W 接线端口处带有熔断器形成过流保护,当输出电流超过3 A 或发生短路时,熔断器起到保护作用,从而避免烧毁变压器。

交流电源输出电压选择开关切换隔离变压器的副边输出电压。当切换到"直流调速"时,U、V、W 输出线电压为 200 V;当切换到"交流调速"时,U、V、W 输出线电压为 230 V。由于目前大部分地区电网电压都偏高,实际输出电压都高于上述电压。

　　直流电机励磁电源的电压通过隔离变压器副边输出再经过整流滤波后得到，输出电压随着电网电压及负载的变化而改变，实验中，电压范围在 $200\sim270$ V。当有电压输出时，对应的发光二极管发亮；如无电压输出，可检查是否由于电流太大而烧毁了熔断器。

　　电源控制屏 NMCL-32 的详细说明见图 2-2。

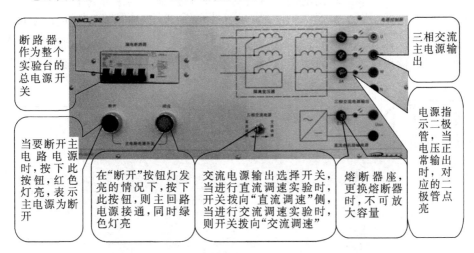

图 2-2　电源控制屏（NMCL-32）面板使用说明

2.7.2　低压控制电路及仪表

1. 给定模块 G：提供实验需要的直流可调低压电源

　　钮子开关 S_1 拨向上方，调节正给定电位器旋钮 RP_1 可以获得 $0\sim12$ V 的输出电压；钮子开关 S_1 拨向下方，调节负给定电位器旋钮 RP_2 可以获得 $0\sim-12$ V 的输出电压，电压数值可由给定模块 G 右侧的电压表读出。给定模块 G 的钮子开关 S_2 的功能如下所述：

　　(1)若 S_1 置于"正给定"位，扳动 S_2 由"零"位到"给定"位即能获得 0 V 跳变到某正电压的阶跃信号；同理，再扳动 S_2 由"给定"位扳到"零"位能获得某正电压跳变到 0 V 的阶跃信号。

　　(2)同理，若 S_1 置于"负给定"位，扳动 S_2 能得到 0 V 到某负电压或者某负电压到 0 V 的突变信号。

　　(3)同理，S_2 放在"给定"位，扳动 S_1 能得到某正电压到某负电压或者某负电压到某正电压的突变信号。

　　注意：给定输出有电压时，不能长时间短路，特别是输出电压较高时，否则容易烧坏限流电阻。

2. 低压电源模块

低压电源模块为实验台提供±15 V的直流低压电源,该电源由钮子开关控制,当钮子开关拨向"ON"时,接线端口输出±15 V电压,同时对应的红黄发光二极管发亮。该电源能够输出的最大电流为0.5 A,内部由熔断器进行保护。千万注意,给定模块G所需要的电源也由该±15 V电源提供,所以如果低压电源的开关拨向"OFF",则给定模块将无电压输出,同时,实验台也通过实验挂箱区各个航空插座将该低压电源提供给实验挂箱。低压控制电路及仪表模块的详细说明见图2-3。

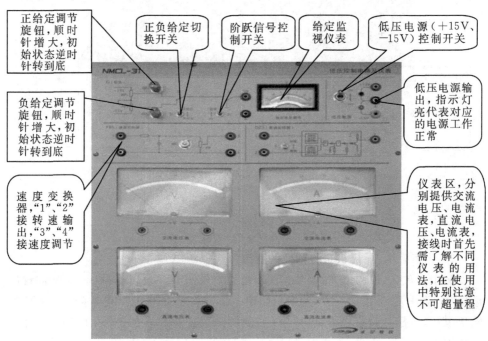

正给定调节旋钮,顺时针增大,初始状态逆时针转到底

正负给定切换开关

阶跃信号控制开关

给定监视仪表

低压电源(+15 V、-15 V)控制开关

负给定调节旋钮,顺时针增大,初始状态逆时针转到底

低压电源输出,指示灯亮代表对应的电源工作正常

速度变换器,"1"、"2"接转速输出,"3""4"接速度调节

仪表区,分别提供交流电压、电流表,直流电压、电流表,接线时首先需了解不同仪表的用法,在使用中特别注意不可超量程

图2-3 低压控制电路及仪表(NMCL-31)面板

2.7.3 可调电阻

电阻盘由三组可调电阻组成,每相有一只电阻,并可通过下方的旋钮进行阻值调节。其中,每相电阻为0~600 Ω,允许电流为0.5 A,为了防止电流过大损坏电阻,每只电阻串接了一个相应容量的熔断器。另外,电阻盘的上方还设有2个2 Ω的固定电阻,可以用于电机特性测试等特殊场合。

在实验中,电阻盘的使用方法有以下四种:

(1)每只电阻单独使用,每相电阻为 0～600 Ω,允许电流为 0.5 A,通过下方的调节旋钮完成。

(2)串联使用,即在实验中,单个电阻的阻值不够大时,可把两个电阻串联起来使用。

(3)并联使用,即在实验中,单个电阻流过的电流可能大于额定电流时,需把两个电阻并联起来使用。

(4)分压器接法,即根据实验的需要,最上部 600 Ω 电阻除了作可变电阻使用外,还可采用电位器接法作分压器用。例如,他励直流电机励磁电压调节就是采用电位器接法。固定电压施加在 A_2A_4 端,而可变电压可以从 A_3A_2 端引出。

注意事项:

(1)在使用中,为了避免电流过大,一般在上电前,先把电阻盘下方的调节旋钮逆时针调到底使阻值最大,再根据实验需要,顺时针调节旋钮使阻值逐渐减小。

(2)当熔断器烧毁时,只能更换同容量的熔断器,绝对不可任意放大容量,否则有可能损坏电阻盘。

(3)调节电阻盘下方的旋钮时,需缓慢调节,当感觉调到底时,不可加大力气,强行调节,否则可能损坏电阻两端的卡位装置。

图 2-4 为可调电阻(NMCL-03)面板示意图。

图 2-4　可调电阻(NMCL-03)面板示意图

2.7.4 触发电路和晶闸管主回路

NMCL-33 由同步电压观察模块,脉冲观察及通断控制模块,脉冲移相控制模块,脉冲放大电路控制模块,FBC＋FA(电流反馈及过流保护)模块,Ⅰ组晶闸管,Ⅱ组晶闸管,以及二极管整流桥组成。NMCL-33 挂箱的详细说明见图 2-5。

同步电压观察孔,波形为正弦波,线电压为 50V 左右,V 相滞后 U 相,W 相滞后 V 相均为 120°

双脉冲观察孔,相邻脉冲相位差为60°。可通过示波器观察脉冲和同步电压的波形,进行移相角度的测量

脉冲观察及通断控制:可分别控制六个脉冲的通断,当按下琴键开关时,接到晶闸管对应序号的脉冲被切断,可模拟脉冲丢失的情况

I_z:零电流检测信号;I_1:电流反馈信号,反馈强度由 RP_1 进行调节

过压过流指示,在过流过压动作后,如故障已经排除,则按下复位按钮,恢复正常工作

脉冲移相控制端,当输入正电压时,脉冲前移,输入负电压时,脉冲后移,移相范围为 10°～170°

偏移电位器,调节 α 的初始角

脉冲放大电路控制端,分别控制Ⅰ、Ⅱ组晶闸管脉冲放大电路的工作状态

Ⅰ、Ⅱ组晶闸管,当进行三相电路实验时,脉冲已在内部接好,当进行单相实验时,需外加触发脉冲。晶闸管额定电流为5A

二极管整流桥:由六只 5A/800V 二极管构成

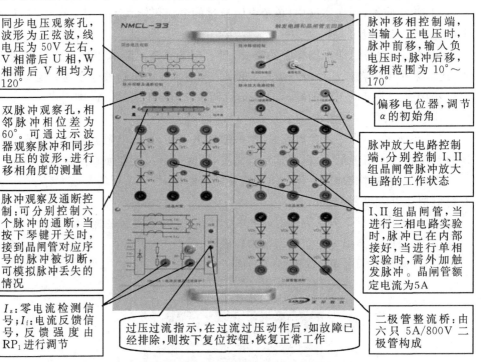

图 2-5　触发电路和晶闸管主回路(NMCL-33)挂箱使用说明

1. 触发电路

实验台提供相位差为 60° 的六组双脉冲,分别由两路功放进行放大,分别由 U_{blf} 和 U_{blr} 进行控制。当 U_{blf} 接地时,第一组脉冲放大电路进行放大。当 U_{blr} 接地时,第二组脉冲放大电路进行工作。

注意事项:

(1)观察孔在挂箱上均为小孔,仅能接示波器,不能接任何信号。特别是六路双脉冲观察孔,绝对不可和Ⅰ、Ⅱ组晶闸管的控制极相连。

(2)每组晶闸管 1-6 的双脉冲相位差为 60°,且后一组脉冲滞后前一组脉冲。如果出现后一组脉冲超前前一组脉冲,则说明实验台输入的三相电源相序错误,只

要更换三相电源插座任意两相即可。

2. 电流反馈及过流保护(FBC＋FA)

此单元有三种功能:一是检测电流反馈信号,二是发出过流信号,三是发出过压信号。

(1)电流变送器(FBC)。电流变送器适用于晶闸管直流调速装置中,与电流互感器配合,检测晶闸管变流器交流进线电流,以获得与变流器电流成正比的直流电压信号、零电流信号和过电流逻辑信号等。

(2)过流过压保护(FA)。当主电路电流超过某一数值后(2 A 左右),电压超过 260 V,接触器动作,断开交流主电路,同时过流过压指示发光二极管亮。

3. 主回路

使用时注意,外加触发脉冲时,必须切断内部触发脉冲。

2.7.5　功率器件

如图 2-6 所示,功率器件包括 GTR,GTO,MOSFET 和 IGBT。

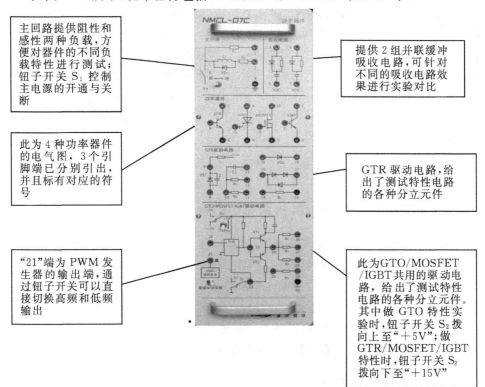

主回路提供阻性和感性两种负载,方便对器件的不同负载特性进行测试;钮子开关 S₁ 控制主电源的开通与关断

此为 4 种功率器件的电气图,3 个引脚端已分别引出,并且标有对应的符号

"21"端为 PWM 发生器的输出端,通过钮子开关可以直接切换高频和低频输出

提供 2 组并联缓冲吸收电路,可针对不同的吸收电路效果进行实验对比

GTR 驱动电路,给出了测试特性电路的各种分立元件

此为GTO/MOSFET/IGBT共用的驱动电路,给出了测试特性电路的各种分立元件。其中做 GTO 特性实验时,钮子开关 S₂ 拨向上至"＋5V";做 GTR/MOSFET/IGBT 特性时,钮子开关 S₂ 拨向下至"＋15V"

图 2-6　功率器件(NMCL-07C)挂箱使用说明

2.7.6 直流调速控制单元

直流调速控制单元(NMCL-18)挂箱使用说明如图2-7所示。

转速调节器 ASR，"1"接转速反馈，"2"接给定，"1"与"7"、"5"与"6"接可调电容，可分别调节微分时间常数和积分时间常数，"4"接零速封锁器输出，RP$_1$、RP$_2$分别调节正、负电压的限幅输出，RP$_3$、RP$_4$调节比例系数

可调电容，共有4组，可分别作为ASR、ACR的积分电容和微分电容，通过琴键开关调节，每组可调电容的调节范围为0.1~11 μF

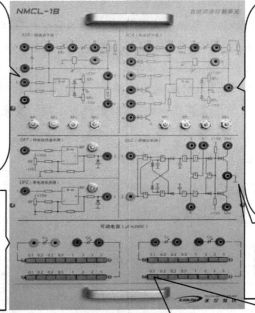

电流调节器 ACR，"1"接电流反馈，"3"接转速调节器输出，"1"与"11"、"9"与"10"接可调电容，可分别调节微分时间常数和积分时间常数，"8"接零速封锁器输出，RP$_1$、RP$_2$分别调节正、负电压的限幅输出，RP$_3$、RP$_4$调节比例系数，"2"、"4"、"5"、"6"为逻辑无环流实验专用，基本原理可参考本实验教程相关章节

DPT、DPZ、DLC供逻辑无环流实验用，具体用法可参考本教程相关章节

琴键开关使用方法：每一挡开关上有一个数字，代表电容值，如0.1代表0.1 μF。当按下开关时，则对应容量的电容被接入，弹出开关，则电容断开，所有电容采用并联接法，所以最大电容为0.1+0.2+0.2+0.5+1+2+2+5=11 μF

图2-7 直流调速控制单元(NMCL-18)挂箱使用说明

2.7.7 现代电力电子电路和直流脉宽调速

现代电力电子电路和直流脉宽调速(NMCL-22)由9个模块组成：ⅰ. SPWM波形发生器；ⅱ. UPW(脉宽调制器)；ⅲ. DLD(逻辑延时)；ⅳ. FA(限流保护)；ⅴ. 隔离与驱动电路；ⅵ. PWM主回路；ⅶ. 直流斩波电路(DC-DC变换)；ⅷ. 斩控式交流调压电路主电路；ⅸ. FBA(电流反馈)。

NMCL-22主要可以完成6种直流斩波电路、斩控式交流调压、DC-DC变换、SPWM逆变电路等实验。各个模块详细说明如下：

1. SPWM 波形发生器

内部电路是由专用波形发生芯片构成的，分别产生三角波和正弦波，合成后为

SPWM波形,其中,三角波和正弦波的频率范围通过两个多圈电位器进行调节,三角波频率的调节范围为 1.8～10 kHz,正弦波的频率范围为 2～50 Hz,正弦波的幅值也可以进行调节,调节范围为 0～8 V,但三角波的幅值不可调节。实验时,需要观察三角波和正弦波的幅值,应保证正弦波的幅值小于三角波,否则调制后的SPWM波形会出错。

NMCL-22挂箱使用说明如图 2-8 所示。

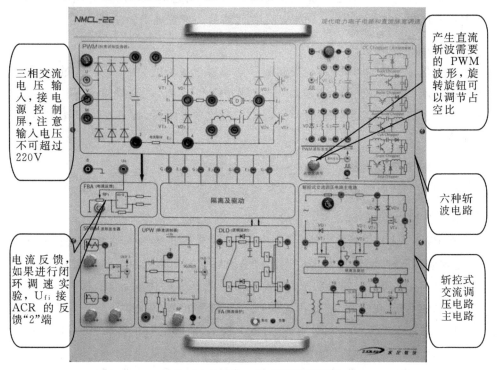

图 2-8　NMCL-22挂箱使用说明

2. UPW(脉宽调制器)

UPW 由 PWM 波形专用芯片 SG3525 构成,"1"端锯齿波的频率为 18 kHz,通过调节"3"端的输入的给定电压改变"2"端输出方波波形的占空比,由于不同的实验初始要求的占空比不同,如 H 桥电路,初始占空比为 50%,类似 BUCK 电路的直流斩波电路,则初始占空比最好能从小慢慢调至正常,所以设置电位器 RP,调节 RP 即可得到实验所需要的初始占空比。

3. DLD(逻辑延时)

为了防止 H 桥电路中同一桥臂上下两只功率管(MOSFET 或 IGBT)发生直

通现象,驱动上下桥臂的脉冲必须有一定的死区时间,一般不小于 5 μs。DLD 的作用就是把一路 PWM 信号分解成两路 PWM 信号,这两路 PWM 信号必须高低电平错开,同时留有死区时间。

DLD 的"1"端根据实验要求接线。当进行 SPWM 交流逆变实验时,DLD 的"1"端接 SPWM 波形发生器的输出端"3";当进行直流斩波实验时,DLD 的"1"端接 UPW 的输出端"2",DLD 模块的"2"、"3"端为两路 PWM 信号的观察孔,在内部已接至隔离及驱动电路上,为 PWM 主回路的功率管提供触发脉冲。

4. FA(限流保护)

为了保证系统的可靠性,在控制回路中设置了保护线路,一旦出现过流,保护电路输出两路信号,分别封锁 SG3525 的脉冲输出和与门的信号输出,同时挂箱的告警发光二极管亮,切断实验台的主电源。当故障消除后,按下"复位"按钮,控制电路恢复工作。

5. 隔离及驱动电路

NMCL-22 内部由两片 R2110 驱动电路构成。

6. PWM 主回路

在 PWM(脉宽调制发生器)模块中,二极管整流桥把输入的交流电变为直流电,正常情况下,交流输入为 220 V,经过整流后变为 300 V 左右的直流电,滤波电容 C 为 470 μF/450 V;四只功率管(MOSFET 或 IGBT)构成 H 桥,根据 PWM 脉冲占空比的不同,在负载"6"端和"7"端之间可得到正或负的直流电压。H 桥的具体工作原理可参考王兆安编著的《电力电子技术》或陈伯时编著的《电力拖动自动控制系统——运动控制系统》等。

在 H 桥的输出回路中,串接了一个小电阻("5"端和"6"端之间),阻值为 1 Ω,可用来观察波形,其上的电压波形反映了主回路输出的电流波形。同时,在主回路中还串接了 LEM 电流传感器,经过放大,输出一个反映电流大小的电压,作为双闭环控制系统的电流反馈信号 FBA。另外,在主回路的"2"和"4"端串接了一个取样电阻,作为过流保护用,当电阻的电流超过额定电流值时,过流保护电路动作,关闭脉冲,从而保护功率管。

7. 直流斩波电路

该模块的左侧提供若干电阻、电容、电感、二极管和 IGBT 等元件,可以参考挂箱上的不同斩波电路原理图进行接线,模块的最上边提供直流电源为 15 V,并带有熔断器保护。

8. 斩控式交流调压

斩控式交流调压电路由控制电路和主电路组成。

输入交流电压为 220 V，经过同步变压器 T 后，分别形成两路相位差为 180° 的方波，分别对应正弦波的正半周和负半周，由 SG3525 进行调制（调制频率约为 18 kHz）后，经过隔离及驱动电路，分别驱动 IGBT 或 MOSFET。

实验过程中，将 UPW 的"2"端接调压电路的"14"端，在挂箱上已有标注。通过调节给定电压 U_g 改变 UPW 的"3"端的输入电压，从而改变交流调压电路输出电压的有效值。

注意：在斩控式交流调压电路主电路模块上各引出孔中，除"14"端需要接线外，其余均为观察孔，不可接线。同时，在测试波形时，注意示波器的正确使用，避免两根地线接不同电位点引起短路。

2.7.8 触发电路

单结晶体管触发电路、正弦波触发电路和锯齿波触发电路及说明如图 2 - 9 所示。

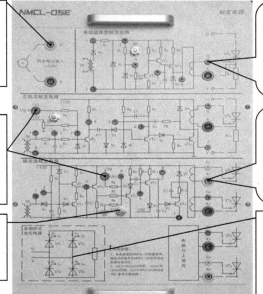

图 2 - 9 触发电路(NMCL - 05E)挂箱使用说明

2.7.9 微机控制脉宽调制(SPWM)变频调速系统

该实验挂箱采用电机专用 DSP 及工业用 IPM 模块,线路简洁,可靠性高。脉冲调制方式紧密结合教材,采用同步调制、异步调制、混合调制,分别采用两只多圈电位器对转速和 U/f 进行调节。可通过示波器测试电机线电压波形,通过传感器测试电机电流波形,还可测试气隙磁通波形。控制方式除采用常规的 SPWM 方式外,还可以采用电压空间矢量控制,通过比较这两种方式,了解电压空间矢量控制对电机控制性能的改善,显示各种设定或运行数据和运行状态,如运行频率、调制比、U/f 曲线、加速时间、故障代码等。

图 2-10 所示为微机控制脉宽调制变频调速系统(NMCL-09A)挂箱示意图。

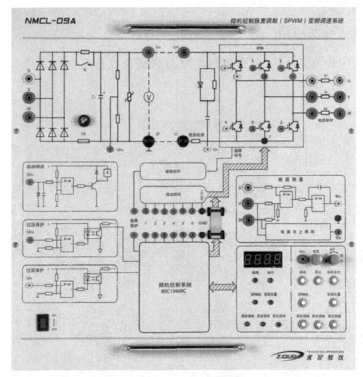

图2-10 微机控制脉宽调制变频调速系统(NMCL-09A)挂箱示意图

2.7.10 DSP 控制的高性能直流无刷电机调速实验系统

NMCL-14A 调速系统由方波无刷电机、电机转子位置传感器、转速传感器、功率管(GTR)构成的逆变器、DSP 为核心的数字控制器等构成。系统可工作在无转子位置传感器状态,此时转子位置通过观测器获得两种工作状态,通过开关 K 切换,系统也可以不用转速传感器,而利用转子位置信号即可检测电机的转速。图 2-11所示为 DSP 控制的高性能方波无刷直流电机调速系统(NMCL-14A)挂箱示意图。

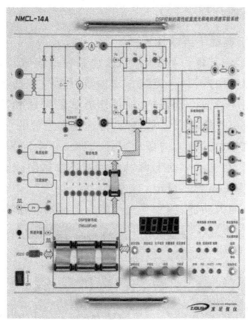

图 2-11   DSP 控制的高性能方波无刷直流电机调速系统(NMCL-14A)挂箱示意图

1. 可完成的主要实验

(1)有与无转子位置传感器时电机转子位置信号测试;

(2)有与无转子位置传感器时电机的起动特性研究;

(3)功率晶体管基极驱动波形测试;

(4)电机定子线电压波形测试;

(5)电机定子电流波形测试

(6)系统稳态与动态特性测试。

伺服系统由位置环、转速环、电流环构成,给定信号分别为阶跃信号、斜波信号、抛物线信号,通过改变三环的参数,可观察不同给定信号时电机的跟踪情况。

2. 上位机程序使用说明

NMCL-14(V2)软件是 DSP 控制的高性能直流无刷电机调速实验系统(NMCL-14A)的上位机控制程序。该软件与 NMCL-14A 挂箱配套使用。NMCL-14 挂箱上备有串口 RS232 连接插座。操作者使用软件前,应先使得此连接插座与上位 PC 机串口妥善连接。脱离 NMCL－14A 挂箱，软件将无效，装入运行时将无法正常执行其各项功能。

MCL－14(V2)软件完成 NMCL－14A 无刷直流电机调速系统的上位机控制，包括面板命令控制、各类控制方式与参数设定、获取相关实验数据以及实验数据波形显示和后期数据处理。

3. 无刷直流电机实验平台软件界面

如图 2－12 所示，左上角为系统命令块，包括串口设置、显示设置以及数据后期处理(数据保存、保存图片等)。控制方式参数设置通过选择伺服控制系统还是调速控制系统进入相应参数设置框，方便控制方式的选择和控制参数的设置。下面的三个模块分别对应系统状态显示、数据传输状态进程的显示、系统状态命令发送按钮。右上角为采集数据类型选择和方式选择。正中间为数据曲线显示，可以同时采集两通道数据，在显示界面上可以显示四条数据曲线。系统支持在下位机系统电机运行中，改变采集方式设定。

该软件主要具有两大功能：控制平台功能与虚拟示波器功能。

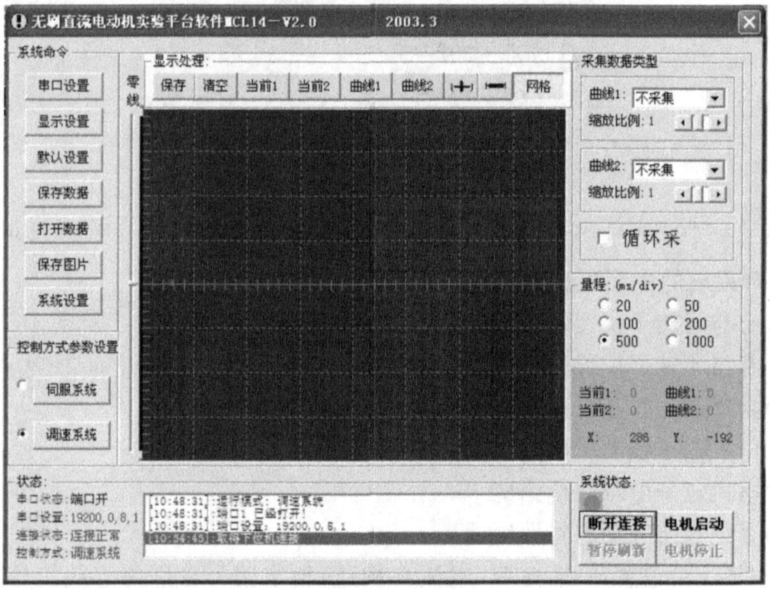

图 2－12　无刷直流电机实验平台软件界面

2.7.11　基于 DSP 的研究型变频调速系统

传统的电机调速系统，一般采用 TI 公司 1998 年 16 位低性能 TMS320F240 DSP 产品作为控制核心芯片，电机控制算法程序直接固化在 DSP 的 Flash 上，并且只有串口与 PC 进行简单通信。实验时只能观看电机算法控制结果,无法动手编程实现电机控制算法,无法利用 Matlab 进行电机数据分析和处理。此类系统具有 DSP 性能低、实验开放性差、无法进行控制算法二次开发以及电机数据分析和处理等缺点。

图 2-13 所示为研究型交流变频实验系统(NMCL-13B)挂箱示意图。该实验系统利用 TI 公司 32 位高性能 TMS320F2812(DSP2812)作为控制核心芯片,并设计成为 DSP2812 控制卡,利用超高速度 PC 机实现电机控制算法,将控制算法计算所得到的数据实时传送到 DSP2812,利用 DSP2812 的 EV 单元输出 PWM 波形。DSP2812 采集所得的电流、电压等信号也通过通信接口实时地传回到 PC 机,DSP2812 与 PC 机通过高速中断进行数据交互。同时,解决了 Windows 操作系统下实时控制的关键技术,并开发出基于 LabVIEW8.5 的电机实时控制软件和 Matlab 实时控制模块库。利用该运动控制卡和接口软件,可以完成交流感应电机、直流无刷电机、开关磁阻电机等众多电机的实时控制实验,直接在 Windows 系统上使用 C、C++或者 Basic 语言编写电机控制算法,无须了解任何 DSP 电机控制相关技术,更重要的是,也可以使用 Matlab 语言编写算法或者用 Simulink 库搭建电机控制算法,该系统对电机控制算法开发非常简单。

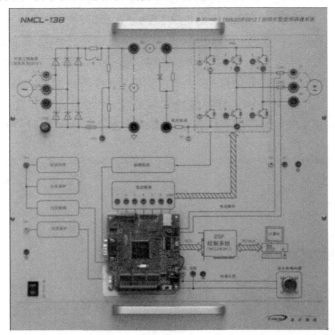

图 2-13　研究型交流变频实验系统(NMCL-13B)挂箱示意图

　　针对该系统设计的 DSP 控制卡,在 Matlab 环境下开发了 Embedded Target for TI C2000 DSP 实时控制的 Simulink 模块库,并在 Matlab 上开发了交流异步电机 SPWM、SVPWM 以及闭环磁场定向控制算法的变频调速控制程序。重要的是,该系统不仅可以利用这些 Simulink 模块方便地实现交直流电机变频调速实时控制功能,而且还可以利用 Matlab 的 Real-Time Workshop 将开发的电机控制算法生成 C 代码文件,并创建 CCS 工程,直接移植到 DSP 硬件上实现控制功能。利用此方法,可以大大加快电机控制算法的开发过程。

　　利用 Visual C++开发的交流感应电机控制算法软件和 Matlab 程序可以很好地完成以下实验内容,并且提供 C 语言电机控制算法源代码,用户可以很方便地进行修改。

　　NMCL-13B 可以完成以下实验内容:

　　(1)采用 SPWM 调制方式的 U/f 调速系统实验研究;

　　(2)采用马鞍波调制(SVPWM)方式的 U/f 调速系统实验研究;

　　(3)采用电压空间矢量调制(SVPWM)方式的 U/f 调速系统实验研究;

　　(4)采用磁场定向控制(FOC)的高性能变频调速实验;

　　(5)采用直接转矩控制(DTC)的高性能变频调速实验;

　　(6)上述不同控制方式的感应电机变频调速系统的性能比较研究

　　进一步,NMCL-13B 还可以进行更复杂的控制算法如自适应控制、解耦控制、滑模变结构控制等实验,实现实时参数辨识实验,同时采集系统运行数据。该系统不仅可以进行数据保存做进一步的分析,而且可以通过 Matalab 的 Real-Time 工具箱或类似的软件,进行参数的实时处理,比如自适应参数辨识和神经网络控制等无法用 DSP 实现的算法,从而可实现更复杂算法的实时控制功能。控制界面如图 2-14～图 2-19 所示。

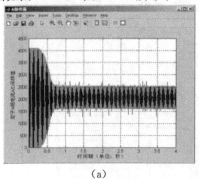

(a)

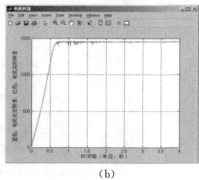

(b)

图 2-14　Matlab 环境下电机起动波形

(a)Matlab 环境下电机起动时的电流波形;(b)Matlab 环境下电机起动时的转速波形

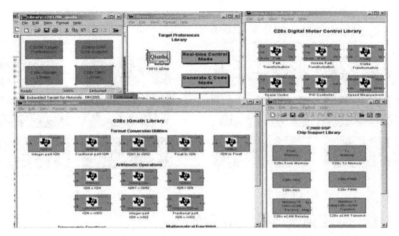

图 2 - 15　Embedded Target for TI C2000 DSP Simulink 模块库

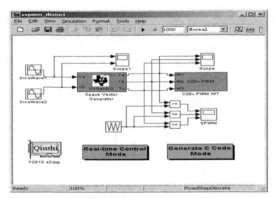

图 2 - 16　Simulink 模块实现的 SPWM 开环变频调速程序

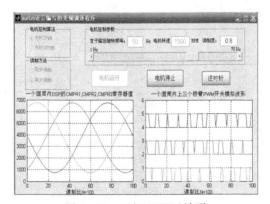

图 2 - 17　三相 SPWM 波形

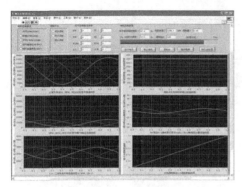 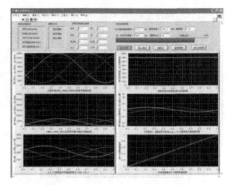

图 2-18　SPWM 控制界面　　　　　图 2-19　转差单闭环控制界面

2.7.12　直流伺服电机控制系统

直流伺服电机控制系统挂箱功能见图 2-20 说明。

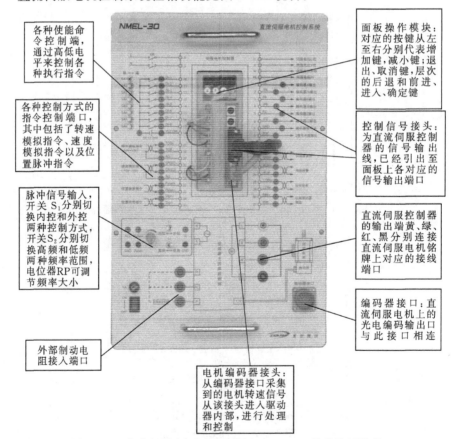

各种使能命令控制端，通过高低电平来控制各种执行指令

各种控制方式的指令控制端口，其中包括了转速模拟指令、速度模拟指令以及位置脉冲指令

脉冲信号输入，开关 S_1 分别切换内控和外控两种控制方式，开关 S_2 分别切换高频和低频两种频率范围，电位器 RP 可调节频率大小

外部制动电阻接入端口

电机编码器接头：从编码器接口采集到的电机转速信号从该接头进入驱动器内部，进行处理和控制

面板操作模块：对应的按键从左至右分别代表增加键，减小键；退出、取消键，层次的后退和前进、进入、确定键

控制信号接头：为直流伺服控制器的信号输出线，已经引出至面板上各对应的信号输出端口

直流伺服控制器的输出端黄、绿、红、黑分别连接直流伺服电机铭牌上对应的接线端口

编码器接口：直流伺服电机上的光电编码输出口与此接口相连

图 2-20　直流伺服电机调速系统(NMEL-30)挂箱使用说明

2.7.13　交流伺服电机控制系统

20 世纪 80 年代以来,随着集成电路、电力电子技术和交流可变速驱动技术的发展,永磁交流伺服驱动技术有了迅猛的发展,各国著名电气厂商相继推出各自的交流伺服电机和伺服驱动器系列产品并不断完善和更新。交流伺服系统已成为当代高性能伺服系统的主要发展方向,使原来的直流伺服面临被淘汰的危机。90 年代以后,世界各国已经商品化了的交流伺服系统是采用全数字控制的正弦波电机伺服驱动的。交流伺服驱动装置在传动领域的发展日新月异。

永磁交流伺服电机同直流伺服电机比较,主要优点有:

(1)无电刷和换向器,因此工作可靠,对维护和保养要求低。

(2)定子绕组散热比较方便。

(3)惯量小,易于提高系统的快速性。

(4)适应于高速大力矩工作状态。

(5)同功率下有较小的体积和质量。

永磁交流同步伺服电机具有以下特点:

(1)调速、定位精度高。

(2)动态响应快。

(3)速度范围更大,过载能力强。

(4)线性度好,力矩波动小。

(5)磁能积高,体积小,质量轻。

(6)损耗低,效率高。

(7)噪声低,温升低,使用年限长。

交流伺服电机控制系统(NMEL－21D)的挂箱说明如图 2－21 所示。

2.7.14　其他挂箱

另外,还有其他挂箱,包括三相变压器(NMCL－35)、KC08 过零触发(NMCL－05F)和平波电抗器(NMCL－331),如图 2－22、图 2－23 和图 2－24 所示。

晶闸管过零触发器 KC08 能使双向晶闸管的开关过程在电源电压为零的瞬间进行触发。这样,负载的瞬态浪涌电流和射频干扰最小,晶闸管的使用寿命也可以提高。该电路可用于恒温箱的温度控制、单相或三相电机和电器的无触点开关、交流无触点开关、交流灯光闪耀器等设备中作零触发用。电路内部有自生直流稳压电源,可以直接接交流电网电压使用。该电路具有零电压触发、输出电流大等特点。KC08 过零触发的技术参数如下:

电源电压:外接直流电压为 12～16 V;自生直流电源电压为 12～14 V。

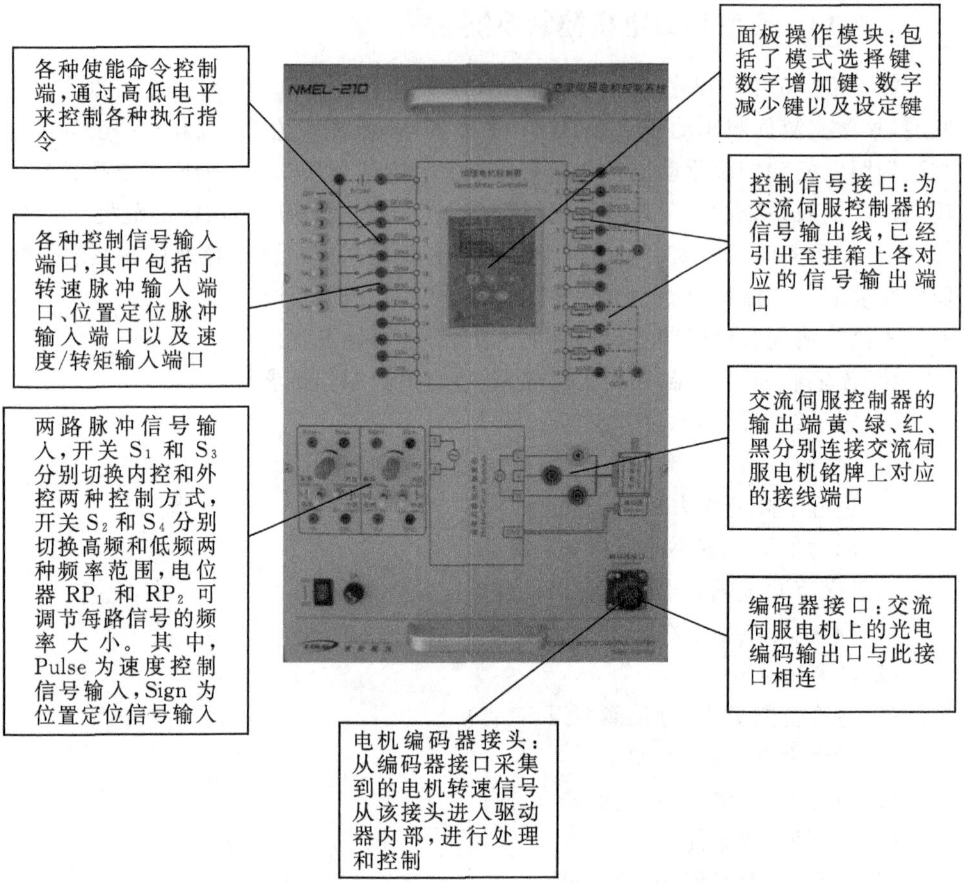

面板操作模块：包括了模式选择键、数字增加键、数字减少键以及设定键

控制信号接口：为交流伺服控制器的信号输出线，已经引出至挂箱上各对应的信号输出端口

交流伺服控制器的输出端黄、绿、红、黑分别连接交流伺服电机铭牌上对应的接线端口

编码器接口：交流伺服电机上的光电编码输出口与此接口相连

各种使能命令控制端，通过高低电平来控制各种执行指令

各种控制信号输入端口，其中包括了转速脉冲输入端口、位置定位脉冲输入端口以及速度/转矩输入端口

两路脉冲信号输入，开关 S_1 和 S_3 分别切换内控和外控两种控制方式，开关 S_2 和 S_4 分别切换高频和低频两种频率范围，电位器 RP_1 和 RP_2 可调节每路信号的频率大小。其中，Pulse 为速度控制信号输入，Sign 为位置定位信号输入

电机编码器接头：从编码器接口采集到的电机转速信号从该接头进入驱动器内部，进行处理和控制

图 2-21　交流伺服电机控制系统(NMEL-21D)挂箱使用说明

电源电流：≤12 mA。

零检测输入端最大峰值电流：8 mA。

输出脉冲：ⅰ.脉冲幅度：＞13 V；ⅱ.最大输出能力：30 mA(脉冲宽度 400 μs 以内)，可扩展；ⅲ.输出管反压：$BVceo$≥18 V(测试条件：I_e＝100 μA)。

输入控制电压："1"电平或"0"电平。

使用环境温度：-10～70℃。

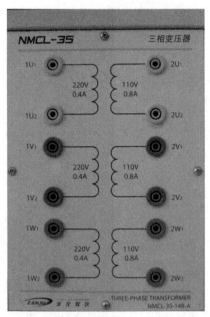

图 2 - 22　三相变压器(NMCL - 35)面板示意图

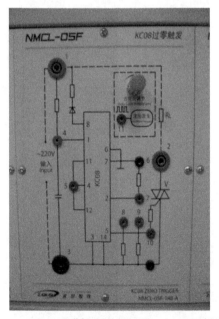

图 2 - 23　KC08 过零触发器(NMCL - 05F)面板示意图

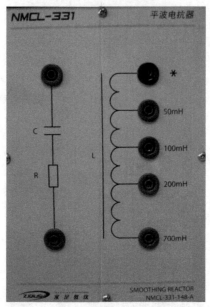

图 2 - 24　平波电抗器(NMCL - 331)

第3章　电力电子技术基础实验

3.1　单结晶体管触发电路及单相半波可控整流电路实验

3.1.1　实验目的

(1)熟悉单结晶体管触发电路的组成与工作原理。
(2)掌握单结晶体管触发电路的调试方法。
(3)掌握单相半波可控整流电路在电阻负载及阻感性负载时工作原理。
(4)熟悉续流二极管的作用及应用场合。

3.1.2　实验内容

(1)单结晶体管触发电路的调试。
(2)单结晶体管触发电路观察孔各点波形的测试与分析。
(3)单相半波可控整流电路带电阻性负载时特性的测定。
(4)单相半波可控整流电路带阻感性负载时,测试并分析续流二极管的作用。

3.1.3　实验设备

(1)电源控制屏(NMCL-32);
(2)触发电路和晶闸管主回路(NMCL-33);
(3)触发电路(NMCL-05E);
(4)可调电阻(NMCL-03);
(5)平波电抗器(NMCL-331);
(6)双踪示波器;
(7)万用表。

3.1.4　实验原理

1. 单结晶体管触发电路

单结晶体管触发电路由单结晶体管 V_3、整流稳压环节以及由 V_1、V_2 组成的等效可变电阻等组成,其原理图如图 3-1 所示。

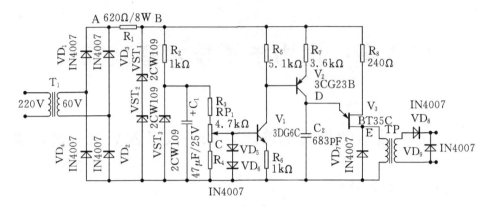

图 3-1   单结晶体管触发电路图

由同步变压器副边输出 60 V 的交流同步电压,经全波整流,再由稳压管 VST₁、VST₂ 进行削波,得到梯形波电压,其过零点与晶闸管阳极电压的过零点一致。梯形波通过 R_7、V_2 向电容 C_2 充电,当充电电压达到单结晶体管的峰点电压时,单结晶体管 V_3 导通,从而通过脉冲变压器输出脉冲。同时,C_2 经 V_3 放电,由于时间常数很小,U_{C2} 很快下降至单结晶体管的谷点电压,V_3 重新关断,C_2 再次充电。每个梯形波周期,V_3 可能导通、关断多次,但只有第一个输出脉冲起作用。电容 C_2 的充电时间常数由等效电阻等决定,调节 RP_1 的滑动触点可改变 V_1 的基极电压,使 V_1、V_2 都工作在放大区,即等效电阻可由 RP_1 来调节。也就是说,一个梯形波周期内的第一个脉冲出现时,控制角可由 RP_1 来调节。元件 RP_1 装在面板上,同步信号已在内部接好。

2. 单相半波可控整流电路带电阻性负载的工作情况

如图 3-2 所示,改变触发时刻,u_d 和 i_d 波形随之改变,直流输出电压 u_d 极性不变,是瞬时值变化的脉动直流,其波形只在 u_2 正半周内出现,故称半波整流。加之电路中采用了可控器件晶闸管,且交流输入为单相,故该电路称为单相半波可控整流电路。整流电压 u_d 波形在一个电源周期中只脉动 1 次,故该电路为单脉波(单相半波)整流电路。单相半波可控整流电路带电阻负载的实验原理图及波形分析如图 3-2 所示。

基本数量关系如下:

α:从晶闸管开始承受正向电压起到施加触发脉冲止的电角度称为触发延迟角,也称触发角或控制角。

θ:晶闸管在一个电源周期中处于通态的电角度称为导通角。

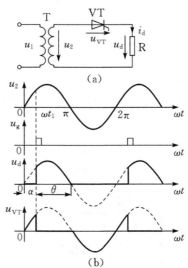

图 3-2 电阻负载实验原理图及波形分析

(a)实验原理图;(b)波形分析

直流输出电压平均值:

$$U_\mathrm{d} = \frac{1}{2\pi} \int_\alpha^\pi \sqrt{2} U_2 \sin\omega t \, \mathrm{d}(\omega t) = \frac{\sqrt{2} U_2}{2\pi}(1+\cos\alpha) = 0.45 U_2 \frac{1+\cos\alpha}{2}$$

随着 α 增大,U_d 减小,该电路中 VT 的 α 移相范围为 $180°$。

通过控制触发脉冲的相位来控制直流输出电压大小的方式称为相位控制方式,简称相控方式。

电阻负载的特点是电压与电流成正比,两者波形相同。

在分析整流电路工作时,认为晶闸管(开关器件)为理想器件。也就是说,晶闸管导通时,其管压降等于零;晶闸管阻断时,其漏电流等于零。除非特意研究晶闸管的开通、关断过程,一般认为晶闸管的开通与关断过程瞬时完成。

3. 单相半波可控整流电路带阻感性负载的工作情况

阻感性负载的特点是电感对电流变化有抗拒作用,使得流过电感的电流不能发生突变。

图 3-3 的电路分析如下:

晶闸管 VT 处于断态,$i_\mathrm{d}=0$,$u_\mathrm{d}=0$,$u_\mathrm{VT}=u_2$。

在 ωt_1 时刻,即触发角 α 处,$u_\mathrm{d}=u_2$。

L 的存在使 i_d 不能突变,i_d 从 0 开始增加。

u_2 由正变负的过零点处，i_d 已处于减小的过程中，但未降到零，因此 VT 仍处于通态。

ωt_2 时刻，电感能量释放完毕，i_d 降至零，VT 关断并立即承受反压。

电感的存在延迟了 VT 的关断时刻，使 u_d 波形出现负的部分，与带电阻性负载时相比，其平均值 U_d 下降。

单相半波可控整流电路带阻感性负载的实验原理图及波形分析如图 3－3 所示。

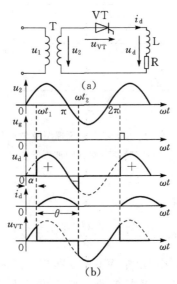

图 3－3　阻感负载实验原理图及波形分析
（a）实验原理图；（b）波形分析

3.1.5　实验方法

将单结晶体管触发电路的输出端 G、K 端接至晶闸管 VT_1 的门极和阴极，即可构成如图 3－4 所示的实验线路。

1. 单结晶体管触发电路调试及观察孔各点波形的测试

将 NMCL－05E（或 MCL－05A，以下均同）面板左上角的同步电压输入端接至 NMCL－32 的 U、V 输出端。按照实验接线图 3－4 正确接线。

闭合主电源，即按下 NMCL－32 主控制屏绿色开关按钮，这时主控制屏 U、V、W 端有交流电压输出 220 V。

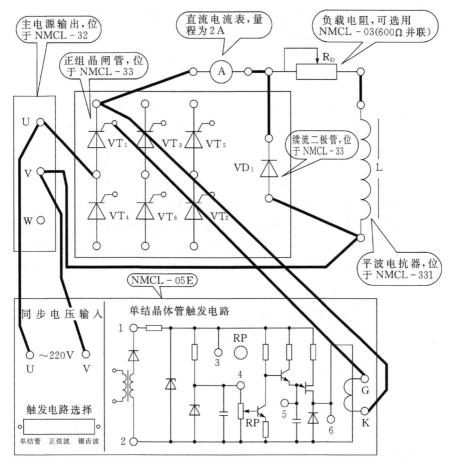

图 3-4　单结晶体管触发电路及单相半波可控整流电路

用示波器测试单结晶体管触发电路整流输出的半波电压("1"孔)、梯形电压("3"孔)、非平顶梯形波电压("4"孔)、锯齿波电压("5"孔)及单结晶体管输出电压("6"孔)和脉冲输出("G"、"K")等波形。

调节可调电位器 RP,测试输出脉冲的移相范围能否在 30°～180° 范围内移相。

2. 单相半波可控整流电路带电阻性负载的实验

G、K 端分别接至 NMCL-33 中正组桥晶闸管 VT_1 的控制极和阴极,注意不可接错。负载 R_D 接可调电阻(可把 NMCL-03 的两个 600 Ω 电阻并联,即最大电阻为 300 Ω,电流不超过 1.0 A),并调至阻值最大,注意此时需短接 NMCL-331 中的电感 L,断开续流二极管 VD_1。

闭合主电源,调节脉冲移相电位器 RP,分别用示波器测试 $\alpha = 30°$、60°、90°、

120°时负载电压 U_d，晶闸管 VT_1 的阳极、阴极之间的电压波形 u_{VT}，并测定 U_d 及电源电压 U_2，验证下式并按表 3-1 计算。

$$U_d = \frac{0.45U_2(1+\cos\alpha)}{2}$$

表 3-1　U_d、U_2 的计算

$\diagdown$ α U_2、U_d	30°	60°	90°	120°
U_d				
U_2				

3. 单相半波可控整流电路带阻感性负载的实验(无续流二极管)

断开续流二极管，串入平波电抗器(NMCL-331)的电感 L(50~700mH)，在不同阻抗角(改变 R_D 数值)情况下，测试并记录 $\alpha=30°、60°、90°、120°$ 时 u_d、i_d 及 u_{VT} 的波形。注意调节 R_D 时，需要监视负载电流，防止电流超过 R_D 允许的最大电流及晶闸管允许的额定电流。

4. 单相半波可控整流电路带阻感性负载的实验(有续流二极管)

接入续流二极管 VD_1，重复"3"的实验步骤。

3.1.6　注意事项

1. 接地方法

双踪示波器有两个探头，可以同时测量两个信号，但这两个探头的地线都与示波器的外壳相连接，所以两个探头的地线不能同时接在某一电路不同的两点上，否则将使这两点通过示波器发生电气短路。为此，在实验中可将其中一根探头的地线取下或外包以绝缘，只使用其中一根地线。当需要同时测试两个信号时，必须在电路上找到这两个被测信号的公共点，将探头的地线接上，两个探头各接至信号处，即能在示波器上同时测试到两个信号，而不致发生意外。

2. 实验步骤

为保护整流元件不受损坏，需注意实验步骤：

(1)在主电路不接通电源时，调试触发电路，使之正常工作。

(2)首先使控制电压 $U_{ct}=0$(U_{ct} 与 NMCL-31 给定 U_g 连接)，然后接通主电路电源，再逐渐加大 U_{ct}，使整流电路投入工作。

(3)正确选择负载电阻或电感，须注意防止过流。在不能确定的情况下，尽可能选择较大的电阻或电感，然后根据电流值来调整。

(4)晶闸管具有一定的维持电流 I_H，只有流过晶闸管的电流大于 I_H，晶闸管才可靠导通。实验中,若负载电流太小,可能出现晶闸管时通时断,所以实验中应保持负载电流不小于 100 mA。

(5)本实验中,用 NMCL - 05E 挂箱中单结晶体管触发电路来控制晶闸管,注意必须断开 NMCL - 33 的内部触发脉冲,即正组桥的脉冲放大电路控制端 U_{blf} 不接地。

3.1.7　实验报告

(1)画出触发电路在 $\alpha = 90°$ 时的观察孔各点波形。

(2)画出电阻性负载且 $\alpha = 90°$ 时的 $u_d = f(t)$, $u_{VT} = f(t)$, $i_d = f(t)$ 波形。

(3)分别画出阻感性负载时电阻较大和较小的 $u_d = f(t)$ 、$u_{VT} = f(t)$, $i_d = f(t)$ 的波形 ($\alpha = 90°$)。

(4)画出电阻性负载时 $U_d / U_2 = f(\alpha)$ 曲线,并与 $U_d = \dfrac{0.45 U_2 (1 + \cos\alpha)}{2}$ 进行比较。

(5)分析续流二极管的作用。

3.1.8　预习报告

(1)单结晶体管触发电路的组成与基本原理。

(2)带有电阻性负载和阻感性负载的单相半波可控整流电路。

(3)续流二极管的主要作用及应用场合。

3.1.9　思考题

(1)本实验中能否用双踪示波器同时测试触发电路与整流电路的波形? 为什么?

(2)为何要测试触发电路第一个输出脉冲的位置?

(3)本实验电路中如何考虑触发电路与整流电路的同步问题?

3.2　正弦波同步移相触发电路实验

3.2.1　实验目的

(1)熟悉正弦波同步移相触发电路的组成与工作原理。

(2)掌握正弦波同步移相触发电路的调试方法。

3.2.2 实验内容

(1)正弦波同步移相触发电路的调试。

(2)正弦波同步移相触发电路观察孔各点波形的测试与分析。

3.2.3 实验设备

(1)电源控制屏(NMCL-32);

(2)低压控制电路及仪表(NMCL-31);

(3)触发电路(NMCL-05E);

(4)双踪示波器;

(5)万用表。

3.2.4 实验原理

1. 正弦波同步移相触发电路

正弦波同步触发电路由同步移相、脉冲形成和放大等环节组成,其原理如图3-5所示。

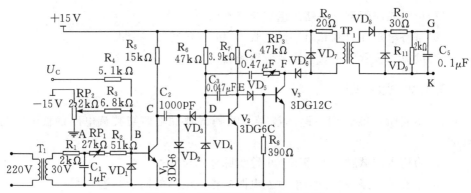

图3-5 正弦波同步移相触发电路

同步信号由同步变压器副边提供。晶体管 V_1 左边部分为同步移相环节,在 V_1 的基极上综合了同步信号 U_T、偏移电压 U_b 及控制电压 U_{ct},RP_2 可调节 U_b,调节 U_{ct} 可改变触发电路的控制角。脉冲形成与放大环节是一个集基耦合单稳态脉冲电路,V_2 的集电极耦合到 V_3 的基极,V_3 的集电极通过 C_4、RP_3 耦合到 V_2 的基极。当同步移相环节送出负脉冲时,使单稳电路翻转,从而输出脉宽可调的触发脉冲。

2. 正弦波同步触发电路观察孔各点典型波形

正弦波同步移相触发电路的各点典型波形如图3-6所示。调节元件均装在挂箱上,同步变压器副边已在内部接好。

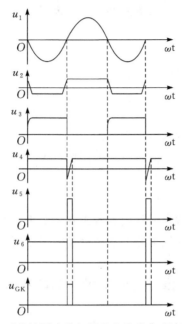

图 3-6　正弦波同步移相触发电路的典型波形($\alpha=0°$)

3.2.5　实验方法

(1)将 NMCL-05E 挂箱左上角的同步电压输入端接到 NMCL-32 的 U、V 端,并选择正弦波触发电路进行实验。

(2)闭合主电路电源开关,用示波器测试各观察孔的电压波形,测量触发电路输出脉冲的幅度和宽度,示波器的地线接于 NMCL-05E 中正弦波触发电路的"8"端。

(3)确定脉冲的初始相位。连接 U_g 与 U_{ct}(正弦波同步移相触发电路中),调节给定电位器 RP_1 使得 $U_{ct}=0$,调节 U_b(调节正弦波同步移相触发电路的 RP),使得 α 接近于 180°。

(4)保持 U_b 不变,调节 NMCL-31 的给定电位器 RP_1,逐渐增大 U_{ct},用示波器观察 $u_1 \sim u_6$ 及输出脉冲 u_{GK} 的波形,观察 U_{ct} 增加时脉冲的移动情况,并估计移相范围。

(5)调节 U_{ct} 使 $\alpha=60°$,测试并记录挂箱上观察孔"1"~"6"及输出脉冲 u_{GK} 的电压波形。

3.2.6　实验报告

(1)画出 $\alpha=60°$ 时观察孔"1"~"6"及输出脉冲 u_{GK} 的电压波形。

(2)指出 U_{ct} 增加时 α 应如何变化,移相范围大约等于多少度?

(3)指出同步电压的哪一段为脉冲移相范围。

3.2.7　注意事项

参照 3.1 节的注意事项。

3.2.8　预习报告

(1)正弦波触发电路的基本原理。

(2)正弦波的同步触发和同步移相的工作情况。

3.2.9　思考题

(1)正弦波同步移相触发电路由哪些主要环节组成?

(2)正弦波同步移相触发电路的移相范围能否达到 180°?

3.3　锯齿波同步移相触发电路实验

3.3.1　实验目的

(1)加深理解锯齿波同步移相触发电路的组成与工作原理。

(2)掌握锯齿波同步触发电路的调试方法。

3.3.2　实验内容

(1)锯齿波同步触发电路的调试。

(2)锯齿波同步触发电路观察孔各点波形的测试与分析。

3.3.3　实验设备

(1)电源控制屏(NMCL - 32);

(2)低压控制电路及仪表(NMCL - 31);

(3)触发电路(NMCL - 05E/NMCL - 36);

(4)双踪示波器;

(5)万用表。

3.3.4　实验原理

锯齿波同步移相触发电路由同步检测、锯齿波形成、移相控制、脉冲形成和脉冲放大等环节组成,其原理图如图 3－7 所示。

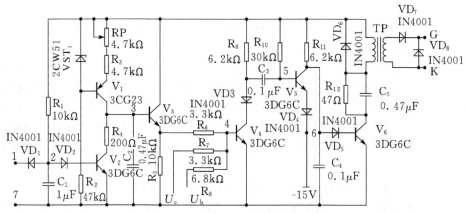

图 3－7 锯齿波同步移相触发电路

由 VD_1、VD_2、C_1、R_1 等元件组成同步检测环节,其作用是利用同步电压来控制锯齿波产生的时刻和宽度。由 VST_1、V_1、R_3 等元件组成恒流源电路及 V_2、V_3、C_2 等组成锯齿波形成环节。控制电压 $U_{ct}(U_c)$、偏移电压 U_b 及锯齿波电压在 V_4 基极综合叠加,从而构成移相控制环节。V_5、V_6 构成脉冲形成和放大环节,脉冲变压器输出触发脉冲(G、K)。

调节电位器元件 RP 装在面板上,同步变压器副边已在内部接好。

锯齿波同步移相触发电路观察孔各点电压波形如图 3－8 所示。

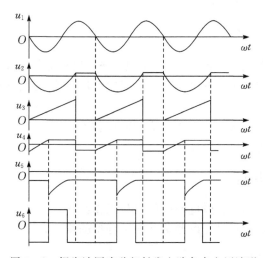

图 3－8 锯齿波同步移相触发电路各点电压波形

3.3.5　实验方法

(1)将 NMCL-05E 挂箱左上角的同步电压输入接至 NMCL-32 的 U、V 端，选择锯齿波触发电路进行实验。

(2)闭合主电路电源开关，用示波器测试各观察孔的电压波形，示波器的地线接于"7"端。连接 U_g 与锯齿波触发电路的 U_{ct}，同时测试"1"、"2"、"3"孔的波形，了解锯齿波宽度和"1"点波形的关系。测试"4"、"5"孔波形及输出脉冲电压 u_{G1K1} 的波形，调节锯齿波同步移相触发电路中的电位器 RP，使"3"孔的锯齿波刚刚出现平顶，记下各波形的幅值与宽度，比较"3"孔电压 u_3 与"5"孔电压 u_5 的对应关系。

(3)调节脉冲移相范围。将 NMCL-31 的给定电位器 RP_1 的输出电压 U_g 调至 0 V，即将控制电压 U_{ct} 调至零，用示波器测试 u_2 电压(即"2"孔)及 u_5 的波形，调节偏移电压 U_b(即调节锯齿波同步移相触发电路中的 RP)，使 $\alpha=180°$。

调节 NMCL-31 的给定电位器 RP_1，增加 U_{ct}，测试脉冲的移动情况。要求 $U_{ct}=0$ 时，$\alpha=180°$，$U_{ct}=U_{max}$ 时，$\alpha=30°$，以满足移相范围 $\alpha=30°\sim180°$ 的要求。

(4)调节 U_{ct}，使 $\alpha=60°$，测试并记录 $u_1\sim u_6$ 及输出脉冲电压 u_{G1K1} 和 u_{G6K6} 的波形，并标出其幅值与宽度。用导线连接"K_1"和"K_3"端，用双踪示波器测试 u_{G1K1} 和 u_{G3K3} 的波形，调节电位器 RP，使 u_{G1K1} 和 u_{G3K3} 间隔 180°。

3.3.6　注意事项

参见 3.1 节的注意事项。

3.3.7　实验报告

(1)描绘实验中记录的观察孔各点波形，并标出幅值与宽度。

(2)总结锯齿波同步触发电路移相范围的调试方法，分析移相范围的大小与哪些参数有关?

(3)如果要求 $U_{ct}=0$ 时，$\alpha=90°$，应如何调整?

(4)讨论并分析其他实验现象。

3.3.8　预习报告

(1)锯齿波同步移相触发电路的组成与工作原理。

(2)锯齿波同步移相触发电路脉冲初始相位的调整方法。

3.3.9　思考题

(1)锯齿波同步移相触发电路有哪些特点?

(2)锯齿波同步移相触发电路的移相范围与哪些参数有关?

(3)为什么锯齿波同步移相触发电路的脉冲移相范围比正弦波同步移相触发电路的移相范围要大?

3.4　单相桥式半控整流电路实验

3.4.1　实验目的

(1)研究单相桥式半控整流电路在电阻负载、阻感性负载及反电势负载时的工作原理。

(2)熟悉 NMCL-05E 挂箱(或 NMCL-36)锯齿波触发电路的工作原理。

(3)掌握双踪示波器在电力电子线路实验中的使用特点与方法。

3.4.2　实验内容

(1)单相桥式半控整流电路在电阻性负载时的工作情况。

(2)单相桥式半控整流电路在阻感性负载(带续流二极管)的工作情况。

(3)单相桥式半控整流电路在阻感性负载(断开续流二极管)的工作情况。

3.4.3　实验设备

(1)电源控制屏(NMCL-32);

(2)低压控制电路及仪表(NMCL-31);

(3)触发电路和晶闸管主电路(NMCL-33);

(4)触发电路(NMCL-05E 或 NMCL-36);

(5)三相电阻(NMCL-03);

(6)平波电抗器(NMCL-331);

(7)双踪示波器;

(8)万用表。

3.4.4　实验原理

1. 带电阻性负载的工作情况

1)电路分析

如图 3-9 所示,晶闸管 VT_1 和二极管 VD_4 组成一对桥臂,VT_3 和 VD_2 组成另一对桥臂。

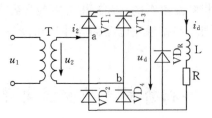

图 3-9　单相桥式半控整流电路

在 u_2 正半周(即 a 点电位高于 b 点),若 2 个晶闸管均不导通,则 $i_d=0$,$u_d=0$,VT_1、VD_4 串联承受电压 u_2。

在 α 处给 VT_1 加触发脉冲,VT_1 和 VD_4 即导通,电流从电源 a 端经 VT_1、R、VD_4 流回电源 b 端。

当 u_2 过零时,流经晶闸管的电流也降到零,VT_1、VD_4 关断。

在 u_2 负半周,仍在 α 处触发 VT_3,VD_2 和 VT_3 导通,电流从电源 b 端流出,经 VT_3、R、VD_2 流回电源 a 端。

到 u_2 过零时,电流又降为零,VD_2 和 VT_3 关断。

2)基本数量关系

晶闸管承受的最大正向电压和反向电压分别为 $\dfrac{\sqrt{2}}{2}U_2$ 和 $\sqrt{2}U_2$。

整流电压平均值:$\alpha=0$ 时,$U_d=U_{d0}=0.9U_2$;$\alpha=180°$ 时,$U_d=0$。可见,α 的移相范围为 $180°$。

向负载输出的直流电流平均值为

$$I_d = \frac{U_d}{R} = \frac{2\sqrt{2}U_2}{\pi R}\frac{1+\cos\alpha}{2} = 0.9\frac{U_2}{R}\frac{1+\cos\alpha}{2}$$

流过晶闸管的电流平均值为

$$I_{dT} = \frac{1}{2}I_d = 0.45\frac{U_2}{R}\frac{1+\cos\alpha}{2}$$

流过晶闸管的电流有效值为

$$I_T = \sqrt{\frac{1}{2\pi}\int_\alpha^\pi\left(\frac{\sqrt{2}U_2}{R}\sin\omega t\right)^2 d(\omega t)} = \frac{U_2}{\sqrt{2}R}\sqrt{\frac{1}{2\pi}\sin2\alpha + \frac{\pi-\alpha}{\pi}}$$

2. 带电感负载的工作情况

1)电路分析(先不考虑 VD_R)

每一个导电回路由 1 个晶闸管和 1 个二极管构成。

在 u_2 正半周,α 处触发 VT_1,u_2 经 VT_1 和 VD_4 向负载供电。

u_2 过零变负时,因电感作用使电流连续,VT_1 继续导通,但因 a 点电位低于 b 点电位,VT_1 导通,VD_2 续流 ,$u_d=0$。

在 u_2 负半周,α 处触发 VT_3,向 VT_1 加反压使之关断,u_2 经 VT_3 和 VD_2 向负载供电。

u_2 过零变正时,VT_3 继续导通,VD_2 关断,VD_4 续流,u_d 又为零。

2)带续流二极管 VD_R

若无续流二极管 VD_R,则当 α 突然增大至 $180°$ 或触发脉冲丢失时,会发生一个晶闸管持续导通而两个二极管轮流导通的情况。这使 u_d 成为正弦半波,即半周期 u_d 为正弦,另外半周期 u_d 为零,其平均值保持恒定,相当于单相半波不可控整流电路时的波形,称为失控。

有续流二极管 VD_R 时,续流过程由 VD_R 完成,避免了失控的现象。

续流期间导电回路中只有一个管压降,少了一个管压降,有利于降低损耗。

3.4.5　实验方法

1. 接入电源

将 NMCL-32 的 U、V 输出端接至 NMCL-05E 挂箱左上角的同步电压输入端,选择锯齿波触发电路进行实验。

闭合主电路电源开关,测试 NMCL-05E 锯齿波触发电路中观察孔各点波形,确定其输出脉冲可调的移相范围。连接给定电压 U_g 与 U_{ct},调节锯齿波触发电路中的电位器 RP,使 $U_{ct}=0$ 时,$\alpha=150°$。

2. 单相桥式晶闸管半控整流电路带电阻性负载

按图 3-10 接线,并短接平波电抗器 L,断开续流二极管(VD_2)。调节电阻负载 R_D(可选择 600Ω 电阻并联,最大电流为 1.0 A)至最大。

(1)NMCL-31 的给定电位器 RP_1 逆时针旋到底,使 $U_{ct}=0$。闭合主电路电源,调节 NMCL-31 的给定电位器 RP_1,使 $\alpha=90°$,测取此时整流电路的输出电压 $u_d=f(t)$、输出电流 $i_d=f(t)$ 以及晶闸管端电压 $u_{VT}=f(t)$ 波形,并测定交流输入电压 U_2、整流输出电压 U_d,验证

$$U_d=0.9U_2\frac{1+\cos\alpha}{2}$$

若输出电压的波形不对称,可分别调整锯齿波触发电路中 RP 电位器。

(2)采用类似方法,测取 $\alpha=60°$、$\alpha=30°$ 时的上述实验内容。

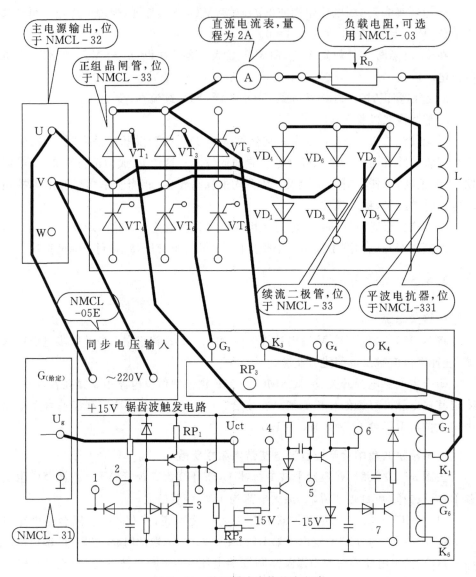

图 3-10　单相桥式半控整流电路

3. 单相桥式晶闸管半控整流电路带阻感性负载

（1）接上续流二极管（VD₂）和平波电抗器 L（位于 NMCL-331）。NMCL-31 的给定电位器 RP₁ 逆时针旋到底，使 $U_{ct}=0$。

（2）闭合主电源，调节 U_{ct}，或调节锯齿波触发电路的 RP，使 $\alpha=90°$，测取输出电压 $u_d=f(t)$、整流电路输出电流 $i_d=f(t)$ 以及续流二极管电流 $i_{VD}=f(t)$ 波形，并分析三者的关系。调节电阻 R_D，测试 $i_d = f(t)$ 波形如何变化，注意防止过流。

(3)调节 U_{ct}，使 α 等于 $60°$，测取 u_d、i_L、i_d、i_{VD} 波形。

(4)断开续流二极管，测试 $u_d = f(t)$，$i_d = f(t)$ 波形。

突然切断触发电路，测试失控现象并记录 $u_d = f(t)$ 波形。若不发生失控现象，可调节电阻 R_D 并记录 $u_d = f(t)$ 波形。

3.4.6　注意事项

(1)实验前必须先了解晶闸管的电流额定值，并根据该额定值与整流电路形式计算出负载电阻的最小允许值。

(2)为保护整流元件不受损坏，晶闸管整流电路的正确操作步骤如下：

①当主电路不接通电源时，调试触发电路，使之正常工作。

②当控制电压 $U_{ct} = 0$ 时，接通主电路电源；然后逐渐增大 U_{ct}，使整流电路投入工作。

③断开整流电路时，应先把 U_{ct} 调到零，使整流电路无输出，然后切断主电源。

(3)注意示波器的使用及地线的连接方法。

(4)NMCL-33 的内部脉冲需断开，即正组桥脉冲放大控制 U_{blf} 不接地。

3.4.7　实验报告

(1)绘出单相桥式半控整流电路在电阻性负载、阻感性负载情况下，当 $\alpha = 90°$ 时的 u_d、i_d、u_{VT}、i_{VD} 波形图并加以分析。

(2)作出实验整流电路的输入-输出特性 $U_d = f(U_{ct})$、触发电路特性 $U_{ct} = f(\alpha)$ 及 $U_d/U_2 = f(\alpha)$ 曲线。

(3)分析续流二极管的作用及电感量大小对负载电流的影响。

3.4.8　预习报告

(1)单相桥式半控整流电路的组成与工作原理。

(2)单相桥式半控整流电路带有电阻性负载、阻感性负载、续流二极管时的主要特点。

(3)单相桥式半控整流电路的主要计算关系。

3.4.9　思考题

(1)在可控整流电路中，续流二极管 VD 起什么作用？在什么情况下需要接入？

(2)能否用双踪示波器同时观察触发电路与整流电路的波形？

3.5　单相桥式全控整流电路实验

3.5.1　实验目的

(1)掌握单相桥式全控整流电路的工作原理。

(2)研究单相桥式全控整流电路在电阻负载、阻感性负载及反电势负载时的工作原理。

(3)熟悉 NMCL－05E 挂箱或 NMCL－36 挂箱中触发电路的基本原理。

3.5.2　实验内容

(1)单相桥式全控整流电路供电给电阻性负载的基本特性。

(2)单相桥式全控整流电路供电给阻感性负载的基本特性。

3.5.3　实验设备

(1)电源控制屏(NMCL－32)；

(2)低压控制电路及仪表(NMCL－31)；

(3)触发电路和晶闸管主回路(NMCL－33)；

(4)触发电路(NMCL－05E 或 NMCL－36)；

(5)可调电阻(NMCL－03 或 NMCL－35)；

(6)平波电抗器(NMCL－331)；

(7)双踪示波器；

(8)万用表。

3.5.4　实验原理

1. 带电阻负载的工作情况

1)电路分析

单相桥式全控整流电路(带电阻负载)如图 3－11 所示,晶闸管 VT_1 和 VT_4 组成一对桥臂,VT_2 和 VT_3 组成另一对桥臂。在 u_2 正半周(即 a 点电位高于 b 点),若 4 个晶闸管均不导通,则 $i_d = 0$,$u_d = 0$,VT_1、VT_4 串联承受电压 u_2。在触发角 α 处给 VT_1 和 VT_4 加触发脉冲,VT_1 和 VT_4 即导通,电流从电源 a 端经 VT_1、R、VT_4 流回电源 b 端。

当 u_2 过零时,流经晶闸管的电流也降到零,VT_1 和 VT_4 关断。

在 u_2 负半周,仍在触发角 α 处触发 VT_2 和 VT_3,VT_2 和 VT_3 导通,电流从电源 b 端流出,经 VT_3、R、VT_2 流回电源 a 端。

当 u_2 过零时,电流又降为零,VT_2 和 VT_3 关断。

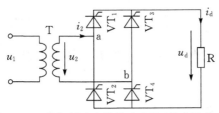

图 3-11　单相桥式全控整流电路(带电阻负载)

2)基本数量关系

晶闸管承受的最大正向电压和反向电压分别为 $\dfrac{\sqrt{2}}{2}U_2$ 和 $\sqrt{2}U_2$。

整流电压平均值为

$$U_d = \frac{1}{\pi}\int_{\alpha}^{\pi}\sqrt{2}U_2\sin\omega t\,d(\omega t) = \frac{2\sqrt{2}U_2}{\pi}\frac{1+\cos\alpha}{2} = 0.9U_2\frac{1+\cos\alpha}{2}$$

当 $\alpha=0$ 时,$U_d=U_{d0}=0.9U_2$;$\alpha=180°$ 时,$U_d=0$。可见,α 的移相范围为 $180°$。

向负载输出的直流电流平均值为

$$I_d = \frac{U_d}{R} = \frac{2\sqrt{2}U_2}{\pi R}\frac{1+\cos\alpha}{2} = 0.9\frac{U_2}{R}\frac{1+\cos\alpha}{2}$$

2. 带阻感负载的工作情况

1)电路分析

单相桥式全控整流电路(带阻感负载)如图 3-12 所示。在 u_2 正半周期,触发角 α 处给晶闸管 VT_1 和 VT_4 加触发脉冲使其导通,此时 $u_d=u_2$。由于负载电感较大,i_d 不能突变且波形近似为一条水平线。当 u_2 过零变负时,由于电感的作用,晶闸管 VT_1 和 VT_4 中仍流过电流 i_d,并不关断。在 $\omega t=\pi+\alpha$ 时刻,触发 VT_2 和 VT_3,VT_2 和 VT_3 导通,u_2 通过 VT_2 和 VT_3 分别向 VT_1 和 VT_4 施加反压使 VT_1 和 VT_4 关断,流过 VT_1 和 VT_4 的电流迅速转移到 VT_2 和 VT_3 上,此过程称为换相,亦称换流。

2)基本数量关系

整流电压平均值为

$$U_d = \frac{1}{\pi}\int_{\alpha}^{\pi+\alpha}\sqrt{2}U_2\sin\omega t\,d(\omega t)$$

$$= \frac{2\sqrt{2}}{\pi}U_2\cos\alpha = 0.9U_2\cos\alpha$$

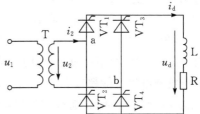

图 3-12　单相桥式全控整流电路(带阻感负载)

当 $\alpha = 0$ 时，$U_{d0} = 0.9U_2$；$\alpha = 90°$ 时，$U_d = 0$，因此，晶闸管移相范围为 90°。

晶闸管承受的最大正反向电压均为 $\sqrt{2}U_2$。

晶闸管导通角 θ 与 α 无关，均为 180°，其电流平均值和有效值分别为

$$I_{dT} = \frac{1}{2}I_d, \quad I_T = \frac{1}{\sqrt{2}}I_d = 0.707I_d$$

变压器二次侧电流 i_2 的波形为正负各 180° 的矩形波，其相位由 α 决定，有效值 $I_2 = I_d$。

3.5.5　实验方法

1. 接入同步电压

将 NMCL-32 的隔离变压器 U、V 输出端接至 NMCL-05E(或 NMCL-36)挂箱左上角的同步电压输入 U、V 端，这里选择锯齿波触发电路进行实验。

2. 闭合主电路电源

推上空气开关，闭合主电路电源，此时锯齿波触发电路应处于工作状态。连接 NMCL-31 的 U_g 与 NMCL-05E 锯齿波触发电路的 U_{ct}，NMCL-31 的给定电位器 RP₁ 逆时针旋到底，使 $U_{ct} = 0$。调节锯齿波触发电路的偏移电压电位器 RP，使 $\alpha = 90°$。

断开主电源，按图 3-13 连线。

3. 单相桥式全控整流电路供电给电阻性负载的工作情况

此时接上电阻负载(可采用 NMCL-03 中两只 600Ω 电阻并联)，逆时针调节 NMCL-03 电阻负载至最大，并短接平波电抗器(去除电感 L)。闭合 NMCL-32 主电路电源，调节 NCML-31 给定 U_g，测试在不同 α(30°、60°、90°)时整流电路的输出电压 $u_d = f(t)$ 以及晶闸管的端电压 $u_{VT} = f(t)$ 的波形，并记录相应 α 时的 U_g、U_d 和交流输入电压 U_2 值。

4. 单相桥式全控整流电路供电给阻感性负载的工作情况

断开平波电抗器短接线(接入电感 L)，测试在不同 α(30°、60°、90°)时整流电路的输出电压 $u_d = f(t)$，负载电流 $i_d = f(t)$ 以及晶闸管端电压 $u_{VT} = f(t)$ 波形，记录相应 α 时的整流电压的平均值 U_d、交流输入电源 U_2 值，并加以分析。

注意 1：负载电流不能过小，否则可能造成晶闸管时断时续，此时可调节负载电阻 R_D，但负载电流不能超过 1.0 A。若电感过大可改变电感值($L = 100 \sim 700$ mH)。

注意 2：增加 U_{ct} 使 α 前移时，若电流太大，可增加与电感 L 相串联的电阻加以限流。

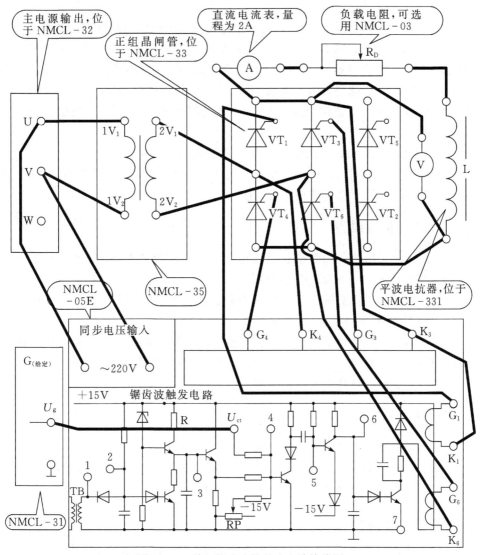

图 3-13　单相桥式全控整流电路接线图

3.5.6　注意事项

(1)本实验中晶闸管的触发脉冲来自 NMCL-05E 挂箱(或 NMCL-36 组件),故 NMCL-33 的内部脉冲需断开(U_{blf}、U_{blr} 不接地),以免造成误触发。

(2)调节电阻 R_D 时需注意,若电阻过小,会出现电流过大造成过流保护动作(熔丝烧断,或仪表告警);若电阻过大,则可能流过晶闸管的电流小于其维持电流,造成晶闸管电流时断时续。

（3）电感的值可根据需要选择，需防止过大的电感造成晶闸管不能导通。

（4）NMCL‐05E（或 NMCL‐36）挂箱的锯齿波触发电路输出端 G_i、K_j（$i=1$ 或 6；$j=3$ 或 4）需直接连到 NMCL‐33 挂箱正组桥相应的晶闸管 G_i、K_j 端，应注意连线不可接错，否则易造成晶闸管损坏。同时，需要注意 NMCL‐33 的同步电压的相位，若出现晶闸管移相范围太小（正常范围是 $30°\sim180°$），可尝试改变同步电压极性。

（5）NMCL‐35 三相变压器原边为 220 V，副边为 110 V。

（6）示波器两个探头的两根地线由于同外壳相连，必须注意需接等电位，否则易造成短路事故，故一般只使用一根地线。

3.5.7　实验报告

（1）绘出单相桥式晶闸管全控整流电路在电阻性负载情况下，当 $\alpha=30°$、$\alpha=60°$、$\alpha=90°$时的 u_d、u_{VT}波形，并加以分析。

（2）绘出单相桥式晶闸管全控整流电路在阻感性负载情况下，当 $\alpha=30°$、$\alpha=60°$、$\alpha=90°$时的 u_d、i_d、u_{VT}波形，并加以分析。

（3）在不同负载条件下（电阻负载、阻感负载），作出整流电路的输入‐输出特性 $U_d=f(U_{ct})$，触发电路特性 $U_{ct}=f(\alpha)$ 及 $U_d/U_2=f(\alpha)$曲线，并加以分析。

（4）写出实验心得体会及改进提案。

3.5.8　预习报告

（1）单相桥式全控整流电路的组成与工作原理。
（2）单相桥式全控整流电路带电阻性负载和阻感性负载的主要特点。
（3）单相桥式全控整流电路的基本计算关系。

3.5.9　思考题

（1）为什么在单相桥式全控整流电路实验中测量的 U_d 小于计算值？
（2）带反电动势负载时的单相桥式全控整流电路的工作情况如何？

3.6　单相桥式有源逆变电路实验

3.6.1　实验目的

（1）熟悉单相桥式有源逆变电路的工作原理，掌握有源逆变条件。

(2)掌握产生逆变颠覆现象的原因。

3.6.2　实验内容

(1)单相桥式有源逆变电路的波形测试与分析。

(2)有源逆变到整流过渡过程的波形测试与分析。

(3)逆变颠覆现象的观察与分析。

3.6.3　实验设备

(1)电源控制屏(NMCL-32);

(2)低压控制电路及仪表(NMCL-31);

(3)触发电路和晶闸管主回路(NMCL-33);

(4)触发电路(NMCL-05E,或 NMCL-36);

(5)三相电阻(NMCL-03);

(6)三相变压器(NMCL-35);

(7)平波电抗器(NMCL-331);

(8)双踪示波器;

(9)万用表。

3.6.4　实验原理

NMCL-33 的整流二极管 $VD_1 \sim VD_6$ 组成三相不控整流桥作为逆变桥的直流电源,逆变变压器采用 NMEL-02 芯式变压器(或 NMCL-35 组式变压器),回路中接入电感 L 及限流电阻 R_D。

1. 工作原理

图 3-14(a)中,$E_G > E_M$,M 作电动运转,G 作发电机,电流 I_d 从 G 流向 M,M 吸收电功率。图 3-14(b)为回馈制动状态,$E_M > E_G$,M 作发电运转,此时,电流反向,从 M 流向 G,故 M 输出电功率,G 则吸收电功率,M 轴上输入的机械能转变为电能反送给 G。图 3-14(c)两电动势顺向串联(两电动势反极性),向电阻 R_Σ 供电,G 和

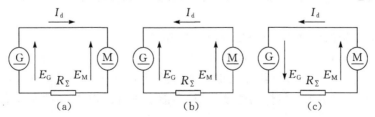

图 3-14　直流发电机-电动机之间电能的转换

(a)两电动势同极性 $E_G > E_M$;(b)两电动势同极性 $E_M > E_G$;(c)两电动势反极性,形成短路

M 均输出功率。由于 R_Σ 一般都很小，实际上形成短路，在工作中必须严防这类事故发生。

可见，两个电动势同极性相接时，电流总是从电动势高的一侧流向电动势低的一侧。由于回路电阻很小，即使很小的电动势差值也能产生较大的电流，使两个电动势之间交换很大的功率，这对分析有源逆变电路是十分有用的。

2. 逆变产生的条件

单相全波电路代替上述发电机，给电机供电，如图 3-15(a)所示。M 电动运行，全波电路工作在整流状态，α 在 $0\sim\pi/2$ 之间，U_d 为正值，并且 $U_d \geqslant E_M$，此时输出 I_d。

图 3-15(b)M 回馈制动，由于晶闸管的单向导电性，I_d 方向不变，欲改变电能的输送方向，只能改变 E_M 极性。为了防止两电动势顺向串联，U_d 极性也必须反过来，即 U_d 应为负值，且 $|E_M| > |U_d|$，才能把电能从直流侧送到交流侧，实现逆变。

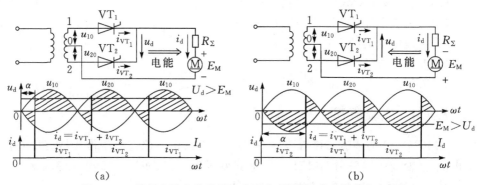

图 3-15 单相全波电路的整流和逆变/单相桥式有源逆变电路
(a)M 电动运行；(b)M 回馈制动

电能的流向与整流时相反，M 输出电功率，电网吸收电功率。

U_d 可通过改变 α 来进行调节，逆变状态时 U_d 为负值，α 在 $\pi/2\sim\pi$ 之间。

产生逆变的条件：

(1)有直流电动势，其极性和晶闸管导通方向一致，其值大于变流器直流侧平均电压。

(2)晶闸管的控制角 $\alpha > \pi/2$，使 U_d 为负值。

两者必须同时具备才能实现有源逆变。

必须指出，半控桥或有续流二极管的电路，因其整流电压 U_d 不能出现负值，也不允许直流侧出现负极性的电动势，故不能实现有源逆变。欲实现有源逆变，只能采用全控电路。

3.6.5　实验方法

1. 接入同步电压

将 NMCL－32 的输出端 U、V 接至 NMCL－05E 左上角的同步电压输入 U、V 端,选择锯齿波触发电路进行实验,将 NMCL－33 的正组桥触发脉冲切断(U_{blf} 不接地)。

2. 有源逆变实验

有源逆变实验的主回路如图 3－16 所示,控制回路的接线可参考单相桥式全控整流电路实验(见图 3－13)。

(1)推上空气开关,闭合主电源,用示波器测试锯齿波触发器的"1"孔和"6"孔,锯齿波触发电路中的偏移电位器 RP 逆时针旋到底,通过给定电位器 RP_1 使 $U_{ct}=0$,然后调节 U_{ct},使 β 在 30°附近。

(2)断开主电源,按图 3－16 连接主回路。闭合主电源,用示波器测试逆变电路输出电压 $u_d=f(t)$ 及晶闸管的端电压 $u_{VT}=f(t)$ 的波形,并记录 U_d 和交流输入电压 U_2 的数值。

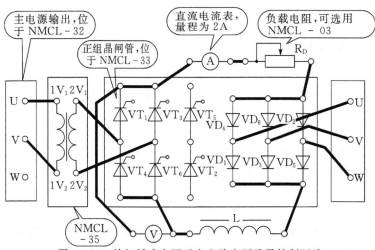

图 3－16　单相桥式有源逆变电路主回路及控制回路

(3)采用同样方法,β 在等于 60°、90°时完成上述实验内容。

3. 逆变到整流过程的测试

当 $\beta>90°$时,晶闸管有源逆变过渡到整流状态,此时输出电压极性改变,可用示波器测试此变化过程。注意,当晶闸管工作在整流状态时,有可能产生比较大的电流,需要监视。

4.逆变颠覆的测试

当 $\beta=30°$ 时,继续减小 U_{ct},此时可测试到逆变输出突然变为一个正弦波,表明出现了逆变颠覆。另外,关断 NMCL-05E 的电源开关,使脉冲消失,此时,也将产生逆变颠覆。

3.6.6　注意事项

(1)本实验中晶闸管的触发脉冲来自 NMCL-05E 挂箱,故 NMCL-33 挂箱的内部触发脉冲需断开,以免造成误触发。

(2)电阻 R_D 的调节需注意,若电阻过小,会出现电流过大造成过流保护动作(熔丝烧断或仪表告警);若电阻过大,则可能流过晶闸管的电流小于其维持电流,造成晶闸管时断时续。

(3)电感的值可根据需要选择,需防止过大的电感造成晶闸管不能导通。

(4)NMCL-05E 挂箱的锯齿波触发脉冲需连接到 NMCL-33 挂箱,并注意连线不可接错,否则易造成晶闸管损坏。同时,需要注意同步电压的相序,若出现晶闸管移相范围太小(正常范围为 30°～180°),可尝试改变同步电压极性。

(5)逆变变压器采用 NMCL-35 组式变压器,原边为 220 V,副边为 110 V。

(6)示波器的两根地线由于同外壳相连,必须注意需接等电位,否则易造成短路事故。

3.6.7　实验报告

(1)画出 $\beta=30°$、$60°$、$90°$ 时的 u_d、u_{VT} 波形,以及 U_d、U_2 并进行分析。

(2)分析逆变颠覆的原因,逆变颠覆后会产生什么后果?

3.6.8　预习报告

(1)单相桥式有源逆变电路的组成与工作原理。

(2)电机与发电机之间的转换原理。

3.6.9　思考题

(1)实现有源逆变的条件是什么?在本实验中如何保证能满足这些条件?

(2)实验电路中逆变变压器的作用是什么?

3.7　三相半波可控整流电路的研究

3.7.1　实验目的

(1)掌握三相半波可控整流电路的工作原理。

(2)研究可控整流电路在电阻性负载和阻感性负载时的工作原理。

3.7.2　实验内容

(1)研究三相半波可控整流电路供电给电阻性负载时的工作情况。
(2)研究三相半波可控整流电路供电给阻感性负载时的工作情况。

3.7.3　实验设备

(1)电源控制屏(NMCL-32);
(2)低压控制电路及仪表(NMCL-31);
(3)触发电路和晶闸管主回路(NMCL-33);
(4)可调电阻(NMCL-03);
(5)平波电抗器(NMCL-331);
(6)双踪示波器;
(7)万用表。

3.7.4　实验原理

三相半波可控整流电路用三只晶闸管,与单相电路比较,输出电压脉动小,输出功率大,三相负载平衡。不足之处是晶闸管电流即变压器的二次电流在一个周期内只有 1/3 时间有电流流过,变压器利用率低。三相半波可控整流电路共阴极接法电阻性负载时的电路及 $\alpha = 0°$ 时的波形如图 3-17 所示。

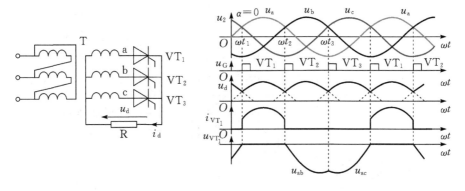

图 3-17　三相半波可控整流电路共阴极接法电阻性负载时的电路及 $\alpha = 0°$ 时的波形

1. 电阻负载

1)电路分析

为得到零线,变压器二次侧必须接成星形,而一次侧则接成三角形,从而避免 3 次谐波流入电网。

　　三个晶闸管按共阴极接法连接,这种接法触发电路有公共端,连线方便。

　　假设将晶闸管换作二极管,三个二极管对应的相电压中哪一个的值最大,则该相所对应的二极管导通,并使另外两相的二极管承受反压并关断,输出的整流电压即为该相的相电压。

　　自然换相点:在相电压的交点 ωt_1、ωt_2、ωt_3 处,均出现了二极管换相,称这些交点为自然换相点,将其作为 α 的起点,即 $\alpha = 0°$。

　　2)移相范围

　　电阻负载时,α 的移相范围为 $150°$。

2. 整流电压平均值

　　当 $\alpha \leqslant 30°$时,负载电流连续,有

$$U_d = \frac{3}{2\pi} \int_{\frac{\pi}{6}+\alpha}^{\frac{5\pi}{6}+\alpha} \sqrt{2}U_2 \sin\omega t \, d(\omega t) = \frac{3\sqrt{6}}{2\pi}U_2 \cos\alpha = 1.17U_2\cos\alpha$$

　　当 $\alpha = 0°$时,U_d 最大,$U_d = U_{d0} = 1.17U_2$。

　　当 $\alpha > 30°$时,负载电流断续,晶闸管导通角 θ 减小,此时有

$$U_d = \frac{1}{\frac{2\pi}{3}} \int_{\frac{\pi}{6}+\alpha}^{\pi} \sqrt{2}U_2 \sin\omega t \, d(\omega t) = \frac{3\sqrt{2}}{2\pi}U_2 \left[1 + \cos(\frac{\pi}{6} + \alpha) \right]$$

3. U_d/U_2 随 α 变化的规律

　　三相半波可控整流电路 U_d/U_2 与 α 的关系如图 3-18 所示。

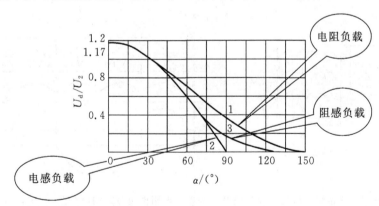

图 3-18　三相半波可控整流电路 U_d/U_2 与 α 的关系

负载电流平均值为

$$I_d = \frac{U_d}{R}$$

晶闸管承受的最大反向电压为变压器二次线电压峰值,即

$$U_{RM} = \sqrt{2} \times \sqrt{3}U_2 = \sqrt{6}U_2 = 2.45U_2$$

晶闸管阳极与阴极间的最大电压等于变压器二次相电压的峰值,即

$$U_{FM} = \sqrt{2}U_2$$

3.7.5　实验方法

实验线路如图 3 - 19 所示。

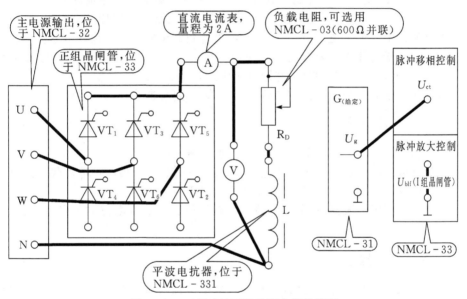

图 3 - 19　三相半波可控整流电路接线图

1. 检查晶闸管的脉冲是否正常

闭合主电源之前(只需推上空气开关),检查晶闸管的工作是否正常。

(1)此时暂不连接图 3 - 19,但需将正组桥的脉冲放大控制 U_{blf} 接地,用示波器观察 NMCL - 33 挂箱左上角脉冲观察及通断控制模块的双脉冲观察孔"1"~"6",应有间隔均匀、幅度相同的双脉冲,脉冲电压约 10 V(示波器探头衰减率为 1X),双脉冲之间间隔 60°。

(2)检查相序,用示波器观察脉冲观察孔"1"和"2","1"脉冲超前"2"脉冲 60°(即"1"孔脉冲的第二个脉冲与"2"孔脉冲的第一个脉冲相重叠),则相序正确,否则,应调整输入电源相序(任意对换三相插头中的两相即可),脉冲观察孔"3"~"6"同理。

(3)用示波器测试每只晶闸管,其控制极和阴极之间应有幅度为 1~2 V 的脉冲,可实现内部脉冲对晶闸管的触发。

2. 研究三相半波可控整流电路供电给电阻性负载时的工作情况

按图 3 - 19 接线,短接电感,接上电阻性负载并使之最大,闭合主电源。

(1)改变控制电压 U_{ct},测试在不同触发移相角 α 时,可控整流电路的输出电压 $u_d = f(t)$ 与输出电流 $i_d = f(t)$ 的波形,并记录相应的 U_d、I_d、U_{ct} 值。

(2)测试 $\alpha = 90°$ 时的 $u_d = f(t)$ 及 $i_d = f(t)$ 的波形。

(3)测试三相半波可控整流电路的输入-输出特性 $U_d/U_2 = f(\alpha)$。

(4)测试三相半波可控整流电路的负载特性 $U_d = f(I_d)$

3. 研究三相半波可控整流电路供电给阻感性负载时的工作情况

接入 NMCL - 331 的电抗器 $L = 700$ mH,可把原负载电阻 R_D 调小,监视电流,不宜超过 1.0 A(若超过 1.0 A,可用导线把负载电阻短路),操作方法同上。

(1)测试不同移相角 α 时的输出 $u_d = f(t)$、$i_d = f(t)$,记录 $\alpha = 90°$ 时的 $u_d = f(t)$、$i_d = f(t)$、$u_{VT} = f(t)$ 波形,并记录相应的 U_d、I_d 值。

(2)测试整流电路的输入-输出特性 $U_d/U_2 = f(\alpha)$ 曲线。

3.7.6　注意事项

(1)整流电路与三相电源连接时,一定要注意相序。

(2)整流电路的负载电阻不宜过小,应使 I_d 不超过 1.0 A,同时负载电阻也不宜过大,应保证 I_d 超过 0.1 A,避免晶闸管时断时续。

(3)正确使用示波器,避免示波器的两根地线接在非等电位的端点上,造成短路事故。

3.7.7　实验报告

(1)测试本整流电路供电给电阻性负载、阻感性负载时的 $u_d = f(t)$、$i_d = f(t)$ 及 $u_{VT} = f(t)$(在 $\alpha = 90°$ 情况下)波形,并进行分析讨论。

(2)根据实验数据,绘出整流电路的负载特性 $U_d = f(I_d)$ 和输入-输出特性 $U_d/U_2 = f(\alpha)$ 曲线。

3.7.8　思考题

(1)如何确定三相触发脉冲的相序? 它们之间分别应有多大的相位差?

(2)根据所用晶闸管的额定值,如何确定整流电路允许的输出电流?

3.8　三相桥式半控整流电路实验

3.8.1　实验目的

(1)熟悉晶闸管触发电路的组成与工作原理。

(2)掌握三相桥式半控整流电路的组成与工作原理。

3.8.2 实验内容

(1)三相桥式半控整流电路在电阻负载和阻感负载时的工作情况。
(2)三相桥式半控整流电路在反电动势负载时的工作情况。
(3)观察平波电抗器的作用。

3.8.3 实验设备

(1)电源控制屏(NMCL-32);
(2)低压控制电路及仪表(NMCL-31);
(3)触发电路和晶闸管主回路(NMCL-33);
(4)可调电阻(NMCL-03);
(5)平波电抗器(NMCL-331);
(6)双踪示波器;
(7)万用表。

3.8.4 实验原理

1. 工作原理

在中等容量的整流装置或不要求可逆的电力拖动中,采用桥式半控整流电路比采用全控电路更简单、更经济。图 3-20 所示为三相桥式半控整流电路的主电路结构,它由一个三相半波不控整流电路与一个三相半波可控整流电路串联而成,因此这种电路兼有可控与不可控整流两者的特点。共阳极组的整流二极管总是在自然换相点换流,使电流换到阴极电位更低的一相上去;而共阴极组的三个晶闸管则要触发后才能换到阳极电位更高的一相中去。输出整流电压 u_d 的波形是两组整流电压波形之和,改变可控组的控制角 α 可得到 $0 \sim 2.34 U_2$ 的可调输出平均电压 U_d。

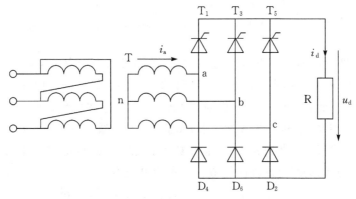

图 3-20 三相桥式半控整流电路原理图

2. 带电阻负载的工作情况

当 $\alpha=0°$ 时，即触发脉冲在自然换流点出现，整流电路输出电压最大，其数值为 $2.34U_2$，u_d 波形与三相桥式全控整流电路在 $\alpha=0°$ 时输出的电压波形一致。

图 3-21 所示为 $\alpha=30°$ 时的波形。ωt_1 时，u_{g1} 触发 T_1 导通，电源电压 u_{ab} 通过 T_1、D_6 加于负载。ωt_2 时，共阳极组二极管自然换流，D_6 关断，D_2 导通，电源电压 u_{ac} 通过 T_1、D_2 加于负载。ωt_3 时刻，由于 u_{g3} 还未出现，T_3 不能导通，T_1 维持导通到 ωt_4 时刻，触发 T_3 导通，使 T_1 承受反向电压而关断，电路转为 T_3 与 D_2 导通。依此类推，负载 R 上得的是脉动频率为 3 倍电源频率的脉动直流电压，在一个脉动周期中，它由一个缺角波形和一个完整波形组成。当 $\alpha=60°$ 时，u_d 波形只剩下三个波头，波形刚好维持连续。因此，可以得出，当 $0\leqslant\alpha\leqslant60°$ 时，有

$$U_d = 1.17U_2(1+\cos\alpha) = 2.34U_2\frac{1+\cos\alpha}{2}$$

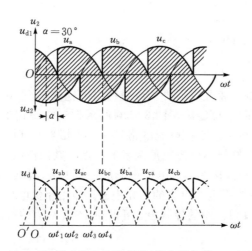

图 3-21　三相桥式半控整流电路(带电阻负载，$\alpha=30°$)波形

图 3-22 所示为 $\alpha=120°$ 时的波形。T_1 在 u_{ac} 电压的作用下，ωt_1 时刻 u_{g1} 触发 T_1 开始导通，到 ωt_2 时刻，a 相电压为零时，T_1 仍不会关断，因为使 T_1 正向导通的不是相电压 u_a 而是线电压 u_{ac}。到 ωt_3 时刻，$u_{ac}=0$，T_1 才关断。在 $\omega t_3\sim\omega t_4$ 期间，T_3 虽受 u_{ba} 正向电压，但门极无触发脉冲，故 T_3 不导通，波形出现断续。到 ωt_4 时刻，T_3 才触发导通，一直到 u_{ba} 线电压为零时才关断。因此，$\alpha>60°$ 时，u_d 波形是断续的，由三个间断的线电压波头组成。其平均电压为

$$U_d = 1.17U_2(1+\cos\alpha) = 2.34U_2\frac{1+\cos\alpha}{2}$$

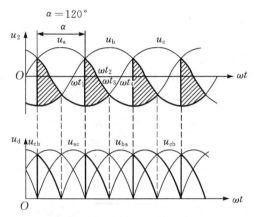

图 3-22　三相桥式半控整流电路(带电阻负载,$\alpha=120°$)波形

3. 带电感性负载的工作情况

带电感性负载时,三相桥式半控整流电路和单相桥式半控电路具有相似的工作特点:晶闸管在承受正向电压时触发导通,整流管在承受正向电压时自然导通;由于大电感 L 的作用,工作的线电压过零变负时,晶闸管仍然可能继续导通,形成同相的晶闸管与整流管同时导通的自然续流现象,使输出电压 u_d 波形不出现负值部分。电感性负载在 $\alpha \leqslant \pi/3$ 时,各处电压、电流波形分别如图 3-23 所示。输出平均电压 U_d 的计算与电阻负载时一致。

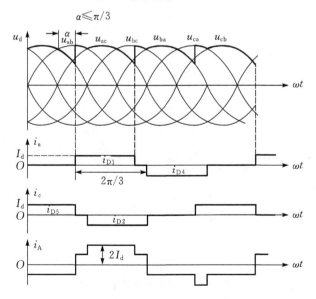

图 3-23　三相桥式半控整流电路(带电感负载)波形

3.8.5　实验方法

1. 移相触发电路的调试

推上电源控制屏 NMCL - 32 中的空气开关,绿色主电源暂不上电,图 3 - 24 (a)、(b)三相交流调压电路暂不接线。

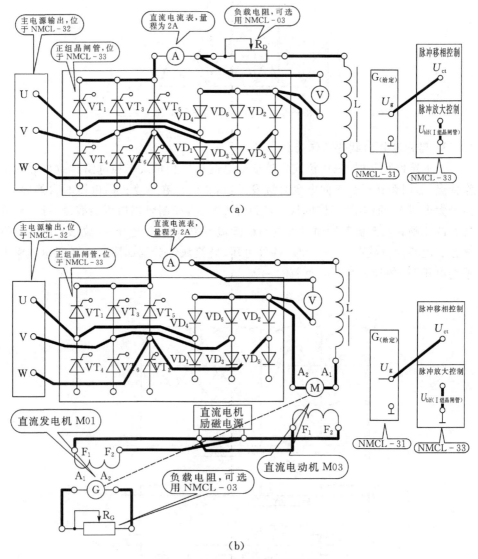

（a）

（b）

图 3 - 24　三相桥式半控整流电路

（a）带电阻负载;（b）带反电动势负载

（1）用示波器测试 NMCL‐33 中脉冲观察及通断控制模块的双脉冲观察孔，其中相邻的观察孔之间应该具有双窄脉冲，且间隔均匀，幅值相同（约为 10 V），相位差为 $60°$。

（2）NMCL‐33 中脉冲观察及通断控制模块的 6 个琴键开关置于"脉冲通"的状态，将 NMCL‐33 中脉冲放大电路控制模块的 U_{blf} 端与其"地"端短接，检测正组晶闸管桥的触发脉冲是否正常，正常情况时晶闸管控制极和阴极之间应该具有幅值为 1.0～2.0 V 的双脉冲。

（3）同理，检测反组晶闸管桥的触发脉冲是否正常时，需要将 U_{blf} 端与其"地"端的短接线断开，同时将 U_{blr} 端与其"地"端短接。

（4）NMCL‐31 中给定模块 G 的给定电压 U_g 直接与 NMCL‐33 中脉冲移相控制模块的 U_{ct} 连接，NMCL‐31 中的给定电位器 RP₁ 逆时针旋到零，使得 U_{ct} =0。

（5）用示波器测试 NMCL‐33 中同步电压观察模块的三相电源 U、V、W 的一个观察孔（如"U"孔），测取一个正弦电压信号，同时用示波器从脉冲观察及通断控制模块的双脉冲观察孔（如"1"孔）处测取一个双窄脉冲信号，同时将一个探头的地线与低压信号的"地"连接，这样便可以测量晶闸管的触发角即脉冲移相。然后，调节 NMCL‐33 中脉冲移相控制模块的偏移电压 U_b，使得晶闸管的触发角 $\alpha =$ $180°$，此时双脉冲观察孔"1"端的双窄脉冲左侧脉冲的左边缘与电压信号观察孔的"U"端的正弦信号的 $180°$ 正好相交。

2. 三相桥式半控整流电路在电阻负载时的工作研究

按图 3‐24(a)接线，可调电阻 NMCL‐03 接成 2 个 600 Ω 并联且电位器左旋到底，NMCL‐33 中的偏移电压 U_b 逆时针旋到零，给定电位器 RP₁ 和 RP₂ 逆时针旋到零，平波电抗器 NMCL‐331 接入 700 mH（电阻负载时电感两端短接）。

（1）闭合绿色主回路电源，调节给定电压 U_g，测试并记录在触发角 $\alpha =30°$、$60°$、$90°$、$120°$ 等不同触发角时，整流电路的输出电压 $u_d=f(t)$，输出电流 $i_d=f(t)$ 以及晶闸管端电压 $u_{VT}=f(t)$ 的波形。

（2）测试整流电路 U_d/U_2 与 α 的关系，其中 U_2 为三相电源 U、V、W 之间的线电压。

注意：负载电阻 R_D 需要大于 200 Ω，但电阻又不能过大，应保持 i_d 不小于 100 mA，否则晶闸管由于需要存在维持电流，容易时断时续。测试完成后，给定电位器 RP₁ 逆时针旋到零，使得 $\alpha =180°$，三相可调电阻 R_D 的电位器逆时针旋到底，偏移电压 U_b 逆时针旋到零，断开绿色主回路电源。

3. 三相桥式半控整流电路在电感负载时的工作研究

断开电感两端的短接线，使整流电路带阻感负载，实验方法与上述相同。

4. 三相半控桥式整流电路在反电动势负载时的工作研究

(1)按图 3-24(b)连线,此时需要去除图 3-24(a)的可调电阻 R_D,将其接入到直流发电机 M01 的电枢回路成为限流电阻 R_G。R_G 同样为 2 个 600 Ω 并联,其中平波电抗器 NMCL-331 置于较大电感量(如 $L=700$ mH)。闭合绿色主回路电源,调节 NMCL-31 的给定电压 U_g,在实验过程中用示波器监视触发角 α 的变化,测试并记录 $\alpha=60°$、$90°$ 时整流电路带反电动势负载时的输出电压 $u_d=f(t)$ 和输出电流 $i_d=f(t)$ 的波形。

(2)平波电抗器 NMCL-331 在相同电感量下(如 700 mH),测试整流电路在 $\alpha=60°$ 与 $\alpha=90°$ 时带反电动势负载时的负载特性 $n=f(I_d)$。调试限流电阻 R_G,测取 5~7 个点,保证输出电流 I_d 不超过额定电流 $I_{ed}=1.0$ A,并将结果记入表 3-2。

表 3-2　反电势负载数据记录表

控制角	测量量	第 1 点	第 2 点	……	第 6 点
$\alpha=60°$	I_d/A				
	$n/(\text{r} \cdot \text{min}^{-1})$				
$\alpha=90°$	I_d/A				
	$n/(\text{r} \cdot \text{min}^{-1})$				

注意:(1)电机 M03 带载运行,即发电机 M01 需要接入励磁电源和限流电阻 R_G,因为电机空载运行时电流比较小,有可能使得晶闸管维持电流不足,电流时断时续。

(2)在触发角 α 测试完成后,需要将可调电阻逆时针旋到底,给定电位器 RP_1 逆时针旋到零,使得 $\alpha=180°$,电机 M03 的转速 $n=0$,最后断开绿色主回路电源。做其他触发角 α 的实验时,要按同样操作步骤重新测试。

(3)电机 M03 带载运行且 $\alpha=90°$ 时,测取点可以适当考虑空载的情况(即发电机 M01 去除励磁电源和限流电阻 R_G),但是电机 M03 带载运行且 $\alpha=60°$ 时,空载运行电机转速有可能超过额定转速,因此测取点不宜选取空载的情况。

5. 测试平波电抗器的作用

(1)在大电感量(如 700 mH)与 $\alpha=120°$ 条件下,测试整流电路带反电动势时的负载特性曲线 $n=f(I_d)$,并记录 $u_d=f(t)$ 和 $i_d=f(t)$ 的波形。

(2)减小电感量(如 200 mH、100 mH、50 mH),重复(1)的实验内容。注意分析整流电流从连续到断续临界点的数据。

3.8.6　注意事项

(1)在电阻负载时,注意负载电阻允许的电流,电流不能超过负载电阻允许的最大值($I_{ed}=1.0$ A);在反电势负载时,注意电流不能超过电机的额定电流($I_{ed}=1.0$ A)。

(2)在电机起动前必须预先做好以下几点工作:

①先加上电机的励磁电流,然后才可使整流装置工作。

②起动前,控制电压 U_{ct} 必须置于零位,整流装置的输出电压 U_d 最小。闭合主电路电源之后,才可逐渐加大控制电压 U_{ct}。

(3)主电路的相序不可接错,否则容易烧毁晶闸管。

(4)示波器的两根地线与外壳相连,使用时必须注意两根地线需要等电位,避免造成短路事故,具体方法是只使用一根地线。

3.8.7　实验报告

(1)在不同触发角和不同负载条件下,绘出整流电路的输入-输出特性 $U_d/U_2=f(\alpha)$ 曲线。

(2)绘出整流电路在 $\alpha=60°$、$90°$ 且带反电动势负载时的 $u_d=f(t)$ 和 $i_d=f(t)$ 波形曲线。

(3)绘出整流电路在 $\alpha=30°$、$60°$、$90°$、$120°$ 带电阻负载或阻感负载时的 $u_d=f(t)$、$i_d=f(t)$ 以及晶闸管端电压 $u_{VT}=f(t)$ 的波形。

(4)绘出整流电路在 $\alpha=60°$ 与 $\alpha=90°$ 时带反电动势负载时的负载特性曲线 $n=f(I_d)$。

(5)分析本整流电路在反电势负载工作时,整流电流从断续到连续的临界值与哪些因素有关。

3.8.8　预习报告

(1)三相桥式半控整流电路的组成与工作原理。

(2)三相桥式半控整流电路带电阻性负载和阻感性负载的特点。

(3)三相桥式半控整流电路的主要计算关系。

3.8.9　思考题

(1)为什么说可控整流电路供电给电机负载与供电给电阻性负载在工作上有很大差别?

(2)本实验电路在电阻性负载工作时能否突加一阶跃控制电压? 在电机负载工作时又如何? 为什么?

3.9　三相桥式全控整流及有源逆变电路实验

3.9.1　实验目的

熟悉三相桥式全控整流及有源逆变电路的组成与工作原理。

3.9.2　实验内容

(1)三相桥式全控整流电路在不同 α 时的工作情况($0°<\alpha<90°$)。

(2)三相桥式有源逆变电路在不同 α 时的工作情况($90°<\alpha<180°$)。

(3)测试整流或逆变状态下,模拟电路出现故障现象时的波形。

3.9.3　实验设备

(1)电源控制屏(NMCL-32);

(2)低压控制电路及仪表(NMCL-31);

(3)触发电路和晶闸管主回路(NMCL-33);

(4)可调电阻(NMCL-03);

(5)平波电抗器(NMCL-331);

(6)三相变压器(NMCL-35);

(7)双踪示波器;

(8)万用表。

3.9.4　实验原理

三相桥式逆变装置必须采用三相全控桥,其主电路结构与三相全控桥式整流电路完全相同,其逆变原理的分析方法也与三相半波逆变电路基本相同。

首先来分析三相半波逆变电路,如图3-25所示,下面主要针对共阴极接法进行分析,共阳极原理相同。其中,三相半波逆变电路与三相半波整流电路的主回路结构相同。逆变主回路中,负载为直流电机,回路具有平波电感 L。下面分别讨论其从整流状态到逆变状态的工作情况。

1. 电路的整流工作状态($0<\alpha<\pi/2$)

如图3-25所示,设 $\alpha=30°$ 时触发各晶闸管,输出电压均为正,平均电压自然为正值。因接有平波电感,故负载电流连续。对于 α 在 $0\sim\pi/2$ 范围内的其它移相角,即使输出电压的瞬时值 u_d 有正也有负,但正面积总是大于负面积,输出电压的平均值 U_d 也总为正,且 U_d 略大于 E_D。此时电流 i_d 从 U_d 的正端流出,从 E_D 的正端流入。交流电网输出能量,电机吸收能量以电动状态运行。

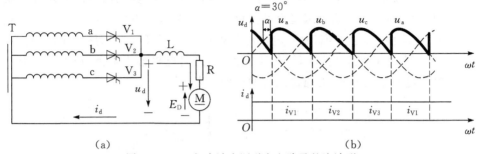

（a）　　　　　　　　　　　　　　　　（b）

图 3 - 25　三相半波有源逆变电路及整流波形

2. 电路的逆变工作状态($\pi/2 < \alpha < \pi$)

设电机端电动势 E_D 已反向,即下正上负(与前面整流时相反),设 $\beta = 30°$($\alpha = 150°$),ωt_1 时刻触发 a 相 V_1。虽然此时 $u_a = 0$,但 V_1 因受 E_D 的作用,仍满足导电条件而导通,负载上输出 u_a 相电压。也就是说,V_1 被触发导通后,虽然 u_a 已为负值,因 E_D 的存在,且 $|E_D| > |u_a|$,V_1 仍承受正电压而导通。V_1 导电 120° 后触发 V_2 导通,此时 $u_b > u_a$,故 V_1 承受反压关断,完成 V_1 与 V_2 之间的换流,负载上输出 u_b,如图 3 - 26 所示。u_c 同理,如此循环往复。

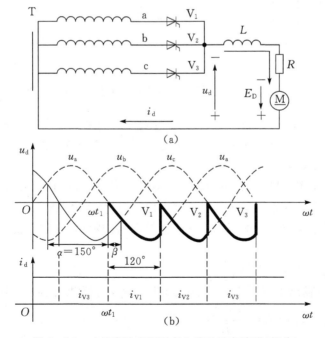

（a）

（b）

图 3 - 26　三相半波有源逆变电路及逆变波形(部分)

　　三相半波有源逆变电路输出电压的完整波形如图 3 - 27 所示。因平波电感的作用,负载电流是连续的。当 α 在 $\pi/2\sim\pi$ 范围内变化时,其输出电压的瞬时值 u_d 在整个周期内也是有正有负或者全部为负,但是负电压面积总是大于正面积,故输出电压的平均值 U_d 为负值。此时电机端电动势 E_D 大于 U_d,主回路电流 i_d 方向依旧,但它从 E_D 的正极流出,从 U_d 的正极流入,这时电机输出电能,以发电机状态运行,交流电网吸收电能,电路进入有源逆变状态。

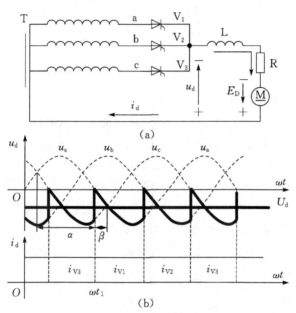

图 3 - 27　三相半波有源逆变电路及输出完整波形分析

　　这里,由于晶闸管 V_1、V_2、V_3 的交替导通工作完全与交流电网变化同步,从而可以保证能够把直流电能变换为与交流电网电源同频率的交流电并回馈电网,因此称为有源逆变,如图 3 - 28 所示。

　　在整流状态中,晶闸管在阻断时主要承受反向电压;而在逆变状态工作中,晶闸管阻断时主要承受正向电压。变流器中的晶闸管,无论在整流或是逆变状态,其阻断时承受的正向或反向电压峰值均应为线电压的峰值,在选择晶闸管额定参数时应予注意。

　　基本电量的计算关系如下:

　　逆变时,其输出电压平均值:$U_d = 1.17U_2\cos\beta$,U_2 为变压器的二次侧电压;

　　输出电流平均值:$I_d = \dfrac{U_d - E_D}{R}$;

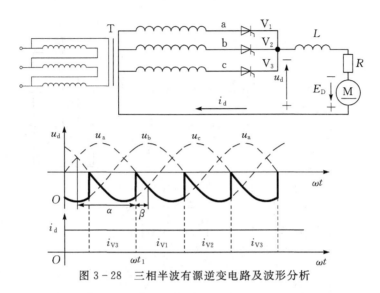

图 3-28 三相半波有源逆变电路及波形分析

晶闸管电流平均值：$I_{dVT} = \dfrac{1}{3} I_d$；

晶闸管电流有效值：$I_{VT} = \dfrac{1}{\sqrt{3}} I_d = 0.577 I_d$；

变压器二次侧电流有效值：$I_2 = \dfrac{1}{\sqrt{3}} I_d = 0.577 I_d$。

在分析了三相半波有源逆变电路及波形之后，再来分析三相桥式全控整流及有源逆变电路将变得容易理解。在三相桥式逆变电路中，因三相变压器不存在直流磁势，利用率高，而且输出电压脉动小，主回路所需电抗器的电感量较三相半波逆变电路要小，所以应用广泛。

3. 三相桥式全控整流及有源逆变电路的工作原理

如图 3-29 所示，i_d 的方向是从 E_D 的正极流出、U_d 的正极流入，即电机向外输出能量，以发电状态运行；变流器则吸收能量，并以交流形式回馈电网，电路工作在有源逆变状态。

电动势 E_D 的极性在有源逆变工作状态下，电路中输出电压的波形如图 3-30 所示。此时，晶闸管导通的大部分区域均为交流电的负电压，晶闸管在此期间由于 E_D 的作用仍承受极性为正的相电压，整流输出的平均电压为负值。该电路要求 6 个脉冲，两脉冲之间的间隔为 π/3，分别按照晶闸管 1、2、3、4、5、6 的顺序依次触发，其脉冲宽度应大于 π/3 或者采用"双窄脉冲"输出。上述电路中，晶闸管阻断期间主要承受正向电压，其最大值为线电压的峰值。

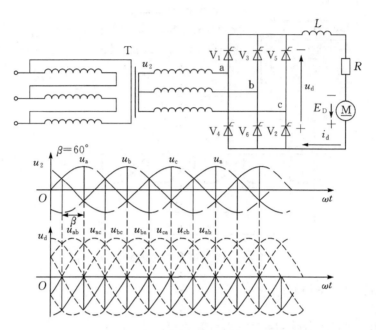

图 3-29　三相桥式全控整流及有源逆变电路的工作原理

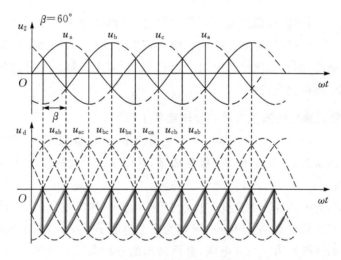

图 3-30　三相桥式全控整流及有源逆变电路的波形

4. 三相桥式全控整流电路在不同负载和不同触发角时的波形分析

三相桥式全控整流电路带电阻性负载时的波形如图 3 - 31 至图 3 - 34 所示。

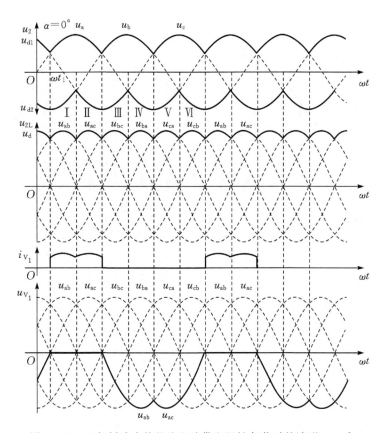

图 3 - 31 三相桥式全控整流电路带电阻性负载时的波形($\alpha=0°$)

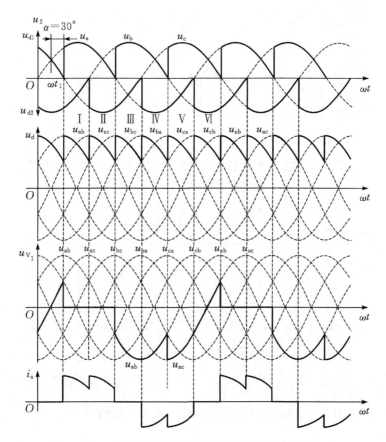

图 3-32　三相桥式全控整流电路带电阻性负载($\alpha=30°$)

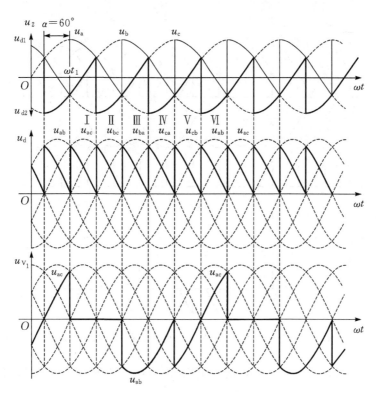

图 3 - 33　三相桥式全控整流电路带电阻性负载($\alpha = 60°$)

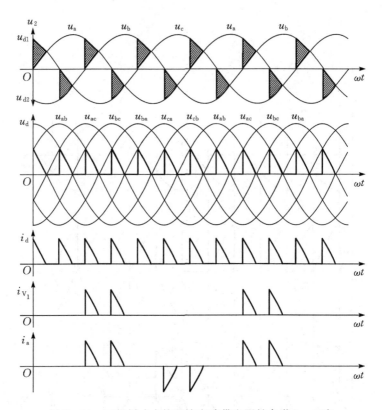

图 3-34 三相桥式全控整流电路带电阻性负载($\alpha=90°$)

当 $\alpha \leqslant 60°$ 时，u_d 波形均连续，对于电阻性负载，i_d 波形与 u_d 波形形状相同，也连续。

当 $\alpha > 60°$ 时，u_d 波形每 $60°$ 中有一段为零，u_d 波形不能出现负值，图 3-34 所示为 $\alpha=90°$ 时的波形。

带电阻性负载的三相桥式全控整流电路的触发角 α 的移相范围是 $120°$。

三相桥式全控整流电路带阻感性负载时的波形如图 3-35 至图 3-37 所示。

带阻感性负载时，三相桥式全控整流电路的触发角 α 的移相范围为 $90°$。

基本电量的计算关系：

因三相桥式逆变电路相当于两组三相半波逆变电路的串联，故该电路输出平均电压应为三相半波逆变电路输出平均电压的两倍。

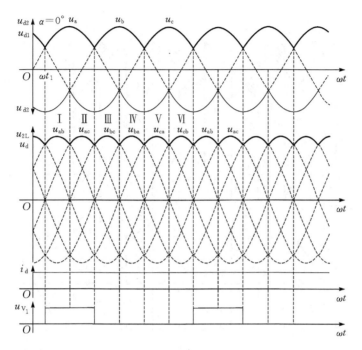

图 3-35　三相桥式全控整流电路带阻感负载时的波形($\alpha=0°$)

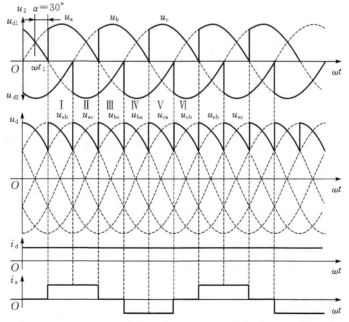

图 3-36　三相桥式全控整流电路带阻感负载时的波形($\alpha=30°$)

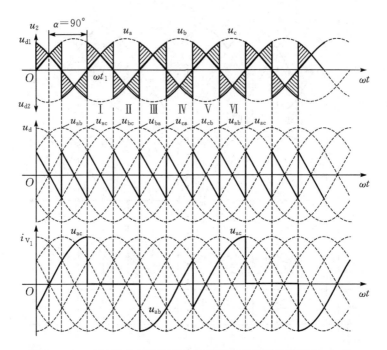

图 3-37　三相桥式全控整流电路带阻感负载时的波形($\alpha=90°$)

3.9.5　实验方法

1. 检查晶闸管的脉冲是否正常

闭合主电源之前(只需推上空气开关),检查晶闸管的工作是否正常。此时实验线路暂不连接。

(1)用示波器测量 NMCL-33 挂箱左上角脉冲观察及通断控制模块的双脉冲观察孔"1"~"6",应有间隔均匀、相位差为 60° 的幅度相同的双脉冲(电压约为 10V)。

(2)检查相序,用示波器观察双脉冲观察孔"1"和"2","1"孔脉冲超前"2"孔脉冲 60°,则相序正确,否则应调整输入电源相序,双脉冲观察孔"3"~"6"同理。

(3)用示波器测量每只晶闸管,其控制极、阴极之间应有幅度为 1~2 V 的脉冲(示波器探头衰减率为 1X)。

注意:将挂箱上的 U_{blf} 接地,将正组桥式触发脉冲的六个开关均拨到"接通"。

2. 三相桥式全控整流电路

按图 3-38 接线,A、B 两点断开,C、D 两点断开,A、D 直接连接,以构成三相桥式全控整流电路,并将 R_D 调至最大(300 Ω)。

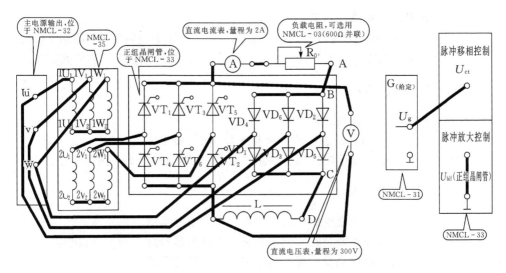

图 3-38 三相桥式全控整流及有源逆变电路主回路

闭合主电源。通过给定电位器 RP_1 调节 U_{ct},使 α 在 $30°\sim90°$ 范围内可调。用示波器测试、记录 $\alpha=30°$、$60°$、$90°$ 时,整流电压 $u_d=f(t)$ 和晶闸管两端电压 $u_{VT}=f(t)$ 的波形,记录相应的 U_d 和交流输入电压 U_2 数值,并通过短接或断开电感 L,测试电阻性负载和阻感性负载的工作情况。

3. 电路模拟故障现象

在整流状态时,断开 NMCL-33 挂箱脉冲观察及通断控制模块中某一晶闸管元件的触发脉冲开关,则该晶闸管无触发脉冲,即该支路不能导通,测试并记录 $\alpha=30°$、$60°$、$90°$ 时的 $u_d=f(t)$ 波形。

4. 三相桥式有源逆变电路

断开主回路电源,断开 A、D 点的连接,分别连接 A、B 两点和 C、D 两点,以构成三相桥式有源逆变电路,如图 3-38 所示。通过给定电位器 RP_1 调节 U_{ct},使 α 在 $90°\sim150°$ 范围内可调。

闭合主电源。调节 U_{ct},测试 $\alpha=90°$、$120°$、$150°$ 时,电路中 $u_d=f(t)$ 和 $u_{VT}=f(t)$ 的波形,并记录相应的 U_d、U_2 数值。

3.9.6 实验报告

(1)画出三相桥式全控整流电路 α 为 $30°$、$60°$、$90°$ 时的 u_d、u_{VT} 波形(电阻负载和阻感负载)。

(2)画出三相桥式有源逆变电路 α 为 $90°$、$120°$、$150°$ 时的 u_d、u_{VT} 波形。

(3)分析电路模拟故障现象。

(4)画出电路在整流和逆变时的移相特性 $U_d = f(\alpha)$ 曲线(电阻负载和阻感负载)。

(5)作出整流电路的输入-输出特性 $U_d/U_2 = f(\alpha)$ 曲线(电阻负载和阻感负载)。

3.9.7　注意事项

(1)三相变压器星形接法的正确连线。

(2)NMCL-33 挂箱的脉冲放大控制的 U_{blf} 端需要接地。

(3)有源逆变电路实验时应连接一组二极管,而不是连接另一组晶闸管。

3.9.8　预习报告

(1)三相桥式全控整流电路的工作原理及带大电感负载时的特点。

(2)三相桥式全控整流及有源逆变电路在不同负载和触发角时的波形。

(3)三相桥式全控整流及有源逆变电路的基本计算关系。

3.9.9　思考题

(1)如何解决主电路和触发电路的同步问题,本实验中主电路三相电源的相序能否任意确定?

(2)本实验中在整流向逆变切换时,对 α 有什么要求,为什么?

3.10　单相交流调压电路实验

3.10.1　实验目的

(1)掌握单相交流调压电路的组成与工作原理。

(2)熟悉单相交流调压电路带感性负载时对移相范围的要求及特点。

3.10.2　实验内容

(1)单相交流调压电路带电阻性负载的工作情况。

(2)单相交流调压电路带阻感性负载的工作情况。

3.10.3　实验设备

(1)电源控制屏(NMCL-32);

(2)低压控制电路及仪表(NMCL-31);

(3)触发电路和晶闸管主回路(NMCL-33);

(4)可调电阻(NMCL-03);

（5）触发电路(NMCL‐05E 或 NMCL‐36)；

（6）平波电抗器(NMCL‐331)；

（7）三相变器(NMCL‐35)；

（8）双踪示波器；

（9）万用表。

3.10.4　实验原理

本实验采用锯齿波移相触发器,该触发器适用于双向晶闸管或两只反向并联晶闸管电路的交流相位控制,具有控制方式简单的优点。

晶闸管交流调压器的主电路：由两只反向并联晶闸管组成,如图 3‐39(a)所示。

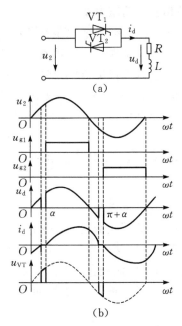

图 3‐39　阻感负载单相交流调压电路及波形

(a)阻感负载单相交流调压电路；(b)阻感负载单相交流调压电路波形

交流电力控制电路的结构：两个晶闸管反向并联后串联在交流电路中,控制晶闸管就可控制交流电力。

交流电力控制电路的类型：

交流调压电路：每半个周波控制晶闸管开通相位,调节输出电压有效值。

交流调功电路：以交流电周期为单位控制晶闸管通断,改变通断周期数的比,调节输出功率的平均值。

3.10.5 实验方法

实验接线图由 3 - 40 所示。将 NMCL - 31 中给定电位器 RP$_1$ 逆时针旋到零，使 NMCL - 05E 锯齿波触发电路的 U_{ct}＝0，锯齿波触发电路中的电位器 RP 逆时针旋到底，使触发角 α＝180°(初始角)，此时 NMCL - 33 的脉冲放大电路控制模块的 U_{blf} 无需接地。可调电阻 NMCL - 03 逆时针旋到底，采用两只 600 Ω 电阻并联。在做带电阻性负载的单相交流调压电路实验时，平波电抗器 NMCL - 331 需要短接。将 NMCL - 33 中同一桥臂上下两只晶闸管 VT$_1$、VT$_4$ 反向并联组成单相交流调压电路，将 NMCL - 05E 中的锯齿波触发电路的输出脉冲端 G$_1$、K$_1$ 和 G$_4$、K$_4$ 分别接至主回路中晶闸管 VT$_1$ 和 VT$_4$ 的门极和阴极。

1. 带电阻性负载的单相交流调压电路

将平波电抗器 NMCL - 331 短接，接成电阻性负载。推上空气开关，按下电源控制屏的绿色按钮，主回路上电，调节锯齿波触发电路中偏移电压电位器 RP，使触发角 α 在 30°～180°可调。确认无误后，将偏移电压电位器 RP 逆时针旋到底。

调节给定电压 U_g，改变 U_{ct}，用双踪示波器测试并记录触发角在 α＝60°、90°、120°时的整流电压 u_d＝$f(t)$、负载电流 i_d＝$f(t)$ 以及晶闸管两端电压 u_{VT}＝$f(t)$ 的波形。

实验完成后，将给定电位器 RP$_1$ 逆时针旋到零，断开电源控制屏的绿色按钮开关。

2. 带阻感负载的单相交流调压电路

(1)在做阻感负载实验时需调节负载阻抗角 φ 的大小，因此需知道电抗器的内阻和电感量。这里可采用直流伏安法来测量内阻，电抗器的内阻为 $R_L＝U_L/I$。

电抗器的电感量可用交流伏安法测量，由于电流大时对电抗器的电感量影响较大，采用自耦调压器调压多测几次取其平均值，可得交流阻抗 $Z_L＝U_L/I$。

电抗器的电感量为

$$L_L = \sqrt{Z_L^2 - R_L^2}/(2\pi f)$$

这样即可求得负载阻抗角为

$$\varphi = \arctan \frac{\omega L_L}{R + R_L}$$

在实验过程中，欲改变阻抗角，只需改变电阻器的数值即可。

(2)上电之前，断开平波电抗器的短接线，从而接入电感(L＝700 mH)。按下电源控制屏的绿色按钮开关，主回路上电，调节给定电压 U_g，改变 U_{ct}，用双踪示波器测试并记录 α＝60°、90°、120°时整流电压 u_d＝$f(t)$ 和负载电流 i_d＝$f(t)$ 的波形。

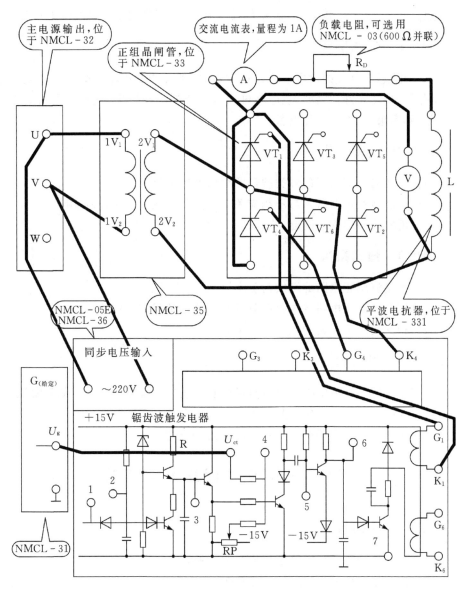

图 3-40　单相交流调压电路接线图

调节可调电阻 NMCL-03 使 R_D 的阻值由大至小,测试并记录在不同 α 时负载电压 $u_d = f(t)$ 和负载电流 $i_d = f(t)$ 波形的变化。另外,测试并记录触发角在 $\alpha > \varphi$、$\alpha = \varphi$、$\alpha < \varphi$ 三种情况下负载电压 $u_d = f(t)$ 和负载电流 $i_d = f(t)$ 的波形。也可使阻抗角 φ 为一个定值,调节触发角 α 观察上述波形。

注意:调节电阻 R_D 时,需要监视负载电流 I_d,I_d 不可大于额定电流 1.0 A。

3.10.6　注意事项

对于带阻感性负载的调压电路,当 $\alpha<\varphi$ 时,若脉冲宽度不够会使负载电流出现直流分量,损坏元件。为此,主电路可通过变压器降压供电,这样既可看到电流波形不对称现象,又不会损坏设备。

3.10.7　实验报告

(1)整理实验中记录下的各类波形并给出实验分析。
(2)分析阻感性负载时 α 与 φ 相应关系的变化对调压器工作的影响。
(3)分析实验中出现的问题。

3.10.8　预习报告

(1)单相交流调压电路的组成与基本原理。
(2)单相交流调压电路带电阻性负载和阻感性负载的工作原理。
(3)单相交流调压电路的主要计算关系。

3.10.9　思考题

(1)交流调压器在带电感性负载时可能会出现什么现象,为什么,如何解决?
(2)双向晶闸管与两个单向晶闸管反向并联有什么不同?
(3)交流调压器有哪些控制方式,应用场合如何?

3.11　三相交流调压电路实验

3.11.1　实验目的

(1)理解三相交流调压电路的组成与工作原理。
(2)掌握三相交流调压电路的工作情况。
(3)熟悉三相交流调压电路的触发电路的工作原理。

3.11.2　实验内容

(1)触发电路的工作原理与调试方法。
(2)三相交流调压电路带电阻负载时的工作情况。

3.11.3　实验设备

(1)电源控制屏(NMCL-32);

(2)低压控制电路及仪表(NMCL-31);

(3)触发电路和晶闸管主回路(NMCL-33);

(4)可调电阻(NMCL-03);

(5)双踪示波器;

(6)万用表。

3.11.4　实验原理

本实验的三相交流调压器为三相三线制,由于没有中线,每相电流必须与另一相构成回路。交流调压应采用宽脉冲或双窄脉冲进行触发。这里使用的是双窄脉冲。

三相三线带电阻负载时的情况:任意一相导通须和另一相构成回路。电流通路中至少有两个晶闸管同时导通(应采用双脉冲触发)。触发脉冲顺序和三相桥式全控整流电路一样,从 VT_1 至 VT_6,依次相差 $60°$。相电压过零点定为 α 的起点,α 移相范围是 $0°\sim150°$。三相交流调压电路如图 3-41 所示,三相交流调压电路(星形接法)波形如图 3-42 所示。

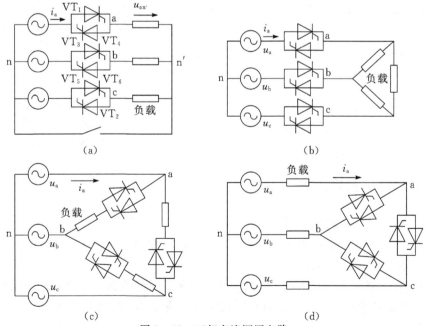

图 3-41　三相交流调压电路

(a)星形连接;(b)线路控制三角形连接;(c)支路控制三角形连接;(d)中点控制三角形连接

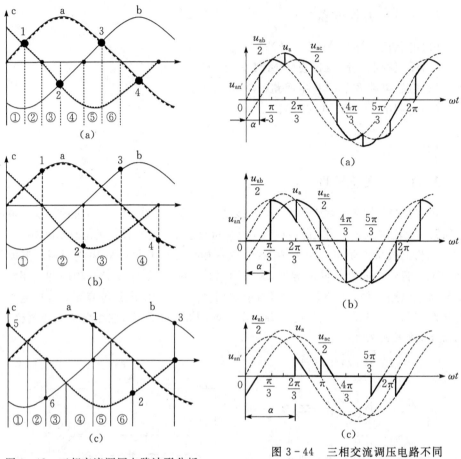

图 3 - 42　三相交流调压电路波形分析
(a)$\alpha = 30°$的 a 相波形；(b)$\alpha = 60°$的 a 相波形；
(c)$\alpha = 120°$的 a 相波形

图 3 - 44　三相交流调压电路不同
α 时负载相电压波形
(a)$\alpha = 30°$；(b)$\alpha = 60°$；(c)$\alpha = 120°$

3.11.5　实验方法

1. 移相触发电路的调试

推上电源控制屏 NMCL - 32 中的空气开关,绿色主电源暂不上电,图 3 - 43 三相交流调压电路暂不接线。

(1)用示波器测量 NMCL - 33 中脉冲观察及通断控制模块的双脉冲观察孔,其中相邻的观察孔之间应该具有双窄脉冲,且间隔均等,幅值相同(约为 10 V),相位差为 60°。

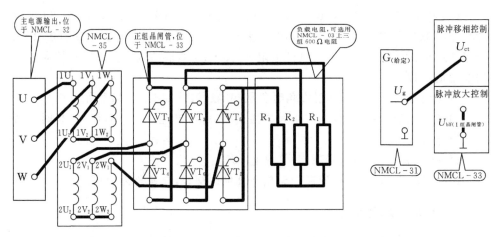

图 3-43　三相交流调压电路接线图

　　(2)NMCL-33 中脉冲观察及通断控制模块的 6 个琴键开关置于"脉冲通"的状态,将 NMCL-33 中脉冲放大电路控制模块的 U_{blf} 端与其"地"端短接,检测正组晶闸管桥的触发脉冲是否正常,正常情况时晶闸管控制极和阴极之间应该具有幅值为 1.0~2.0 V 的双脉冲。

　　(3)同理,检测反组晶闸管桥的触发脉冲是否正常时,需要将 U_{blf} 端与其"地"端的短接线断开,同时将 U_{blr} 端与其"地"端短接。

　　(4)NMCL-31 中给定模块 G 的给定电压 U_g 直接与 NMCL-33 中脉冲移相控制模块的 U_{ct} 连接, NMCL-31 中的给定电位器 RP_1 逆时针旋到零,使得 $U_{ct}=0$。

　　(5)用示波器测量 NMCL-33 中同步电压观察模块的三相电源 U、V、W 的一个观察孔(如"U"孔),测取一个正弦电压信号,同时用示波器从脉冲观察及通断控制模块的双脉冲观察孔(如"1"孔)处测取一个双窄脉冲信号,再将示波器一个探头的地线与实验台的低压信号的"地"相连接,这样便可以测量晶闸管的触发角即脉冲移相。然后,调节 NMCL-33 中脉冲移相控制模块的偏移电压 U_b,使得晶闸管的触发角 $\alpha=180°$,此时双脉冲观察孔"1"端的双窄脉冲左侧脉冲的左边缘与电压信号观察孔的"U"端的正弦信号的 180° 正好相交。

2. 带电阻性负载的三相交流调压实验

　　(1)按照图 3-43 连接三相交流调压电路(主回路和控制回路),正组晶闸管桥采用 VT_1~VT_6,其触发脉冲已通过内部连线接好。由于脉冲放大电路控制模块的 U_{blf} 与其"地"短接,则脉冲触发信号可以输出至正组晶闸管桥。

　　(2)确认 NMCL-03 的可调电阻,其中 NMCL-03 上的电阻 R_1、R_2、R_3 均为 600 Ω,并将可调电阻电位器逆时针旋到底。

（3）闭合电源控制屏 NMCL-32 中的绿色主回路电源，调节 NMCL-33 中脉冲移相控制模块的偏移电压 U_b，用示波器测试并记录触发角 $\alpha = 30°、60°、90°、120°、150°$时的输出电压 u_d 波形（即电阻 $R_1、R_2、R_3$ 两端的电压波形），并记录相应的输出电压 U_d。

三相交流调压电路不同触发角时负载相电压波形如图 3-44 所示。

（1）$0° \leqslant \alpha < 60°$：三管导通与两管导通交替，每管导通 $180° - \alpha$，但 $\alpha = 0°$时一直是三管导通。

（2）$60° \leqslant \alpha < 90°$：两管导通，每管导通 $120°$。

（3）$90° \leqslant \alpha < 150°$：两管导通与无晶闸管导通交替，导通角为 $300° - 2\alpha$。

3.11.6　实验报告

（1）整理记录的波形并给出理论分析，作不同负载时 $U_d = f(\alpha)$ 的曲线。

（2）讨论并分析实验中出现的问题。

3.11.7　注意事项

（1）电阻负载时三角形接法和星形接法的异同。

（2）三相交流调压电路中晶闸管整流输出为交流电压。

3.11.8　预习报告

（1）三相交流调压电路的组成与工作原理。

（2）三相交流调压电路的晶闸管和电阻的不同接法及其特点。

（3）三相交流调压电路在不同触发角时的波形。

3.11.9　思考题

如何实现三相交流调压电路的 Matlab 仿真？

3.12　全控器件 GTR、GTO、MOSFET、IGBT 的特性与驱动电路研究

3.12.1　电力晶体管(GTR)的特性与驱动电路研究

3.12.1.1　实验目的

（1）掌握 GTR 对基极驱动电路的要求。

(2)掌握一个实用驱动电路的工作原理与调试方法。

(3)熟悉 GTR 的开关特性。

(4)熟悉缓冲电路的工作原理与参数设计要求。

(5)熟悉 GTR 主要参数的测量方法。

3.12.1.2　实验内容

(1)实用驱动电路的实验线路组成与工作。

(2)PWM 波形发生器频率与占空比测试。

(3)光耦合器输入、输出延时时间与电流传输比测试。

(4)贝克箝位电路性能测试。

(5)过流保护电路性能测试。

3.12.1.3　实验设备

(1)电源控制屏(NMCL - 32);

(2)低压控制电路及仪表(NMCL - 31);

(3)功率器件(NMCL - 07C);

(4)双踪示波器;

(5)万用表。

3.12.1.4　实验原理

电力晶体管(Giant Transistor,GTR)按英文直译为巨型晶体管,是一种耐高电压、大电流的双极结型晶体管(Bipolar Junction Transistor,BJT)

1. GTR 的结构和工作原理

GIR 与普通的双极结型晶体管基本原理是一样的。其最主要的特性是耐压高、电流大、开关特性好。

GTR 采用至少由两个晶体管按达林顿接法组成的单元结构,并采用集成电路工艺将许多这种单元并联而成。GTR 是由三层半导体(分别引出集电极、基极和发射极)形成的两个 PN 结(集电结和发射结)构成的,多采用 NPN 结构。图 3 - 45 为 GTR 的结构与电路图,图 3 - 46 所示为内部载流子的流动示意图。

在实际应用中,GTR 一般采用共发射极接法。集电极电流 i_c 与基极电流 i_b 之比为

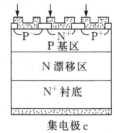

图 3 - 45　GTR 的结构图

$$\beta = \frac{i_c}{i_b}$$

β 称为 GTR 的电流放大系数,它反映了基极电流对集电极电流的控制能力。

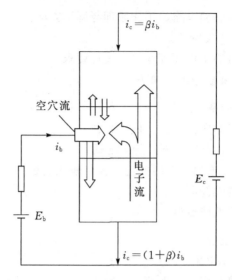

图 3 - 46　内部载流子的流动示意图

当考虑到集电极和发射极间的漏电流 I_{ceo} 时，i_c 和 i_b 的关系为

$$i_c = \beta i_b + I_{ceo}$$

单管 GTR 的 β 比用于信息处理的小功率晶体管小得多，通常为 10 左右，采用达林顿接法可以有效地增大电流增益。

2. GTR 的基本特性

1）静态特性

在共发射极接法时的典型输出特性分为截止区、放大区和饱和区三个区域，如图 3 - 47(a) 所示。在电力电子电路中，GTR 工作在开关状态，即工作在截止区或饱和区。在开关过程中，即在截止区和饱和区之间过渡时，一般要经过放大区。

2）动态特性

(1) 开通过程：需要经过延迟时间 t_d 和上升时间 t_r，二者之和为开通时间 t_{on}。增大基极驱动电流 i_b 的幅值并增大 di_b/dt，可以缩短延迟时间，同时也可以缩短上升时间，从而加快开通过程。

(2) 关断过程：需要经过储存时间 t_s 和下降时间 t_f，二者之和为关断时间 t_{off}。减小导通时的饱和深度，以减小储存的载流子，或者增大基极抽取负电流 I_{b2} 的幅值和负偏压，可以缩短储存时间，从而加快关断速度。

GTR 的开关时间在几微秒以内，比晶闸管和 GTO 都短很多。GTR 的开通和关断过程电流波形如图 3 - 47(b) 所示。

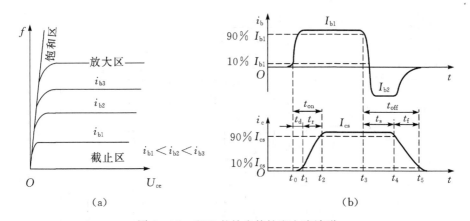

图 3-47　GTR 的输出特性和电流波形

(a)共发射极接法时 GTR 的输出特性；(b)GTR 的开通和关断过程电流波形

GTR 驱动电路原理如图 3-48 所示。内含普通光耦、比较器、贝克箝位电路、GTR 功率器件、串并联缓冲电路、保护电路等。可分析光耦的特性(延迟时间、上升时间、下降时间)，贝克箝位电路对 GTR 导通、关断特性的影响，不同的串、并联电路对 GTR 开关的影响以及保护电路的工作原理。

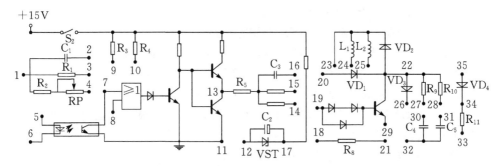

图 3-48　GTR 驱动电路原理图

图 3-49 所示为 GTR 驱动与保护电路。该电路的控制信号经光耦隔离后输入 N_1(LM555，接成施密特触发器形式)，其输出信号用于驱动 VT_1、VT_2。VT_1、VT_2 分别由正负电源供电，推挽输出提供 GTR 基极开通与关断的电流。C_5、C_6 为加速电容，可向 GTR 提供瞬时开关大电流，以提高开关速度。

$VD_2 \sim VD_5$ 接成贝克箝位电路，使 GTR 始终处于准饱和工作状态。比较器 N_2 的作用是通过监测 GTR 的 BE 结电压以判断是否过电流，并通过门电路控制器在过电流时关断 GTR。R_{14} 是基极电流采样电阻。R_s、VD_s、C_s 构成了吸收缓冲器。

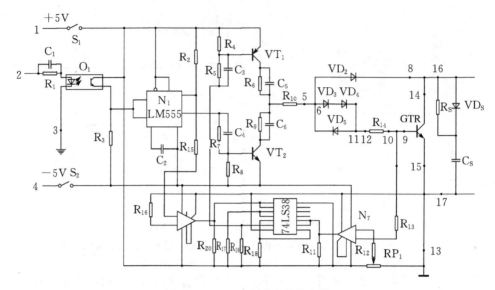

图 3 - 49　GTR 驱动与保护电路

3.12.1.5　实验方法

1. GTR 的贝克箝位电路性能测试

1)不加贝克箝位电路时的 GTR 存储时间测试

按图 3 - 50 接线。S_1 拨向"ON",将扭子开关 S_2 拨到"+15V",PWM 波形发生器的输出端"21"(占空比为 50%)与面板上的"20"相连,"24"与"10","11"与"15","17"与 GTR 的"B"端,"14"与 GTR 的"E"端,"18"与主回路的"3","19"与主回路"1"和 GTR 的"C"端相连。用双踪示波器测试基极驱动信号 i_b("15"与"18"之间)及发射极电流 i_e("14"与"18"之间)波形,记录存储时间 t_s。$t_s =(\quad)\mu s$。

2)加上贝克箝位电路后的 GTR 存储时间测试

在上述条件下,将"15"与"16"相连,测试并记录 t_s 的变化。$t_s =(\quad)\mu s$。

2. 不同负载时 GTR 的开关特性测试

1)电阻负载时的开关特性测试

按图 3 - 51 接线。S_1 拨向"ON",将扭子开关 S2 拨到"+15 V",PWM 波形发生器的"21"与面板上的"20"相连,"24 与"10","12"、"13"与"15","17"与 GTR 的"B"端,14"和 GTR 的"E"端,"18"与主回路的"3"相连,GTR"C"端与主回路的"1"相连。

用示波器分别测试基极驱动信号 i_b("15"与"18"之间)的波形及发射极电流 i_e("14"与"18"之间)的波形,记录开通时间 t_{on},存储时间 t_s,下降时间 t_f。$t_{on}=$( )μs,$t_s=(\quad)\mu s$,$t_f=(\quad)\mu s$。

2)阻感性负载时的开关特性测试

除了将主回器部分由电阻负载改为阻感性负载以外(即将"1"断开,而将"2"相连),其余接线与测试方法同上。$t_{on}=(\quad)\mu s$,$t_s=(\quad)\mu s$,$t_f=(\quad)\mu s$。

3. 不同基极电流时的开关特性测试

(1)如图 3-51 所示,断开"13"与"15"的连接,只将基极回路的"12"与"15"相连,其余接线同上,测量并记录基极驱动信号 i_b("15"与"18"之间)及发射极电流 i_e("14"与"18"之间)的波形,记录开通时间 t_{on}、存储时间 t_s、下降时间 t_f。

(2)将 GTR 的"12"与"15"的连线断开,将"11"与"15"相连,其余接线与测试方法同上。$t_{on}=(\quad)\mu s$,$t_s=(\quad)\mu s$,$t_f=(\quad)\mu s$。

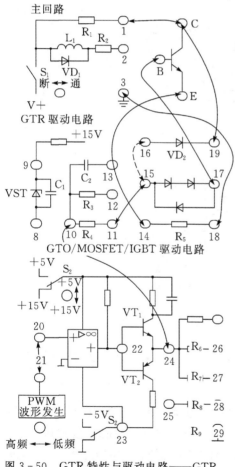

图 3-50　GTR 特性与驱动电路——GTR
的贝克箝位电路性能测试

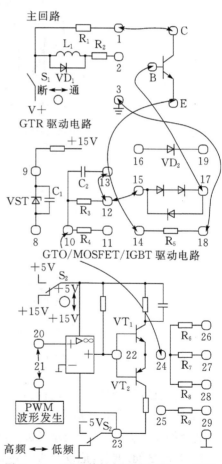

图 3-51　GTR 特性与驱动电路——不同
负载时 GTR 的开关特性测试

4. GTR 有与没有基极反压时的开关过程比较

1）没有基极反压时的开关过程测试

按图 3 - 52 接线，测试方法与 3 相同。

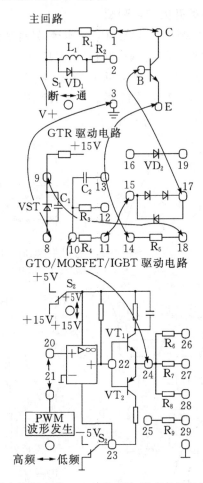

图 3 - 52　GTR 特性与驱动电路——GTR 有与没有基极反压时的开关特性比较

2）有基极反压时的开关过程测试

如图 3 - 52 所示，将原来的"18"与"3"断开，并将"18"与"9"以及"8"与"3"相连，其余接线同上，测量并记录基极驱动信号 i_b（"15"与"8"之间）及发射极电流 i_e（"14"与"8"之间）波形，记录开通时间 t_{on}，存储时间 t_s，下降时间 t_f。 $t_{on}=($　$)\mu s$， $t_s=($　$)\mu s$， $t_f=($　$)\mu s$。

5. 并联缓冲电路作用测试

1)带电阻负载

按图 3-53 接线。"4"与 GTR 的"C"端相连,"5"与 GTR "E"端相连,测试有
与没有并联缓冲电路时 "18"与"15"及"18"与 GTR 的"C"端之间 i_b 与 i_c 的波形。

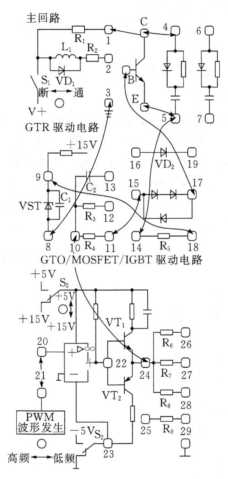

图 3-53　GTR 特性与驱动电路——并联缓冲电路作用的测试

2)带阻感性负载

将"1"断开,将"2"接入,测试有与没有缓冲电路时 "18"与"15"及"18"与 GTR
"C"之间 i_b 与 i_c 的波形。

3.12.1.6　实验报告

(1)绘出有与没有贝克箝位电路时的 GTR 存储时间 t_s,并说明使用贝克箝位

电路能缩短存储时间 t_s 的物理原因。

（2）绘出电阻负载、阻感性负载以及不同基极或栅极电阻时的开关波形，分析不同负载时开关波形的差异，并在图上标出 t_{on} 与 t_f。

（3）绘出电阻负载与阻感性负载有与没有并联缓冲电路时的开关波形，并说明并联缓冲电路的作用，在图上标出 t_{on}、t_{off}。

（4）绘出 GTR 有与没有基极或栅极反压时的开关波形，并分析其对关断过程的影响。

（5）实验的收获、体会与改进意见。

3.12.1.7　思考题

（1）试说明如何正确选用并联缓冲电路电阻与电容，当 GTR 的最小导通时间已知为 $t_{on(min)}$ 时，你能否列出选择 R、C 应满足的条件？

（2）GTR 的开关特性是指开通与关断过程中集电极电流与基极电流之间的相互变化关系，但因基极电流与集电极电流之间无共地点，因此无法用双踪示波器同时测试。实验中用基极电压来代替基极电流，试分析这种测试方法的优缺点，你能否设计出更好的测试方法？

3.12.2　门极可关断晶闸管（GTO）特性与驱动电路研究

3.12.2.1　实验目的
（1）熟悉 GTO 的开关特性。
（2）掌握 GTO 缓冲电路的工作原理。
（3）掌握 GTO 对驱动电路的要求。
（4）熟悉 GTO 主要参数的测量方法。

3.12.2.2　实验内容
GTO 的特性与驱动电路研究。

3.12.2.3　实验设备
（1）电源控制屏（NMCL-32）；
（2）低压控制电路及仪表（NMCL-31）；
（3）功率器件（NMCL-07C）；
（4）双踪示波器；
（5）万用表。

3.12.2.4　实验原理
门极可关断晶闸管（GTO）是晶闸管的一种派生器件，但可以通过在门极施加负的脉冲电流使其关断,因而属于全控型器件。

1. GTO 的工作原理

GTO 的工作原理可以用如图 3 - 54 所示的双晶体管模型来分析,V_1、V_2 的共基极电流增益分别是 α_1、α_2,并且 $\alpha_1 + \alpha_2 = 1$ 是器件临界导通条件,大于 1 导通,小于 1 则关断。

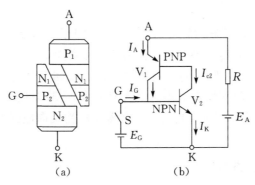

图 3 - 54　晶闸管的双晶体管模型及其工作原理

(a)双晶体管模型;(b) 工作原理

2. GTO 的动态特性

如图 3 - 55 所示,开通过程与普通晶闸管类似。关断过程:储存时间 t_s,下降时间 t_f,尾部时间 t_t。通常 t_f 比 t_s 小得多,而 t_t 比 t_s 要长。门极负脉冲电流幅值越大,前沿越陡,t_s 就越短。若门极负脉冲的后沿缓慢衰减,在 t_t 阶段仍能保持适当的负电压,则可以缩短尾部时间。

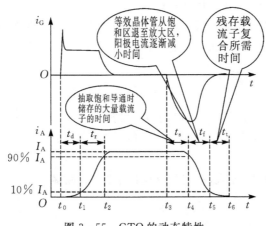

图 3 - 55　GTO 的动态特性

3. GTO 的主要参数

(1)GTO 的许多参数都和普通晶闸管相应的参数意义相同。

(2)最大可关断阳极电流 I_{ATO} 用来标称 GTO 额定电流。

(3)电流关断增益 β_{off}。最大可关断阳极电流 I_{ATO} 与门极负脉冲电流最大值 I_{GM} 之比定义为电流关断增益 β_{off}。β_{off} 一般很小,只有 5 左右,这是 GTO 的一个主要缺点。

(4)开通时间 t_{on}。开通时间为延迟时间 t_d 与上升时间 t_r 之和。延迟时间一般为 $1\sim2\ \mu s$,上升时间则随通态阳极电流的增大而增大。

(5)关断时间 t_{off}。关断时间一般指储存时间 t_s 和下降时间 t_f 之和,而不包括尾部时间 t_t。储存时间随阳极电流的增大而增大,下降时间一般小于 $2\ \mu s$。不少 GTO 都是逆导型,类似于逆导晶闸管。当需要承受反向电压时,应和电力二极管串联使用。

3.12.2.5　实验方法

1. 不同负载时 GTO 的开关特性测试

1)电阻负载时的开关特性测试

按图 3-56 接线,将开关 S_1 拨到"ON",S_2 接"+5V",PWM 波形发生器的"21"与面板上的"20"相连,"24"与"25"、"29"与功率器件 GTO 的"G"端、主回路的"1"与"A"端、"K"端与"14"、"18"与主回路的"3"相连。

用示波器分别测试门极驱动信号 i_g("G"端与"18"之间)的波形及集电极电流 i_k("K"端与"18")的波形,记录开通时间 t_{on}、存储时间 t_s、下降时间 t_f。$t_{on}=($　$)$ $\mu s,t_s=($　$)\mu s,t_f=($　$)\mu s$。

2)阻感性负载时的开关特性测试

除了将主回器部分由电阻负载改为阻感性负载以外(即将"1"断开,而将"2"相连),其余接线与测试方法同上。$t_{on}=($　$)\mu s,t_s=($　$)\mu s,t_f=($　$)\mu s$。

2. 并联缓冲电路作用测试

1)带电阻负载

按图 3-57 接线,"6"与 GTO 的"A"端相连,"7"与"K"端相连,测试有与没有缓冲电路时 GTO 的"G"端与"18"及 GTO 的"A"端与"18"之间波形。

2)带阻感负载

将"1"断开,将"2"接入,有与没有缓冲电路时,观察波形,方法同上。

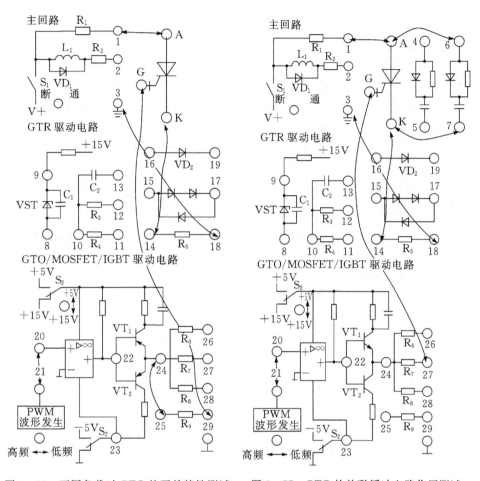

图 3-56　不同负载时 GTO 的开关特性测试　图 3-57　GTO 的并联缓冲电路作用测试

3.12.2.6　实验报告

(1)绘出电阻负载与阻感负载时的 GTO 开关波形,在图上标出 t_{on}、t_s 与 t_f,并分析不同负载时开关波形的差异。

(2)绘出不同基极电流时的开关波形并在图上标出 t_{on}、t_s 与 t_f,分析理想基极电流的波形,探讨获得理想基极电流波形的方法。

(3)绘出有与没有基极反压时的开关波形,分析其对关断过程的影响以及实验中所采用的两种基极反压方案的优缺点,你能否设计另一种获得反压的方案。

(4)绘出不同负载、不同并联缓冲电路参数时的开关波形,对不同波形的形状从理论上加以说明。

(5)分析串并联缓冲电路对 GTO 开关损耗的影响。

(6)实验的收获、体会与改进意见。

3.12.2.7　思考题

(1)波形发生器中 $R_1 = 160\ \Omega$,RP$= 1\ \text{k}\Omega$,$R_2 = 3\ \text{k}\Omega$,$C_1 = 0.022\ \mu\text{F}$,$C_2 = 0.22\ \mu\text{F}$,试对所测的 f、$D_{\max}$、$D_{\min}$ 与理论值作一比较,能否分析一下两者相差的原因?

(2)实验中的光耦为 TLP521,试对实测的开门、关门延时时间与该器件的典型延时时间作一比较,能否分析一下两者相差的原因。

(3)试比较波形发生器输出与驱动电路输出处的脉冲占空比,并分析两者相差的原因,你能否提出一种缩小两者差异的电路方案。

(4)根据实测的光耦电流传输比以及尽量短的开关延时时间,请对 C_1、R_1 及 R_3 等参数作出选择。

3.12.3　电力场效应晶体管(MOSFET)的特性与驱动电路研究

3.12.3.1　实验目的

(1)熟悉 MOSFET 主要参数的测量方法。

(2)掌握 MOSEET 对驱动电路的要求。

(3)掌握一个实用驱动电路的工作原理与调试方法。

3.12.3.2　实验内容

(1)MOSFET 主要参数开启阈值电压 $V_{\text{GS(th)}}$、跨导 G_{FS}、导通电阻 R_{ds} 及输出特性 $I_{\text{D}} = f(V_{\text{sd}})$ 等的测试。

(2)驱动电路的输入、输出延时时间测试。

(3)电阻与阻感性负载时,MOSFET 开关特性测试。

(4)有与没有反偏压时的开关过程比较。

(5)栅–源漏电流测试。

3.12.3.3　实验设备

(1)电源控制屏(NMCL – 32);

(2)低压控制电路及仪表(NMCL – 31);

(3)功率器件(NMCL – 07);

(4)双踪示波器;

(5)毫安表;

(6)电流表;

(7)电压表。

3.12.3.4　实验原理

电力场效应晶体管分为结型和绝缘栅型,但通常主要指绝缘栅型中的 MOS

型(Metal Oxide Semiconductor FET),简称电力 MOSFET(Power MOSFET)。
电力 MOSFET 用栅极电压来控制漏极电流。它的特点:驱动电路简单,需要的驱
动功率小;开关速度快,工作频率高;热稳定性优于 GTR;电流容量小,耐压低,多
用于功率不超过 10 kW 的电力电子装置。

1. 电力 MOSFET 的结构和工作原理

1)电力 MOSFET 的种类

如图 3-58 所示,按导电沟道,电力 MOSFET 可分为 P 沟道和 N 沟道。当栅
极电压为零时,漏、源极之间存在导电沟道称为耗尽型。对于 N(P)沟道器件,栅
极电压大于(小于)零时,才存在导电沟道称为增强型。在电力 MOSFET 中,主要
是 N 沟道增强型。

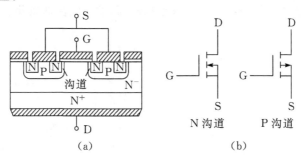

图 3-58　电力 MOSFET 的结构和电气图形符号
(a) 内部结构断面示意图;(b) 电气图形符号

2)电力 MOSFET 的结构

单极型晶体管结构上与小功率 MOS 管有较大区别,小功率 MOS 管是横向导
电器件,而目前电力 MOSFET 大都采用了垂直导电结构,所以又称为 VMOSFET
(Vertical MOSFET),这大大提高了 MOSFET 器件的耐压和耐电流能力。按垂
直导电结构的差异,分为利用 V 型槽实现垂直导电的 VVMOSFET(Vertical
V-groove MOSFET)和具有垂直导电双扩散 MOS 结构的 DMOSFET(Vertical
Double-diffused MOSFET)。

电力 MOSFET 也是多元集成结构,它的结构和电气图形符号如图 3-58
所示。

3)电力 MOSFET 的工作原理

截止:当漏、源极间接正电压且栅极和源极间电压为零时,P 基区与 N 漂移区
之间形成的 PN 结 J_1 反偏,漏、源极之间无电流流过。

导通:在栅极和源极之间加一正电压 U_{GS},正电压会将其下面 P 区中的空穴推
开,而将 P 区中的电子吸引到栅极下面的 P 区表面。

当 U_{GS} 大于某一电压值 U_T 时,使 P 型半导体反型成 N 型半导体,该反型层形成 N 沟道而使 PN 结 J_1 消失,漏极和源极导电。U_T 称为开启电压(或阈值电压),U_{GS} 超过 U_T 越多,导电能力越强,漏极电流 I_D 越大。

2. 电力 MOSFET 的基本特性

1)静态特性

转移特性指漏极电流 I_D 和栅、源间电压 U_{GS} 的关系,反映了输入电压和输出电流的关系,如图 3-59(a)所示。I_D 较大时,I_D 与 U_{GS} 的关系近似线性,曲线的斜率被定义为 MOSFET 的跨导 G_{fs},即

$$G_{fs} = \frac{dI_D}{dU_{GS}}$$

MOSFET 是电压控制型器件,其输入阻抗极高,输入电流非常小。

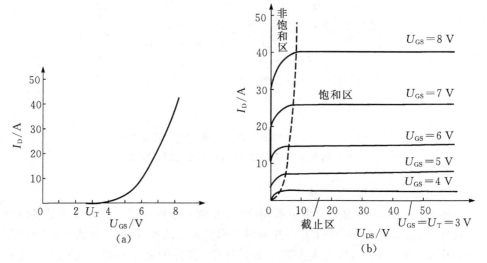

图 3-59 MOSFET 基本特性
(a)转移特性;(b)输出特性

输出特性:图 3-59(b)所示为 MOSFET 的漏极伏安特性,分为截止区(对应于 GTR 的截止区)、饱和区(对应于 GTR 的放大区)、非饱和区(对应于 GTR 的饱和区)三个区域。饱和是指漏源电压 U_{DS} 增加时漏极电流 I_D 不再增加,非饱和是指漏源电压 U_{DS} 增加时漏极电流 I_D 相应增加。工作在开关状态,即在截止区和非饱和区之间来回转换。

通态电阻具有正温度系数,对器件并联时的均流有利。

2)动态特性

开通过程需要经过开通延迟时间 $t_{d(on)}$、电流上升时间 t_r 和电压下降时间 t_{fv}。开通时间 $t_{on} = t_{d(on)} + t_r + t_{fv}$。

关断过程需要经过关断延迟时间 $t_{d(off)}$、电压上升时间 t_{rv} 和电流下降时间 t_{fi}。关断时间 $t_{off} = t_{d(off)} + t_{rv} + t_{fi}$。

MOSFET 的动态特性如图 3-60 所示。MOSFET 的开关速度与其输入电容的充放电有很大关系,可以降低栅极驱动电路的内阻 R_s 来减小栅极回路的充放电时间常数,从而加快开关速度。

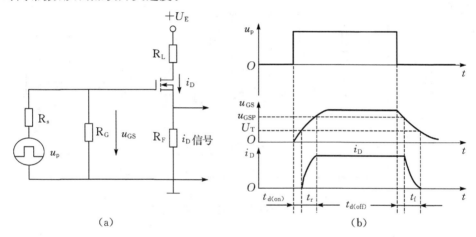

图 3-60　MOSFET 的动态特性

(a)测试电路;(b)开关过程波形

MOSFET 驱动与保护电路如图 3-61 所示。该电路由 +15 V 控制电源单极性供电,控制信号经光耦隔离后送入驱动电路,当输入端"2"为高电平时,VT_1 导

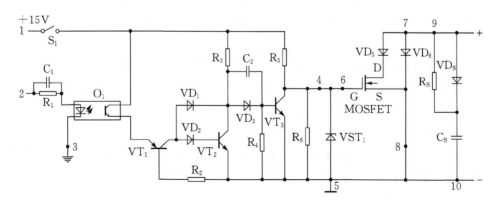

图 3-61　MOSFET 驱动与保护电路

通并向 VT_2 提供基极电流,于是 VT_2 导通、VT_3 截止,$+15\,V$ 电源经 R_5 向 MOSFET的栅极供电,并使之导通;当 2 端为低电平时,VT_1、VT_2 截止,电源经 R_3、VD_3 和 C_2 加速网络向 VT_3 提供基极电流,使 VT_3 导通,从而将 MOSFET 的栅极接地,迫使 MOSFET 关断。

MOSFET 驱动电路原理如图 3-62 所示,内含高速光耦、比较器、推挽电路、MOSFET 功率器件等,可对高速光耦、推挽驱动电路、MOSFET 的开启电压、导通电阻 R_{DS}、跨导 G_{fs}、反向输出特性、转移特性、开关特性进行研究。

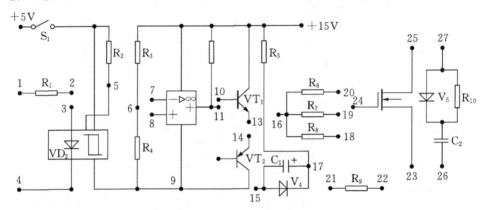

图 3-62　MOSFET 驱动电路原理图

3.12.3.5　实验方法

1. 不同负载时 MOSFET 的开关特性测试

1)电阻负载时的开关特性测试

按图 3-63 接线,将 S_1 置于"ON",将开关 S_2 拨到"$+15\,V$",PWM 波形发生器的"21"与面板上的"20"相连,"26"与功率器件 MOSFET 的"G"端、"D"端与主回路的"1"、"S"端与"14"、"18"与主回路的"3"相连。

用示波器分别测试栅极驱动信号 i_g("G"端与"18"之间)的波形及源极电流 i_s("14"与"18"之间)的波形,记录开通时间 t_{on}、存储时间 t_s 和下降时间 t_f。$t_{on}=(\quad)\mu s,t_s=(\quad)\mu s,t_f=(\quad)\mu s$。

2)阻感性负载时的开关特性测试

除了将主回器部分由电阻负载改为阻感性负载以外(即将"1"断开,而将"2"相连),其余接线与测试方法同上。$t_{on}=(\quad)\mu s,t_s=(\quad)\mu s,t_f=(\quad)\mu s$。

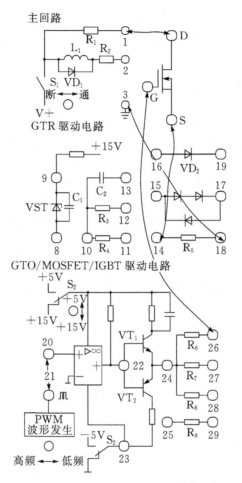

图 3 - 63　MOSFET 特性与驱动电路——不同负载时的开关特性测试

2. 不同栅极电流时的开关特性测试

（1）断开 "26" 与 "G" 端的连接，将栅极回路的 "27" 与 "G" 端相连，其余接线同上，测量并记录栅极驱动信号 i_g（"G" 端与 "18" 之间）及源极电流 i_s（"14" 与 "18" 之间）的波形，记录开通时间 t_{on}、存储时间 t_s 和下降时间 t_f。

（2）断开 "27" 与 "G" 端的连接，将栅极回路的 "28" 与 "G" 端相连，其余接线与测试方法同上。$t_{on} = (\quad)\mu s, t_s = (\quad)\mu s, t_f = (\quad)\mu s$。

3. MOSFET 有与没有栅极反压时的开关过程比较

1）没有栅极反压时的开关过程测试

与上述 2 的测试方法相同。

2)有栅极反压时的开关过程测试

将原来的"18"与"3"断开,并将"18"与"9"以及"8"与"3"相连,其余接线与测试方法同上。

4. 并联缓冲电路作用测试

1)带电阻负载

按图 3-64 接线,"6"与 MOSFET 的"D"端相连、"7"与"S"端相连,分别测试有与没有缓冲电路时 "G"端与"18"及 MOSFET 的"D"端与"18"之间波形 i_G 和 i_D。

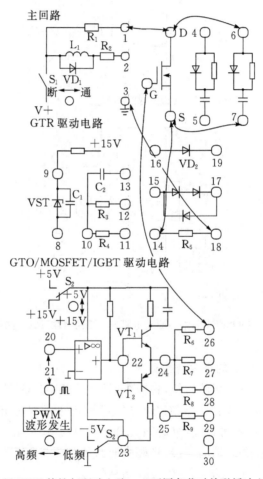

图 3-64　MOSFET 特性与驱动电路——不同负载时并联缓冲电路作用测试

2)带阻感性负载

将"1"断开,将"2"接入,测试有与没有缓冲电路时的波形,方法同上。

3.12.3.6　实验报告

(1)根据所测数据,列出 MOSFET 主要参数的表格与曲线。

(2)列出快速光耦 6N137 与驱动电路的延时时间与波形。

(3)绘出电阻负载、阻感性负载、有与没有并联缓冲时的开关波形,并在图上标出 t_{on}、t_{off}。

(4)绘出有与没有栅极反压时的开关波形,并分析其对关断过程的影响。

(5)绘出不同栅极电阻时的开关波形,分析栅极电阻大小对开关过程影响的物理原因。

(6)绘出栅源极电容充放电电流波形,试估算出充放电电流的峰值。

(7)消除高频振荡的措施与效果。

(8)实验的收获、体会与改进意见。

3.12.3.7　思考题

(1)对于 MOSFET 来说,增大栅极电阻可消除高频振荡,是否栅极电阻越大越好,为什么? 请分析一下增大栅极电阻能消除高频振荡的原因。

(2)根据实验所测的数据与波形,请说明 MOSFET 对驱动电路的基本要求有哪些? 试设计一个实用化的驱动电路。

(3)从理论上说,MOSFET 的开、关时间是很短的,一般为纳秒级,但实验中所测得的开、关时间却要大得多,分析一下其中的原因。

3.12.4　绝缘栅双极型晶体管(IGBT)特性与驱动电路研究

3.12.4.1　实验目的

(1)熟悉 IGBT 主要参数与开关特性的测试方法。

(2)掌握混合集成驱动电路 EXB840 的工作原理与调试方法。

3.12.4.2　实验内容

(1)IGBT 主要参数测试。

(2)EXB840 性能测试。

(3)IGBT 开关特性测试。

(4)过流保护性能测试。

3.12.4.3　实验设备

(1)低压控制电路及仪表(NMCL-31);

(2)电源控制屏(NMCL-32);

(3)功率器件(NMCL-07C);

（4）双踪示波器；

（5）毫安表；

（6）电压表；

（7）电流表。

3.12.4.4 实验原理

绝缘栅双极晶体管（Insulated Gate Bipolar Transistor，IGBT 或 IGT）综合了 GTR 和 MOSFET 的优点，因而具有良好的特性。

1. IGBT 的结构和工作原理

1）IGBT 的结构

IGBT 是三端器件，具有栅极 G、集电极 C 和发射极 E。由 N 沟道 VDMOSFET 与双极型晶体管组合而成的 IGBT，比 VDMOSFET 多一层 P＋注入区，可实现对漂移区电导率进行调制，使得 IGBT 具有很强的通流能力。简化等效电路表明，IGBT 采用 GTR 与 MOSFET 组成的达林顿结构，相当于一个由 MOSFET 驱动的厚基区 PNP 晶体管（见图 3－65）。

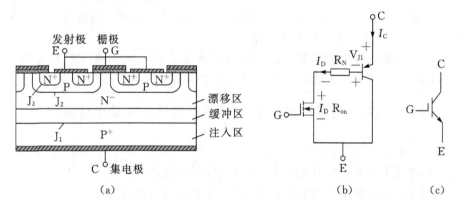

图 3－65 IGBT 的结构和工作原理

（a）内部结构；（b）工作原理；（c）图形符号

2）IGBT 的工作原理

IGBT 的驱动原理与电力 MOSFET 基本相同，是一种场控器件。其开通和关断是由栅极和发射极间的电压 U_{GE} 决定的。当 U_{GE} 为正且大于开启电压 $U_{GE(th)}$ 时，MOSFET 内形成沟道，并为晶体管提供基极电流，进而使 IGBT 导通。当栅极与发射极间施加反向电压或不加信号时，MOSFET 内的沟道消失，晶体管的基极电流被切断，使得 IGBT 关断。电导调制效应使得电阻 R_N 减小，这样高耐压的 IGBT 也具有很小的通态压降。

2. IGBT 的基本特性

1）静态特性

转移特性描述的是集电极电流 I_C 与栅射电压 U_{GE} 之间的关系（见图 3-66）。开启电压 $U_{GE(th)}$ 是 IGBT 能实现电导调制而导通的最低栅射电压，随温度升高而略有下降。

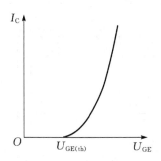

图 3-66　IGBT 的转移特性

输出特性即伏安特性，描述的是以栅射电压为参考变量，集电极电流 I_C 与集射极间电压 U_{CE} 之间的关系（见图 3-67）。分为三个区域：正向阻断区、有源区和饱和区。当 $U_{CE}<0$ 时，IGBT 为反向阻断工作状态。在电力电子电路中，IGBT 工作在开关状态，因而是在正向阻断区和饱和区之间来回转换。

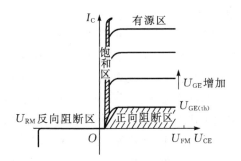

图 3-67　IGBT 的输出特性

2）动态特性

开通过程需要经过开通延迟时间 $t_{d(on)}$、电流上升时间 t_r 和电压下降时间 t_{fv}。开通时间 $t_{on}=t_{d(on)}+t_r+t_{fv}$，$t_{fv}$ 分为 t_{fv1} 和 t_{fv2} 两段。

关断过程需要经过关断延迟时间 $t_{d(off)}$、电压上升时间 t_{rv} 和电流下降时间 t_{fi}。关断时间 $t_{off}=t_{d(off)}+t_{rv}+t_{fi}$，$t_{fi}$ 分为 t_{fi1} 和 t_{fi2} 两段。IGBT 带来了电导调制效应的优点，但也引入了少子储存现象，因而其开关速度要低于电力 MOSFET。

IGBT 的开关过程如图 3 - 68 所示。

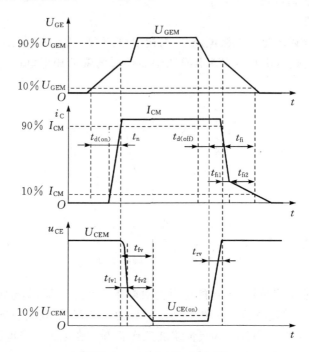

图 3 - 68　IGBT 的开关过程

3. IGBT 的主要参数

除前面提到的参数之外，IGBT 的主要参数还包括：

最大集射极间电压 U_{CEM}：由器件内部的 PNP 晶体管所能承受的击穿电压所确定。

最大集电极电流 I_{CM}：包括额定直流电流 I_C 和 1 ms 脉宽最大电流 I_{CP}。

P_{CM}：最大集电极功耗，在正常工作温度下允许的最大耗散功率。

EXB841 是高速型的 IGBT 驱动模块，由信号隔离电路、驱动放大器、过流检测器、低速过流切断电路、栅极关断电源等 5 部分组成，如图 3 - 69 所示。IGBT 驱动电路原理如图 3 - 70 所示，该电路以专用集成芯片 EXB841 为核心组成。EXB841 工作时须使用 18 V 独立的直流电源。

IGBT 驱动与保护电路如图 3 - 71 所示。IGBT 驱动与保护电路由 15 V 控制电源供电，来自 PWM 信号发生电路的 PWM 脉冲驱动信号由端"1"输入。实验连线时，应在 EXB841 的端"6"接一高压快速恢复二极管 VD₃ 至 IGBT 的集电极，以完成 IGBT 的过流保护电路连线。另外，EXB841 工作时需使用 20 V 独立的直流电源。

采用 IGBT 专用驱动芯片 EXB841，线路典型，外扩过流保护电路。可对 EXB481 的驱动电路各点波形以及 IGBT 的开关特性进行研究。

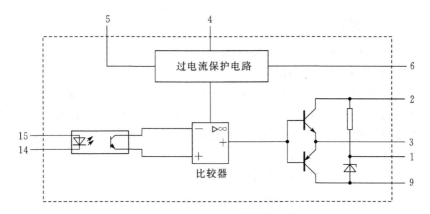

图 3-69　EXB841 驱动模块原理图

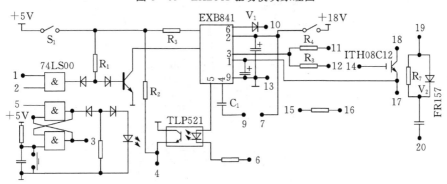

图 3-70　IGBT 驱动电路原理图

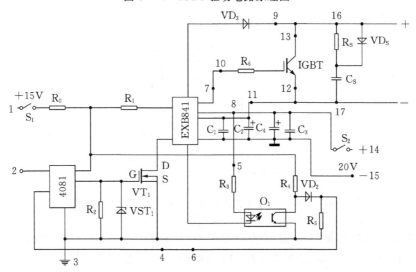

图 3-71　IGBT 驱动与保护电路

3.12.4.5　实验方法

1. 不同负载时 IGBT 的开关特性测试

1）电阻负载时的开关特性测试

如图 3-72 接线，将 S_1 置于"ON"，开关 S_2 拨到"+15 V"，PWM 波形发生器的"21"与面板上的"20"相连，"26"与功率器件 IGBT 的"G"端、"C"端与主回路的"1"、"E"端与"14"、"18"与主回路的"3"相连。

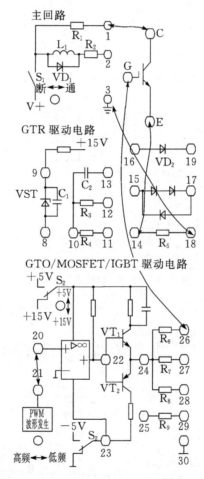

图 3-72　IGBT 特性与驱动电路——不同负载时开关特性测试

用示波器分别测试栅极驱动信号 i_g（"G"端与"18"之间）的波形及电流 i_e（"14"与"18"）的波形，记录开通时间 t_{on}、存储时间 t_s 和下降时间 t_f。

2)阻感性负载时的开关特性测试

除了将主回器部分由电阻负载改为阻感性负载以外(即将"1"断开,而将"2"相连),其余接线与测试方法同上。

2. 不同栅极电流时的开关特性测试

(1)如图 3 - 72 所示,断开"26"与"G"端的连接,将栅极回路的"27"与"G"端相连,其余接线同上,测量并记录栅极驱动信号 i_g("27"与"18"之间)及电流 i_e("14"与"18"之间)波形,记录开通时间 t_{on}、存储时间 t_s 和下降时间 t_f。

(2)断开"27"与"G 端"的连接,将栅极回路的"28"与"G"端相连,其余接线与测试方法同上。

3. 并联缓冲电路作用测试

1)带电阻负载

按图 3 - 73 接线,"4"与 IGBT 的"C"端相连,"5"与"E"端相连,测试有与没有缓冲电路时 IGBT"G"端与"18"及"C"端与"18"与之间 i_g 与 i_c 波形。

2)带阻感性负载

将"1"断开,将"2"接入,测试有与没有缓冲电路时的波形,方法同上。

3.12.4.6　注意事项

(1)面板上有比较多的开关控制电源,需注意开关的通断。

(2)GTR 采用较低频率的 PWM 波形驱动,MOSFET、IGBT 采用较高频率的 PWM 波形驱动。

(3)由于接线头采用防转动叠插头,使用时需注意防转动叠插头导线的导通,以免观察不到波形。

3.12.4.7　实验报告

(1)根据所测数据,绘出 IGBT 主要参数的表格与曲线。

(2)绘出输入、输出光耦延时以及慢速关断的波形,并标出延时与慢速关断时间。

(3)绘出所测的负栅压值与过流阈值电压值。

(4)绘出电阻负载、阻感性负载以及不同栅极电阻时的开关波形,并在图上标出 t_{on} 与 t_{off}。

(5)绘出电阻负载与阻感性负载有与没有并联缓冲电路时的开关波形,说明并联缓冲电路的作用。

(6)给出过流保护性能测试结果,并对该过流保护电路作出评价。

(7)实验的收获、体会与改进意见。

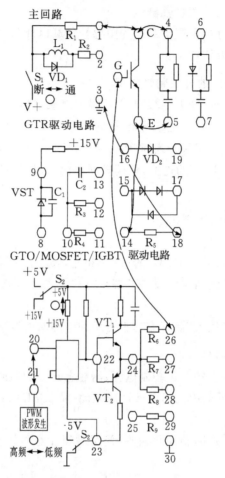

图 3-73 IGBT 特性与驱动电路——并联缓冲电路作用测试

3.12.4.8 思考题

(1)试对由 EXB841 构成的驱动电路的优缺点作出评价。

(2)在选用二极管 V_1 时,对其参数有何要求,其正向压降大小对 IGBT 的过流保护功能有何影响?

(3)通过 MOSFET 与 IGBT 器件的实验,请对两者在驱动电路的要求,开关特性与开关频率,有、无反并联(寄生)二极管,电流、电压容量以及使用中的注意事项等作一分析和比较。

3.13　采用自关断器件的单相交流调压电路研究

3.13.1　实验目的

(1)掌握采用自关断器件的单相交流调压电路的工作原理与应用场合。

(2)熟悉 PWM 专用集成电路 SG3525 的组成、工作原理与使用方法。

3.13.2　实验内容

(1)PWM 专用集成电路 SG3525 性能测试。

(2)控制电路相序与驱动波形测试。

(3)带与不带电感时负载与 MOS 管两端电压波形测试。

(4)不同占空比时,负载端电压、负载端谐波与输入电流的位移因数测试。

3.13.3　实验设备

(1)电源控制屏(NMCL-32);

(2)现代电力电子电路和直流脉宽调速(NMCL-22);

(3)低压控制电路及仪表(NMCL-31);

(4)双踪示波器;

(5)万用表。

3.13.4　实验原理

随着自关断器件的迅速发展,采用晶闸管移相控制的交流调压设备,已逐渐被带自关断器件(GTR、MOSFET、IGBT 等)的交流斩波调压电路所代替。与移相控制相比,斩波调压具有下列优点:

(1)谐波幅值小,且最低次谐波频率高,故可采用小容量滤波元件;

(2)功率因数高,经滤波后,功率因数接近于 1。

(3)对其他用电设备的干扰小。

因此,斩波调压是一种很有发展前途的调压方法,可用于电机调速、调温、调光等设备。本实验系统以调光为例,进行斩波调压研究。

图 3-74 所示为单相交流调压电路实验图。斩波调压的主回路由 MOSFET 及其反向并联二极管组成双向全控电子斩波开关。

当 MOS 管分别由脉宽调制信号控制其通断时,输入端电压波形如图 3-75 (a)所示,则负载电阻上的电压波形如图 3-75(b)所示(输出端不带滤波环节时)。

显然,负载上的电压有效值随脉宽信号的占空比而变。

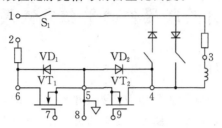

图 3-74 单相交流调压电路原理图

当输出端带有滤波环节时,负载端电压波形如图 3-75(c)所示。脉宽调制信号由专用集成芯片 SG3525 产生,有关 SG3525 的内部结构、功能、工作原理与使用方法等可参阅本教程 5.6 节的双闭环可逆直流脉宽调速系统实验。

控制系统中由变压器 T、比较器和或非门等组成同步控制电路,以确保交流电源的端"2"为正时,MOS 管 VT_1 导通;而当交流电源的端"1"为正时,MOS 管 VT_2 导通。

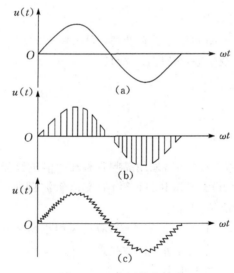

图 3-75 电压输出波形

(a)输入端电压波形;(b)输出端不带滤波环节;(c)输出端带有滤波环节

3.13.5 实验方法

推上空气开关,按下绿色主电源按钮。测试 NMCL-22 中的 UPW 模块。

1. SG3525 性能测试

(1)锯齿波周期与幅值测量。测量 NMCL - 22 中 UPW 的"1"端。

(2)输出最大与最小占空比测量。连接 NMCL - 31 中给定电压 U_g 与 UPW 的"3"端,调节 UPW 模块中电位器 RP,测量 UPW 的"2"端输出的 D_{max} 和 D_{min}。

2. 控制电路相序与驱动波形测试

将 UPW 的"2"端与控制电路(斩控式交流调压电路主电路,NMCL - 22 的右下方)的"14"端相连。将 UPW 的电位器 RP 逆时针旋到底,用双踪示波器测试并记录该控制电路的下列各点波形:

(1)控制电路的"11"、"12"与地端之间波形,注意该波形是否对称互补;

(2)控制电路的"13"、"15"与地端之间波形;

(3)控制电路的"7"与"5"及"9"与"5"端之间波形。

3. 不带电感时负载与 MOS 管两端电压波形测试

斩控式交流调压电路主电路的"3"与"4"短接,将 UPW 的电位器 RP 顺时针旋到大致中间的位置,测试并记录负载与 MOS 管两端电压波形(控制电路的"2"端与"4"端之间)。

4. 带电感时负载与 MOS 管两端电压波形测试

主电路的"3"与"4"不短接,将 UPW 的电位器 RP 右旋到大致中间的位置,测试并记录负载与 MOS 管两端电压波形(控制电路的"2"端与"4"端之间)。

5. 不同占空比 D 时的负载端电压测试

实验中,将 UPW 电位器 RP 旋转 4～5 个位置,分别测试并记录 SG3525 中输出"2"端脉冲的占空比、负载端电压大小与波形(斩控式交流调压电路主电路"2"和"4"之间)。

6. 不同占空比 D 时的负载端谐波大小的测试

接入电感,分别测试并记录 UPW 中 RP 逆时针旋与顺时针旋到底时的负载端波形(NMCL - 22 中斩控式交流调压电路主回路的"2"与"3"、"2"与"4"之间),分析占空比 D 对负载端谐波大小的影响。

7. 输入电流的位移因数测试

(1)将主电路的"3"、"4"两端用导线短接,即不接入电感。

(2)在不同占空比条件下,用双踪示波器同时测试并记录"1"与"6"端、"2"与"3"端间的波形,分析输入电流的位移因数。

3.13.6　实验报告

记录并分析实验方法中 1~7 各项数据。

3.13.7　预习报告

(1)带自关断器件的单相交流调压电路的组成与工作原理。
(2)PWM 专用集成电路 SG3525 芯片的工作原理。

3.13.8　思考题

(1)当主电路接纯电阻负载时,可以发现负载电压波形存在死区,试分析其产生的原因。

(2)当主电路接电感性负载时,在电压的过零点会出现一尖峰脉冲,且其幅值随占空比的增大而增大。试分析其产生的原因以及抑制方法。

(3)自关断器件包括哪些,主要特点是什么?

3.14　直流斩波电路的性能研究

3.14.1　实验目的

(1)熟悉六种斩波电路(Buck Chopper、Boost Chopper、Buck-boost Chopper、Cuk Chopper、Sepic Chopper、Zeta Chopper)的组成与工作原理。
(2)掌握这六种斩波电路的工作状态及波形情况。

3.14.2　实验内容

(1)SG3525 芯片的调试。
(2)斩波电路的连接。
(3)斩波电路的波形及电压测试。

3.14.3　实验设备

(1)电源控制屏(NMCL-32);
(2)现代电力电子电路和直流脉宽调速(NMCL-22);
(3)低压控制电路及仪表(NMCL-31);
(4)双踪示波器;
(5)万用表。

3.14.4　实验原理

1. 降压斩波电路(Buck Chopper)

降压斩波电路典型用途之一是拖动直流电机，也可带蓄电池负载。

1)工作原理

图 3 - 76 所示为降压斩波电路及其工作原理。$t=0$ 时刻控制脉冲驱动 V 导通，电源 E 向负载供电，负载电压 $u_\text{o}=E$，负载电流 i_o 按指数曲线上升。$t=t_1$ 时控制 V 使之关断，二极管 VD 续流，负载电压 u_o 近似为零，负载电流呈指数曲线下降。通常串接较大电感 L 使负载电流连续且脉动小。

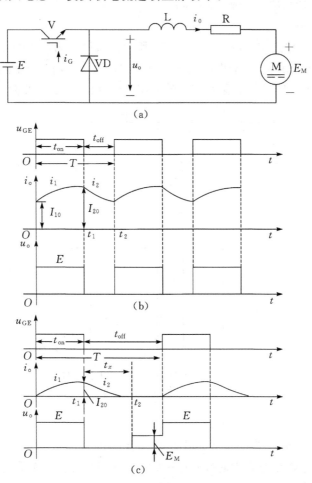

(a)

(b)

(c)

图 3 - 76　降压斩波电路及其工作原理

(a)电路图;(b)电流连续时的波形;(c)电流断续时的波形

2）电量关系

电流连续时，负载电压平均值为

$$U_{\circ} = \frac{t_{\mathrm{on}}}{t_{\mathrm{on}} + t_{\mathrm{off}}} E = \frac{t_{\mathrm{on}}}{T} E = \alpha E$$

式中，t_{on} 为 V 导通时间；t_{off} 为 V 断续时间；α 为导通占空比。

负载电流平均值为

$$I_{\circ} = \frac{U_{\circ} - E_{\mathrm{M}}}{R}$$

注意：一般不希望出现电流断续，$U_{\circ}$ 被抬高。

2. 升压斩波电路（Boost Chopper）

1）工作原理

升压斩波电路及工作原理如图 3-77 所示。假设 L 和 C 值很大。V 处于通态时，电源 E 向电感 L 充电，充电电流恒定为 I_1；电容 C 向负载 R 供电，输出电压 $u_{\circ}$ 恒定为 $U_{\circ}$。V 处于断态时，电源 E 和电感 L 同时向电容 C 充电，并向负载提供能量。

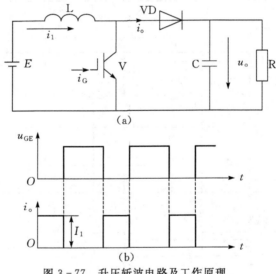

图 3-77　升压斩波电路及工作原理

（a）电路图；（b）波形

2）电量关系

设 V 通态的时间为 t_{on}，此阶段 L 上积蓄的能量为 $EI_1 t_{\mathrm{on}}$；V 断态的时间为 t_{off}，则此期间电感 L 释放能量为 $(U_{\circ} - E)I_1 t_{\mathrm{off}}$。稳态时，一个周期 T 中 L 积蓄能量与释放能量相等，即

$$EI_1 t_{\mathrm{on}} = (U_{\circ} - E)I_1 t_{\mathrm{off}}$$

化简得

$$U_o = \frac{t_{on} + t_{off}}{t_{off}} E = \frac{T}{t_{off}} E$$

$T/t_{off} > 1$，输出电压高于电源电压，故为升压斩波电路。T/t_{off} 为升压比；升压比的倒数记作 β，即 $\beta = \frac{t_{off}}{T}$。$\beta$ 和 α 的关系为 $\alpha + \beta = 1$。因此，上式可表示为

$$U_o = \frac{1}{\beta} E = \frac{1}{1 - \alpha} E$$

3. 升降压斩波电路 (Buck-boost Chopper)

1）工作原理

升降压斩波电路及其工作原理如图 3-78 所示。

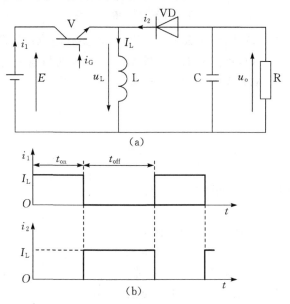

图 3-78　升降压斩波电路及其工作原理

(a)电路图；(b)波形

V 导通时，电源 E 经 V 向 L 供电使其储能，此时电流为 i_1。同时，电容 C 维持输出电压恒定并向负载 R 供电。V 阻断时，L 的能量向负载释放，电流为 i_2。负载电压极性为上负下正，与电源电压极性相反，该电路也称作反极性斩波电路。

2）电量关系

输出电压为

$$U_o = \frac{t_{on}}{t_{off}} E = \frac{t_{on}}{T - t_{on}} E = \frac{\alpha}{1 - \alpha} E$$

4. Cuk 斩波电路 (Cuk Chopper)

1) 工作原理

Cuk 斩波电路及其等效电路如图 3−79 所示。

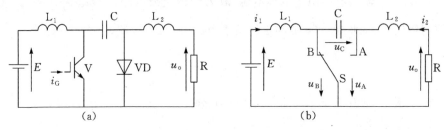

图 3−79　Cuk 斩波电路及其等效电路

(a) 电路图；(b) 等效电路

V 通时，E—L_1—V 回路和 R—L_2—C—V 回路有电流。V 断时，E—L_1—C—VD 回路和 R—L_2—VD 回路有电流。输出电压的极性与电源电压极性相反。电路相当于开关 S 在 A、B 两点之间交替切换。

2) 电量关系

输出电压为

$$U_o = \frac{t_{on}}{t_{off}}E = \frac{t_{on}}{T - t_{on}}E = \frac{\alpha}{1 - \alpha}E$$

5. Sepic 斩波电路 (Sepic Chopper)

1) 工作原理

图 3−80 所示为 Sepic 斩波电路图。

当 V 处于通态时，E—L_1—V 回路和 C_1—V—L_2 回路同时导电，L_1 和 L_2 储能。当 V 处于断态时，E—L_1—C_1—VD—负载回路及 L_2—VD—负载回路同时导电，此阶段 E 和 L_1 既向负载供电，同时也向 C_1 充电，C_1 储存的能量在 V 处于通态时向 L_2 转移。

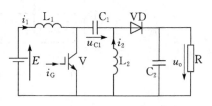

图 3−80　Sepic 斩波电路

2) 电量关系

输出电压为

$$U_o = \frac{t_{on}}{t_{off}}E = \frac{t_{on}}{T - t_{on}}E = \frac{\alpha}{1 - \alpha}E$$

6. Zeta 斩波电路 (Zeta Chopper)

1) 工作原理

图 3-81 所示为 Zeta 斩波电路图。

在 V 处于通态期间, 电源 E 经开关 V 向电感 L_1 储能。待 V 关断后, L_1—VD—C_1 构成振荡回路, L_1 的能量转移至 C_1, 同时 L_2 的电流经 VD 续流。能量全部转移至 C_1 上之后, VD 关断, C_1 经 L_2 向负载供电。

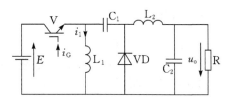

图 3-81　Zeta 斩波电路

2) 电量关系

输出电压为

$$U_o = \frac{\alpha}{1-\alpha} E$$

3.14.5　实验方法

推上空气开关, 此时暂不闭合主电源, 按照 NMCL-22 挂箱上各种斩波器电路图, 连接相应的元件, 搭成相应的斩波电路即可。

1. SG3525 性能测试 (PWM 波)

实验前, 先进行 PWM 波的测试。连接 NMCL-31 的给定电压 U_g 与 NMCL-22 中 UPW 的 "3" 端, 用示波器测量 PWM 波形发生器 (UPW) 的 "2" 孔和地 "4" 孔之间的波形。调节占空比旋钮 (电位器 RP), 测量驱动波形的频率以及占空比的调节范围。

2. 降压斩波电路

(1) 连接电路。将 NMCL-22 中右上角的 PWM 波形发生器的输出端连接到 IGBT 的 "G" 端, 将 PWM 波形发生器的 "地" 端连接到 IGBT 的 "E" 端, "E" 端再与斩波电路的 "5"、"7" 相连, 同时完成 "8"、"11" 相连, "6"、"12" 相连, 最后将 15 V 直流电源 U_1 (NMCL-22 右上角顶端) 的正极 "+" 与 IGBT 的 "C" 端相连, 负极 "−" 和 "6" 相连, 这样就可以按照电路图接成 Buck Chopper 斩波器。

(2) 测试负载电压波形。电路经检查无误后, 闭合主电源开关, 用示波器测试 VD 两端 "5"、"6" 孔之间电压波形, 调节 PWM 触发器的电位器 RP, 即改变触发脉冲的占空比, 测试负载电压的变化, 并记录电压波形。

(3) 测试负载电流波形。用示波器测试并记录负载电阻 R ("11"、"12" 之间) 两端波形。

3. 升压斩波电路

照图 3 - 82 接成升压斩波电路。电感和电容任选,负载电阻为 R。实验步骤同降压斩波电路。

4. 升降压斩波电路

照图 3 - 82 接成升降压斩波电路。电感和电容任选,负载电阻为 R。实验步骤同降压斩波电路。

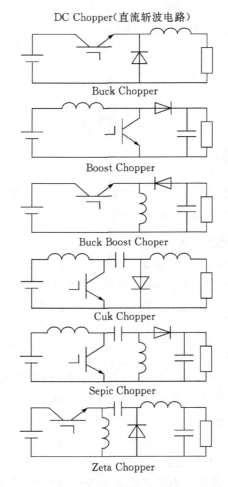

DC Chopper(直流斩波电路)

Buck Chopper

Boost Chopper

Buck Boost Choper

Cuk Chopper

Sepic Chopper

Zeta Chopper

图 3 - 82　六种直流斩波电路图

5. Cuk 斩波电路

照图 3 - 82 接成 Cuk 斩波电路。电感和电容任选,负载电阻为 R。实验步骤同降压斩波电路。

6. Sepic 斩波电路

照图 3－82 接成 Sepic 斩波电路。电感和电容任选,负载电阻为 R。实验步骤同降压斩波电路。

7. Zeta 斩波电路

照图 3－82 接成 Zeta 斩波电路。电感和电容任选,负载电阻为 R。实验步骤同降压斩波电路。

3.14.6　注意事项

(1)NMCL－22 挂箱右上角顶端的"主电路电源 2"的输出电压为 15 V,输出电流为 1 A。当改变负载电路时,注意 R 值不可过小,否则电流太大,有可能烧毁电源的熔断丝。

(2)实验过程中先加控制信号,后加"主电路电源 2"。

3.14.7　实验报告

(1)分析 PWM 波形发生的基本原理。

(2)记录在某一占空比 D 下,降压斩波电路中,MOSFET 的栅源电压 u_{GS} 波形,输出电压 u_o 波形,输出电流 i_o 的波形,绘制降压斩波电路的 U_i/U_o－D 曲线,并与理论分析结果进行比较,讨论产生差异的原因。

3.14.8　预习报告

(1)SG3525 芯片的组成与工作原理。

(2)升压斩波电路、降压斩波电路、升降压斩波电路、Cuk 斩波电路、Sepic 斩波电路、Zeta 斩波电路的工作原理。

(3)实验目的、实验内容和实验方法。

3.14.9　思考题

(1)直流斩波器有哪几种调制方法? 本实验中的直流斩波器是哪种调制方式?
(2)本实验中采用的斩波器主电路中电容 C 起什么作用?

3.15　全桥 DC/DC 变换电路实验

3.15.1　实验目的

(1)掌握可逆直流脉宽调速系统主电路的组成与工作原理。

(2)熟悉直流 PWM 专用集成电路 SG3525 的组成与工作原理。

(3)熟悉 H 型 PWM 变换器的各种控制方式与工作原理。

3.15.2　实验内容

(1)PWM 控制器 SG3525 的性能测试。

(2)H 型 PWM 变换器 DC/DC 主电路性能测试。

3.15.3　实验设备

(1)电源控制屏(NMCL-32);

(2)低压控制电路及仪表(NMCL-31);

(3)现代电力电子电路和直流脉宽调速(NMCL-22);

(4)可调电阻(NMCL-03);

(5)双踪示波器;

(6)万用表。

3.15.4　实验原理

桥式可逆斩波电路如图 3-83 所示,它组合了两个电流可逆斩波电路,分别向电机提供正向和反向电压,并可使电机实现 4 象限运行。

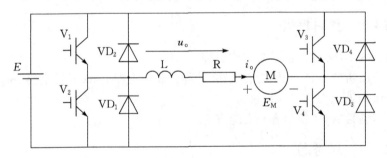

图 3-83　桥式可逆斩波电路(全桥 DC/DC 变换电路)

工作过程:V_4 导通时,等效为图 3-84 所示的电流可逆斩波电路,提供正电压使电机工作于第 1、2 象限。V_2 导通时,V_3、VD_3 和 V_4、VD_4 等效为又一组电流可逆斩波电路,向电机提供负电压,可使电机工作于第 3、4 象限。

全桥 DC/DC 变换脉宽调速系统的原理与实验线路图如图 3-85 所示。图中可逆 PWM 变换器主回路采用 MOSFET(或 IGBT)构成 H 型结构形式,UPW 为脉宽调制器,DLD 为逻辑延时环节,GD(隔离及驱动模块)为 MOS 管的栅极驱动电路,FA 为瞬时动作的过流保护。

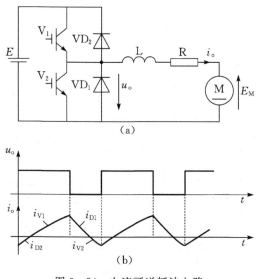

图 3 - 84　电流可逆斩波电路

(a)电路图;(b)波形

3.15.5　实验方法

推上电源控制屏 NMCL - 32 的空气开关,此时暂不按下绿色主电源按钮,图 3 - 85 所示全桥 DC/DC 变换电路暂不连接。

1. UPW 模块的 SG3525 性能测试

(1)用示波器测试 UPW 模块"1"端的电压波形,记录波形的周期、幅度。

(2)用示波器测试 UPW 模块"2"端的电压波形,并调节 UPW 模块的电位器 RP,使 PWM 波的占空比为 50%。

(3)用导线将 NMCL - 31 中的给定电压 U_g 和 NMCL - 22 中"UPW"的"3"相连,给定电压 U_g 的"地"与 NMCL - 22 中电流反馈 FBA 的"地"(FBA 上方的"8"端)相连。然后,分别调节正负给定电位器 RP_1 和 RP_2,记录 UPW 模块的"2"端输出波形的最大占空比和最小占空比。注意:占空比限定在 5%~95% 之间。

(4)最后将 NMCL - 31 中的正负给定 RP_1 和 RP_2 逆时针旋到最大到底(复位)。

2. 控制电路的测试

(1)逻辑延时时间的测试。UPW 模块的"2"端与 DLD 模块的"1"连接,通过 DLD 模块中的"1"端及其"3"端测试波形,并记录延时时间 $t_d=($ 　$)$。

(2)NMCL - 22 中 PWM 模块同一桥臂上下管子驱动信号死区时间测试。

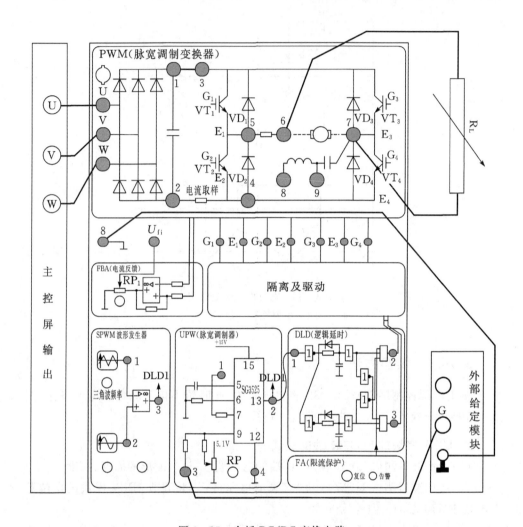

图 3-85　全桥 DC/DC 变换电路

PWM 模块（脉宽调制变换器）由 4 个 IGBT 组成，即 VT_1、VT_2、VT_3 和 VT_4，用双踪示波器分别测量 $V_{VT1.GE}$ 和 $V_{VT2.GE}$、$V_{VT3.GE}$ 和 $V_{VT4.GE}$ 之间的死区时间 $t_{dVT1.VT2} =$ （　　），$t_{dVT3.VT4} =$（　　）。

　　注意：这里也可以利用双踪示波器测试"DLD"的"2"端和"3"端的输出波形来测量 PWM 模块同一桥臂上下管子驱动信号死区时间。

3. 全桥 DC/DC 变换的波形测试

　　按图 3-85 接线，注意此时电阻负载 R_L 使用的是 NMCL-03 且 2 个 600 Ω 并联,使用前需要将 NMCL - 03 的可调电阻电位器逆时针旋到底使阻值最大。然后,再次确认 UPW 模块的"2"端占空比为 50%,最后闭合绿色主电源按钮。

注意:用示波器全程监控实验过程中 UPW 模块的"2"端的占空比,确保占空比的变化不超过 5%～95% 的范围,否则 PWM 模块中的 4 个 IGBT 有可能被击穿,从而造成 NMCL - 22 挂箱无法正常使用。

波形测量步骤与实验内容如下:

(1)首先将正负给定 RP_1 和 RP_2 逆时针旋到零。

(2)调节给定电压 U_g,测定电阻负载 R_L 上的波形(占空比为 10%、50% 和 90% 时)。

(3)调节给定电压 U_g,测试占空比大小的变化并进行对比分析。

3.15.6　实验报告

根据实验数据,给出 SG3525 的各项性能参数、逻辑延时时间、同一桥臂驱动信号死区时间。

3.15.7　预习报告

(1)全桥 DC/DC 变换电路的组成与工作原理。

(2)逻辑延时电路。

(3)PWM 和 SPWM 波的生成机理。

3.15.8　注意事项

(1)占空比不可超过 5%～95% 的范围,以防击穿功率器件 IGBT。

(2)用观察孔测量功率器件的死区时间和延时时间时,示波器两个探头的接地线不要短路(只使用一根地线即可)。

3.15.9　思考题

(1)为了防止 PWM 模块中上、下桥臂的直通,有人把上、下桥臂驱动信号死区时间调得很大,这样做行不行,为什么? 你认为死区时间长短由哪些参数决定?

(2)与采用晶闸管的移相控制直流调速系统相对比,试分析并归纳采用自关断器件的脉宽调速系统的优缺点。

3.16　单相交-直-交变频电路的性能研究

3.16.1　实验目的

(1)熟悉单相交-直-交变频电路的组成与工作原理。
(2)熟悉单相桥式 PWM 逆变电路中元器件的作用和工作原理。
(3)掌握单相交-直-交变频电路驱动电机的工作原理及其波形。
(4)理解正弦波的频率和幅值以及三角波载波频率与电机机械特性的关系。

3.16.2　实验内容

(1)测量 SPWM 波形产生过程中的各点波形。
(2)测试变频电路驱动电机时的输出波形。
(3)分析电机四象限的工作情况。

3.16.3　实验设备

(1)电源控制屏(NMCL - 32);
(2)低压控制电路及仪表(NMCL - 31);
(3)现代电力电子电路和直流脉宽调速(NMCL - 22);
(4)可调电阻(NMCL - 03);
(5)双踪示波器;
(6)万用表。

3.16.4　实验原理

如图 3 - 86 所示,单相全桥逆变电路共四个桥臂,可看成两个半桥电路组合而成。两对桥臂交替导通 $180°$。输出电压和电流波形与半桥电路形状相同,但幅值高出一倍。在这种情况下,要改变输出交流电压的有效值,只能通过改变直流电压 U_d 来实现。U_d 的矩形波 u_o 展开成傅里叶级数,可得

$$u_o = \frac{4U_d}{\pi}\left(\sin\omega t + \frac{1}{3}\sin3\omega t + \frac{1}{5}\sin5\omega t + \cdots\right)$$

其中,基波幅值 U_{o1m} 和基波有效值 U_{o1} 分别为

$$U_{o1m} = \frac{4U_d}{\pi} = 1.27U_d, \qquad U_{o1} = \frac{2\sqrt{2}U_d}{\pi} = 0.9U_d$$

图 3 - 87 所示为单相全桥逆变电路的移相调压方式。

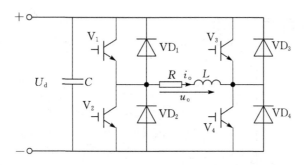

图 3-86　全桥逆变电路

移相调压方式:V_3 的栅极信号比 V_1 落后 $\theta(0<\theta<180°)$。$V_3(V_4)$ 的栅极信号分别比 $V_2(V_1)$ 前移 $180°-\theta$。输出电压是正负各为 θ 的脉冲。

工作过程:t_1 时刻之前 V_1 和 V_4 导通,$u_o=U_d$。t_1 时刻 V_4 截止,因负载电感中的电流 i_o 不能突变,V_3 不能立刻导通,VD_3 导通续流,$u_o=0$。t_2 时刻 V_1 截止,而 V_2 不能立刻导通,VD_2 导通续流,和 VD_3 构成电流通道,$u_o=-U_d$。到负载电流过零并开始反向时,VD_2 和 VD_3 截止,V_2 和 V_3 开始导通,u_o 仍为 $-U_d$。t_3 时刻 V_3 截止,而 V_4 不能立刻导通,VD_4 导通续流,$u_o=0$。这里,改变 θ 就可调节输出电压。

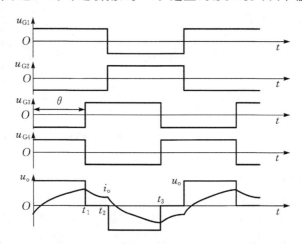

图 3-87　单相全桥逆变电路的移相调压方式

3.16.5　实验方法

推上电源控制屏 NMCL-32 的空气开关,此时暂不按下电源控制屏的绿色主电源开关,图 3-88 单相交直交变频电路暂不连线。

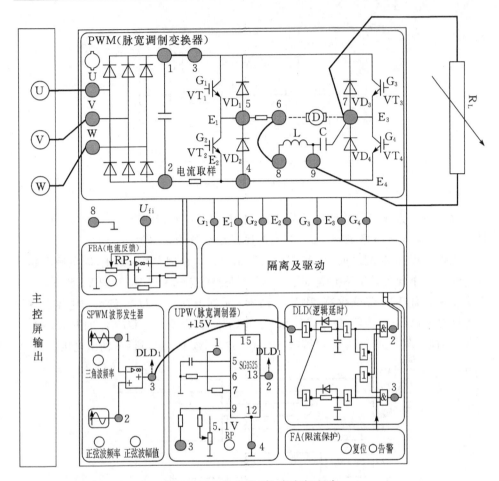

图 3-88　单相交-直-交变频电路

1. SPWM 波形的测试

（1）用示波器测试 NMCL-22 中 SPWM 波形发生器输出"2"端的正弦波调制信号 u_r 波形，此时的接地端为 UPW（脉宽调制器）的"4"端，然后调节正弦波频率和幅值电位器，测试其频率和幅值的可调范围，分析并记录测试结果。测试完成后将频率和幅值电位器复位。

（2）同理，用示波器测试 SPWM 波形发生器中"1"端的三角形载波 u_c 的波形及其频率可调范围，并分析 u_c 和 u_r 的对应关系。测试完成后将频率电位器复位。

（3）选择合适的 u_c 和 u_r，用示波器测试经过三角波和正弦波调制后得到的 SPWM 波形发生器输出"3"端的 SPWM 波形，此时探头接地端仍为 UPW 模块的"4"端。

2. 逻辑延时时间的测试

SPWM 波形发生器的"3"端与 NMCL - 22 中 DLD 模块的"1"端相连。用双踪示波器同时测试 DLD 模块的"1"端和"3"端波形，并记录延时时间 $T_d=(\quad)$。

3. 同一桥臂上下管子驱动信号死区时间测试

与 3.15 节相同，用双踪示波器分别测量 G_1、E_1，G_2、E_2，G_3、E_3 以及 G_4、E_2 的死区时间。也可以利用双踪示波器测试 DLD 模块的"2"端和"3"端的输出波形得到死区时间。

4. 单相交直交变频电路不同负载时的波形测试

按图 3 - 88 接线，将 NMCL - 32 中三相电源 U、V、W 接入到单相交直交变频电路的主回路，并注意将 PWM 模块的"1"端和"3"端相连，然后闭合电源控制屏的绿色电源按钮，实验过程中严格遵守"先连线后上电"的原则，绝不带电操作。

单相交直交变频电路在不同负载时的波形测试如下：

(1)当负载为纯电阻时(PWM 模块中的"6"端和"7"端连接 NMCL - 03 的可调电阻且 2 个 600 Ω 并联，同时将电位器逆时针旋到底)，测试负载电压，记录其波形、幅值和频率。在正弦波 u_r 的频率可调范围内，改变 u_r 的频率 3~5 组，记录相应的负载电压、波形、幅值和频率。

(2)当负载为阻感性时("6"、"8"端相联，"8"、"9"外接电感，"9"端和"7"端接电阻)，测试"6"端与"7"端整流电压和负载电流的波形(u_o 和 i_o)。

5. 负载在不同载波比下的逆变波形调试

在阻感性负载的条件下，选择合适的 u_r 和 u_c，测试并分析负载在不同载波比时逆变波形及其变化特点，包括输出电压 u_o 和电流 i_o。

3.16.6　实验报告

(1)绘制完整的实验电路原理图。
(2)电阻负载时，列出数据和波形，并进行讨论及分析。
(3)阻感性负载时，列出数据和波形，并进行讨论及分析。
(4)分析正弦波与三角波之间不同载波比时的负载波形。

3.16.7　思考题

(1)分析电感 L 和电容 C 在有源逆变电路中的作用。
(2)分析在变频电路中调制度和载波比的计算。
(3)分析实验电路中 PWM 控制是采用同步调制还是异步调制。
(4)为使输出波形尽可能地接近正弦波，可以采取什么措施？

第4章 电机学基础实验

4.1 直流电机基础实验

4.1.1 直流电机伏安法测定电枢绕组冷态电阻

4.1.1.1 实验目的

(1)学习电机实验的基本要求与安全操作注意事项。

(2)认识在直流电机实验中所用的电机、仪表、变阻器等组件及使用方法。

(3)熟悉他励电机(即并励电机按他励方式)的接线、起动、改变电机方向与调速的方法。

4.1.1.2 实验内容

(1)了解电机系统教学实验台中的直流稳压电源、涡流测功机、变阻器、多量程直流电压表、电流表、毫安表及直流电机的使用方法。

(2)用伏安法测直流电机和直流发电机的电枢绕组的冷态电阻。

(3)直流他励电机的起动、调速及改变转向。

4.1.1.3 实验设备

(1)教学实验台电源主控制屏(MEL-002T);

(2)电机导轨及测功机;

(3)转速转矩测量及控制(NMEL-13A);

(4)直流并励电机 M03;

(5)可调直流电机电枢电源(NMEL-18/1);

(6)可调直流电机励磁电源(NMEL-18/2);

(7)可调电阻箱(NMEL-03/4);

(8)直流仪表(NMEL-06/1,直流电压、毫安、安培表)。

4.1.1.4 实验原理与实验方法

1. 安装实验挂箱

在教学实验台上依次安装挂箱 NMEL-13A、NMEL-03/4,并检查 NMEL-13A

和涡流测功机的连接是否正确。

2. 用伏安法测电枢的直流电阻

接线原理如图 4－1 所示。直流电机电枢电源（NMEL-18/1）的正极与可调电阻箱（NMEL-03/4）连接。其中，可调电阻箱（NMEL-03/4）中的单相可调电阻 R_1 与三相可调电阻 R_2（此时只是用一个单相电阻）串接成为 R，然后 R 再与电机 M03 的电枢的正极连接，电枢的负极与直流电流表 NMEL-06/1 的正极连接，最后，直流电流表的负极与直流电机电枢电源 NMEL-18/1 的负极连接，NMEL-06/1 的直流电压表与电机 M03 的电枢并联。

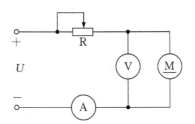

图4－1　测电枢绕组直流电阻接线图

图 4－1 中，U 为直流电机电枢电源（NMEL-18/1）；R 为可调电阻箱（NMEL-03/4）中 R_1 与 R_2 其中一组串联；Ⓥ为直流电压表（NMEL-06/1 中的模块）；Ⓐ为直流安培表（NMEL-06/1 中的模块）；Ⓜ为直流电机 M03 的电枢。

（1）经检查接线无误后，将直流电机电枢电源 NMEL-18/1 的电压调节电位器旋钮调至最小，同时将其船型开关置于"ON"。NMEL-06/1 的直流电压表量程选为 20 V 挡，同时直流电压表的船型开关置于"ON"；直流电流表量程选为 2 A 挡，同时将其船型开关置于"ON"。

（2）NMEL-03/4 的电阻 R 左旋到底，闭合电源主控制屏的绿色按钮开关，可调节直流电机电枢电源的电压调节旋钮，使直流电源有 220 V 输出。

若 NMEL-06/1 的直流电压表和直流电流表读数过小，则可调节 R 使电枢电流达到 0.2 A（如果电流太大，可能由于剩磁的作用使电机旋转，测量无法进行，如果此时电流太小，可能由于电阻产生较大的误差），此时 NMEL-06/1 的直流电压表显示约为 5 V。改变电压表量程为 20 V，迅速测取电机 M03 电枢两端电压 U_M 和电流 I_a。将电机转子分别旋转三分之一和三分之二周，同样测取 U_M、I_a，填入表 4－1。

（3）增大 R（逆时针旋转），使电流分别达到 0.15 A 和 0.1 A。用上述方法测取 6 组数据，填入表 4－1。

取 3 次测量的平均值作为实际冷态电阻值,即 $R_a = \dfrac{R_{a1} + R_{a2} + R_{a3}}{3}$。

表 4 - 1　电枢直流电阻测试表

室温_____℃

序号	U_M/V	I_a/A	R/Ω		$R_{a平均}/\Omega$	R_{aref}/Ω
1			R_{a11}	R_{a1}		
			R_{a12}			
			R_{a13}			
2			R_{a21}	R_{a2}		
			R_{a22}			
			R_{a23}			
3			R_{a31}	R_{a3}		
			R_{a32}			
			R_{a33}			

表中

$$R_{a1} = (R_{a11} + R_{a12} + R_{a13})/3$$
$$R_{a2} = (R_{a21} + R_{a22} + R_{a23})/3$$
$$R_{a3} = (R_{a31} + R_{a32} + R_{a33})/3$$

(4)计算基准工作温度时的电枢电阻(无过流无过载)。由实验测得电枢绕组电阻值,此值为实际冷态电阻值,冷态温度为室温。按下式换算到基准工作温度时的电枢绕组电阻值:

$$R_{aref} = R_a \frac{235 + \theta_{ref}}{235 + \theta_a}$$

式中,R_{aref}为换算到基准工作温度时电枢绕组电阻(Ω);R_a为电枢绕组的实际冷态电阻(Ω);θ_{ref}为基准工作温度,对于 E 级绝缘为 75℃;θ_a为实际冷态时电枢绕组的温度(℃)。

测试完成后,将电阻 R 全部左旋到底,直流电机电枢电源 NMEL-18/1 的电压调节旋钮左旋到底,断开电源控制屏的绿色按钮开关。拆除实验台上所有连接线。

3. 直流电机的起动

图 4 - 2 中,U_1:直流电机电枢电源(NMEL-18/1);U_2:直流电机励磁电源(NMEL-18/2);Ⓜ:直流并励电机 M03;Ⓖ:涡流测功机;Ⓥ:直流电枢电源自带电压表;ⓜ:毫安表,位于直流励磁电源上。

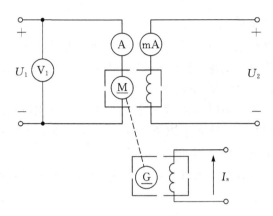

图 4 - 2　直流他励电动机接线图

　　注意：此时的电枢电源的电压调节旋钮和励磁电源的电流调节旋钮左旋到底，船型开关均置于"ON"。

　　测功机加载并控制 NMEL-13A（测功机与 NMEL-13A 相连），可以调节"转速/转矩设定"电位器。实验开始时，将 NMEL-13A"转速设定"和"转矩设定"选择开关拨向"转矩设定"，"转速/转矩设定"电位器逆时针旋到底。

　　(1)按图 4 - 2 接线，检查Ⓜ、Ⓖ之间是否用联轴器连接好，电机导轨和 NMEL-13A 的连接线是否接好，电机励磁回路接线是否牢靠，仪表的量程、极性是否正确选择。

　　(2)直流电机电枢电源（NMEL-18/1）的电压调节旋钮左旋到底，直流电机励磁电源（NMEL-18/1）调至最大。

　　(3)闭合电源控制屏的绿色按钮开关，先闭合励磁电源船形开关，再闭合直流电机电枢电源船形开关，此时，电机电枢电源的绿色发光二极管点亮，指示直流电压已建立，旋转电压调节电位器，使电机电枢电源输出 220 V 电压。

4. 调节他励电机的转速

　　(1)分别改变电机电枢电源和励磁电流，测试转速变化情况。

　　(2)调节"转速/转矩设定"电位器，注意转矩不要超过 1.1 N·m，在以上两种情况下可分别测试转速变化情况。

5. 改变电机的转向

　　将电枢电源调至最小，"转速/转矩设定"电位器逆时针调到零。先断开电机电枢电源的船形开关，再断开励磁电源的开关，使他励电机停机。将电枢或励磁回路的两端接线对调后，再按前述起动电机，读取电机的转向及转速表的读数。

4.1.1.5 注意事项

(1)直流他励电机起动时,须将励磁电源调到最大,先接通励磁电源,使励磁电流最大,同时必须将电枢电源调至最小,然后方可接通电源,使电机正常起动。起动后,将电枢电源调至 220 V,使电机正常工作。

(2)直流他励电机停机时,必须先切断电枢电源,然后断开励磁电源。同时,必须将电枢电源调回最小值,励磁电源调到最大值,给下次起动作好准备。

(3)测量前注意仪表的量程、极性及接法。

(4)由实验指导教师讲解电机实验的基本要求、实验台各面板的布置及使用方法和注意事项。

4.1.1.6 实验报告

(1)画出直流并励电机电枢串电阻起动的接线图。说明电机起动时,电机电枢电源和电机励磁电源应如何调节,为什么?

(2)减小电枢电源,电机的转速如何变化? 减小励磁电源,转速又如何变化?

(3)用什么方法可以改变直流电机的转向?

(4)为什么要求直流并励电机磁场回路的接线要牢靠?

4.1.1.7 预习报告

(1)如何正确选择使用仪器仪表,特别是电压表、电流表的量程?

(2)直流电机起动时,励磁电源和电枢电源应如何调节? 为什么? 若励磁回路断开造成失磁,会产生什么严重后果?

(3)直流电机调速及改变转向的方法

4.1.2 直流并励电机特性

4.1.2.1 实验目的

(1)掌握用实验方法测取直流并励电机的工作特性和机械特性。

(2)掌握直流并励电机的调速方法。

4.1.2.2 实验内容

1. 直流并励电机的工作特性和机械特性

保持电机 M03 的电枢电压 $U=U_N$(额定电压)和电机 M03 的励磁电流 $I_f=I_{fN}$(额定电流) 不变,测取 n、T_2、$n=f(I_a)$ 及 $n=f(T_2)$。

2. 调速特性

(1)改变电枢电压调速。保持 $U=U_N$、$I_f=I_{fN}=$ 常数,$T_2=$ 常数,测取 $n=$

$f(U_a)$。

(2)改变励磁电流调速。保持 $U=U_N$，$T_2=$常数，$R_1=0$，测取 $n=f(I_f)$。

(3)测试能耗制动过程。

4.1.2.3 实验设备

(1)教学实验台的电源控制屏；

(2)电机导轨及涡流测功机；

(3)转矩转速测量及控制(NMEL-13A)；

(4)可调电阻箱(NMEL-03/4)；

(5)直流电机电枢电源(NMEL-18/1)；

(6)直流电机励磁电源(NMEL-18/2)；

(7)同步发电机励磁电源/直流发电机励磁电源(NMEL-18/3)；

(8)直流仪表(NMEL-06/1，直流电压、毫安、安培表)；

(9)旋转指示灯及开关(NMEL-05B)；

(10)直流并励电机 M03。

4.1.2.4 实验原理与实验方法

1.并励电机的工作特性和机械特性

实验线路如图 4-3 所示。U_1、U_2分别为直流电机电枢电源(NMEL-18/1)、直流电机励磁电源(NMEL-18/2)；ⓜⒶ、Ⓐ、Ⓥ分别为直流毫安表(直流电机励磁电源自带)、直流电流表、直流电压表(直流电压表Ⓥ是 U_1 自带)；Ⓖ为涡流测功机，加载并控制至 NMEL-13A，即测功机与 NMEL-13A 相连，可调节其旋钮改变转速、转矩。

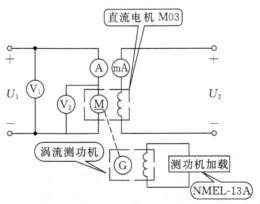

图4-3 直流并励电机工作特性和机械特性接线图

（1）将直流电机励磁电源调至最大，直流电机电枢电源调至最小。毫安表量程为 200 mA，电流表量程为 2 A 挡，电压表量程为 300 V 挡。检查涡流测功机与 NMEL-13 A 是否相连，将 NMEL-13A"转速设定"和"转矩设定"选择开关拨向"转矩设定"，"转速/转矩设定"电位器逆时针旋到底，打开船形开关，按 4.1.1 节的方法起动直流电源，使电机正向旋转。若电机负向旋转，则需改变电枢连接。

（2）直流电机正常起动后，调节直流电机电枢电源的电压输出至 220 V，再分别调节直流电机励磁电源和 NMEL-13A 的"转速/转矩设定"电位器，使电机达到额定值：$U=U_N=220$ V，$I_a=I_N$，$n=n_N=1\ 600$ r/min。此时，直流电机的励磁电源 NMEL-18/2 自带的毫安表显示出 I_{fN}，励磁电流 $I_f=I_{fN}$（额定励磁电流）。

测试完成后，将 NMEL-18/1 的电压调节旋钮左旋到底，电机 M03 的转速 $n=0$，NMEL-13A 的转速/转矩设定旋钮左旋到底，关闭绿色按钮开关电源。

（3）保持 $U=U_N$，$I_f=I_{fN}$ 不变的条件下，逐次减小电机的负载，即逆时针调节 NMEL-13A 的"转速/转矩设定"电位器，测取电机电枢电流 I_a、转速 n 和转矩 T_2（在 NMEL-13A 的转矩显示上读取），共取数据 7～8 组，填入表 4－2 中。

表 4－2　并励电机的工作特性和机械特性测试表

$$U=U_N=220\ \text{V},\ I_f=I_{fN}=\qquad \text{A},\ K_a=\qquad \Omega$$

实验数据	I_a/A							
	$n/(\text{r/min})$							
	$T_2/(\text{N}\cdot\text{m})$							
计算数据	P_2/W							
	P_1/W							
	$\eta/(\%)$							
	$\Delta n/(\%)$							

2. 调速特性

（1）改变电枢端电压实现调速。实验线路如图 4－4 所示。图中，Ⓜ：直流电机 M03，按他励接法；S：双刀双掷开关，位于 NMEL-05B；R_1：采用 NMEL-03/4 中 R_3 的两只 600 Ω 电阻相并联，并调至最大；ⓜ：毫安表，位于直流电机励磁电源上；U_1、U_2 分别为直流电机电枢电源和直流电机励磁电源；Ⓥ、Ⓐ 分别为 NMEL-06/1 的直流电压表（量程为 300 V 挡）和直流安培表（量程为 2 A 挡）。

①将 NMEL-03/4 的 R_3 左旋到底，NMEL-13A 的转速/转矩设定旋钮左旋至

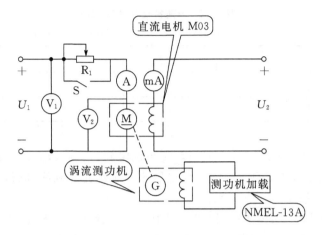

图 4 - 4　直流并励电机调速特性接线图

最大，NMEL-18/1 的电压调节旋钮左旋到底，NMEL-18/2 的电流调节右旋到底。闭合开关 S，使电阻 R 短路，按上述方法起动直流电机 M03 之后，将电阻 R_1 右旋到底，并同时调节"转速/转矩设定"电位器，直流电机电枢电源的电枢电压和直流电机励磁电源，使电机的 $U=U_N$，$I_a=0.5I_N$，$I_f=I_{fN}$，记录此时的 T_2。

②保持 T_2 不变，$I_f=I_{fN}$ 不变，并打开开关 S，逐次增加 R_1 的阻值，即降低电枢两端的电压 U_a，R_1 从零调至最大值，每次测取电机的端电压 U_a、转速 n 和电枢电流 I_a，共取 7～8 组数据，填入表 4 - 3 中。

表 4 - 3　调速特性测试表 (一)

$I_f=I_{fN}=$　　　 A, $T_2=$　　　 N·m

U_a/V								
n/(r/min)								
I_a/A								

(2)改变励磁电流实现调速。

①开关 S 闭合，直流电机起动后，将直流电机励磁电流调至最大，调节直流电机电枢电源为 220 V，调节"转速/转矩设定"电位器，使电机的 $U=U_N$，$I_a=0.5I_N$，记录此时的 T_2。

②保持 T_2 和 $U=U_N$ 不变，逐次减小直流电机励磁电流，直至 $n=1.3n_N$，每次测取电机的 n、I_f 和 I_a，共取 7～8 组数据，填写入表 4 - 4 中。

表 4 - 4   调速特性测试表(二)

$$U=U_{\rm N}=220 \text{ V}, T_2= \qquad \text{N} \cdot \text{m}$$

$n/(\text{r/min})$								
$I_{\rm f}/\text{A}$								
$I_{\rm a}/\text{A}$								

测试完成后,NMEL-13A 的转速/转矩设定旋钮左旋最大,NMEL-18/2 的电流调节旋钮右旋最大,NMEL-18/1 的电压调节旋钮左旋到底,电机转速 $n=0$,断开绿色按钮开关。

(3)能耗制动。按图 4 - 5 接线。图中,U_1:直流电机电枢电源;U_2:直流电机励磁电源;$R_{\rm L}$:采用 NMEL-03/4 中 2 个 600 Ω 电阻并联;S:双刀双掷开关(NMEL-05B)。

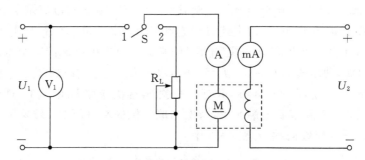

图 4 - 5   直流并励电机能耗制动接线图

①将开关 S 合向"1"端,电枢电源调至最小,励磁电源调至最大,闭合绿色按钮主电源开关,起动直流电机。

②电机 M03 运行正常后,调节 NMEL-18/1 的电压调节旋钮,使电机 M03 转速为 1000 r/min,从电机电枢的一端拨出一根导线,使电枢开路,电机处于自由停机,或者将 S 拨向"2"端,此时电枢电源断开,电机 M03 自由停机,测取停机时间。

③选择不同 $R_{\rm L}$ 阻值,分别起动电机,S 再次拨向 1 端,待运转正常后,把 S 合向"2"端,测取停机时间。

4.1.2.5   实验报告

(1)由表 4 - 2 计算出 P_2 和 η,并绘出 n、T_2、$\eta=f(I_{\rm a})$ 及 $n=f(T_2)$ 的特性曲线。

计算电机输出功率:

$$P_2 = 0.105nT_2$$

式中,输出转矩 T_2 的单位为 N·m,转速 n 的单位为 r/min。

计算电机输入功率:

$$P_1 = UI$$

计算电机效率:

$$\eta = \frac{P_2}{P_1} \times 100\%$$

计算电机输入电流:

$$I = I_a + I_{fN}$$

由工作特性求出转速变化率:

$$\Delta n = \frac{n_O - n_N}{n_N} \times 100\%$$

(2)绘出并励电机调速特性曲线 $n = f(U_a)$ 和 $n = f(I_f)$。分析在恒转矩负载时两种调速的电枢电流变化规律以及两种调速方法的优缺点。

(3)能耗制动时间与制动电阻 R_L 的阻值有什么关系?为什么?该制动方法有什么缺点?

4.1.2.6　预习报告

(1)什么是直流电机的工作特性和机械特性?

(2)直流电机调速原理是什么?

4.1.2.7　思考题

(1)并励电机的速度特性 $n = f(I_a)$ 为什么是略微下降?是否会出现上翘现象,为什么?上翘的速率特性对电机运行有何影响?

(2)当电机的负载转矩和励磁电流不变时,减小电枢端电压,为什么会引起电机转速降低?

(3)当电机的负载转矩和电枢电枢端电压不变时,减小励磁电流会引起转速的升高,为什么?

(4)并励电机在负载运行中,当磁场回路断线时是否一定会出现"飞速",为什么?

4.1.3　直流串励电机实验

4.1.3.1　实验目的

(1)掌握用实验方法测取直流串励电机的工作特性和机械特性。

(2)熟悉直流串励电机起动、调速及改变转向的方法。

4.1.3.2 实验内容

1. 直流串励电机的工作特性和机械特性

在保持 $U=U_N$ 的条件下,测取 n、T_2、$\eta=f(I_a)$ 以及 $n=f(T_2)$。

2. 直流串励电机的人为机械特性

保持 $U=U_N$ 和电枢回路串入电阻 $R_1=$ 常值的条件下,测取 $n=f(T_2)$。

3. 直流串励电机的调速特性

(1)电枢回路串电阻调速。保持 $U=U_N$ 和 $T_2=$ 常数的条件下,测取 $n=f(U_a)$。

(2)磁场绕组并联电阻调速。保持 $U=U_N$、$T_2=$ 常数及 $R_1=0$ 的条件下,测取 $n=f(I_f)$。

4.1.3.3 实验设备

(1)教学实验台电源控制屏;

(2)电机导轨及测功机;

(3)转矩转速测量及控制(NMEL-13A);

(4)直流电机电枢电源(NMEL-18/1);

(5)直流电机励磁电源(NMEL-18/2);

(6)同步发电机励磁电源/直流发电机励磁电源(NMEL-18/3);

(7)直流仪表(NMEL-06/1,直流电压、毫安、安倍表);

(8)可调电阻箱(NMEL-03/4);

(9)旋转指示灯及开关(NMEL-05B);

(10)直流串励电机(M02)。

4.1.3.4 实验原理与实验方法

实验线路如图 4-6 所示,注意将电机励磁串入电枢回路。

U_1 为直流电机电枢电源;Ⓥ、Ⓥ 分别位于 NMEL-18/1 和 NMEL-06 组件;Ⓐ为直流安培表,位于 NMEL-06 组件上;R_1 采用 NMEL-03/4 中 R_2 的两只电阻并联,并调至最大;R_f 采用 NMEL-03/4 中 R_3 的两只电阻并联,并调至最大;Ⓜ为直流串励电机 M02;Ⓖ为涡流测功机;I_S 为测功机的可调励磁电源,位于 NMEL-13A,通过航空插座和测功机相连;开关 S 选用 NMEL-05B。

1. 直流串励电机的工作特性和机械特性

(1)由于直流串励电机不允许空载起动,所以测功机"转速/转矩设定"电位器需要顺时针转过一定角度(约为 120°),即给直流串励电机施加一定负载(NMEL-

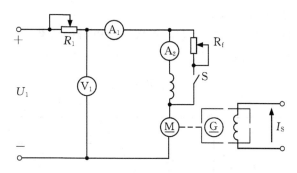

图 4-6　直流串励电动机接线图

13A 的开关设置与 4.1.2 节相同）。

(2)调节直流串励电机电枢串联的起动电阻 R_1 到最大值,同时磁场调节电阻 R_f 也调到最大值,断开开关 S,按 4.1.1 的方法起动直流电源,并观察转向是否正确。

(3)电机运转后,短接 R_1 两端,使阻值为 0,并同时配合调节可调直流稳压电源和测功机"转速/转矩设定"电位器,以防电机转速突然过大,使电机的电枢电压 $U=U_N=220$ V,电机电枢电流 $I=1.2I_N$。

(4)在保持 $U_1=U_N$ 的条件下,逐次减小负载直至 $n<1.5n_N$ 为止,每次测取 I、n、T_2,共取 6～7 组数据填入表 4-5 中。

表 4-5　工作特性和机械特性测试表

$U_1=U_N=220$ V

实验数据	I_a/A							
	$n/(r/min)$							
	$T_2/(N \cdot m)$							
计算数据	P_2/W							
	$\eta/(\%)$							

(5)若要在实验中使直流串励电机停机,须将电枢回路的串联起动电阻 R_1 调回到最大值,断开直流电源。

2. 测取电枢串接电阻后的人为机械特性

(1)按前述方法起动串励电机后,串入电枢的电阻 R_1,同时配合调节可调直流稳压电源和测功机"转速/转矩设定"电位器旋钮,使电机的电枢电压至 220 V,电

枢电流 $I=I_N$，转速 $n=0.8n_N$。

（2）保持此时的 R_1 不变和 $U=U_N$，逐次减小电机的负载，直至 $n \leqslant 1.5n_N$ 为止，每次测取 U_2、I、n、T_2，共取 6～7 组数据填入表 4-6 中。

表 4-6　人为机械特性测试表

$U=U_N=220$ V　　　　　　$R_1=$常值

实验数据	U_2/V							
	I_a/A							
	n/(r/min)							
	T_2/(N·m)							
计算数据	P_2/W							
	η/(%)							

3. 调速特性

（1）电枢回路串接电阻调速。

①按前述方法电机带负载起动后，将 R_1 调至零。同时调节可调直流稳压电源和测功机"转速/转矩设定"电位器旋钮，使 $U_1=U_N=220$ V，$I=0.8I_N$，记录此时电机的 n、I、T_2。

②在保持 $U_1=U_N$ 不变的条件下，逐次增加 R_1 阻值，同时调节测功机"转速/转矩设定"电位器旋钮使 T_2 不变，测取 n、I、U_2，共取 6～7 组数据，填入表 4-7 中。若转速可调范围较小，可给 R_1 再并联一个可调电阻。

表 4-7　调速特性测试表（一）

$U_1=U_N=220$ V, $T_2=$　　　N·m

n/(r/min)							
I/A							
U_2/V							

（2）磁场绕组并联电阻调速。

①合上电源前，断开开关 S，分别将 R_1 和 R_f 调至最大值。

②电机带负载起动后，调节 R_1 至零，闭合开关 S。

③调节可调直流稳压电源，使 $U_1=U_N=220$ V，$T_2=0.8T_N$，记录此时电机的

N、I、I_f、T_2。

④在保持 $U=U_N$ 及 T_2 不变的条件下，逐次减小 R_f 阻值，注意 R_f 不能短接，直至 $n \leqslant 1.5n_N$ 为止。测取 n、I、I_f，共取 6～7 组数据后，填入表 4-8 中。

表 4-8　调速特性测试表（二）

$U=U_N=220$ V，$T_2=$　　　N·m

$n/(\mathrm{r/min})$							
I/A							
I_f/A							

4.1.3.5　实验报告

(1)绘出直流串励电机的工作特性曲线 n、T_2、$\eta = f(I_a)$。

(2)在同一张坐标纸上绘出串励电机的自然和人为机械特性。

(3)绘出串励电机恒转矩两种调速的特性曲线。试分析在 $U=U_N$ 和 T_2 不变条件下调速时的电枢电流变化规律。比较两种调速方法的优缺点。

4.1.3.6　预习报告

(1)串励电机与并励电机的工作特性有何差别？串励电机的转速变化率是怎样定义的？

(2)串励电机的调速方法及其注意问题。

4.1.3.7　思考题

(1)直流串励电机为什么不允许空载和轻载起动？

(2)磁场绕组并联电阻调速时，为什么不允许并联电阻调至零？

4.1.4　直流他励电机的机械特性测试

4.1.4.1　实验目的

掌握直流电机的各种运转状态时的机械特性。

4.1.4.2　实验内容

(1)电动及回馈制动特性。

(2)电动及反接制动特性。

(3)能耗制动特性。

4.1.4.3　实验设备

(1)实验台电源控制屏；

(2)电机导轨及转速表；

(3)可调电阻箱(NMEL-03/4)；

(4)旋转指示灯及开关(NMEL-05B)；

(5)直流仪表(NMEL-06/1,直流电压、电流、毫安表)；

(6)直流电机电枢电源(NMEL-18/1)；

(7)直流电机励磁电源(NMEL-18/2)；

(8)直流发电机励磁电源(NMEL-18/3)。

4.1.4.4　实验原理与实验方法

1.电动及回馈制动特性

接线图如图 4-7(a)所示。图中,Ⓜ为直流发电机 M01 作电机使用(接成他励方式)。Ⓖ为直流并励电机 M03(接成他励方式),$U_N = 220$ V,$I_N = 1.1$ A,$n_N = 1600$ r/min;直流电压表Ⓥ为 NMEL-18/1 中直流电机电枢电源,Ⓥ的量程为 300 V;直流电流表ⓜ为 NMEL-18/2 中直流励磁电源自带毫安表;ⓜ、Ⓐ分别选用量程为 200 mA 的毫安表、5 A 的安培表;电阻 R_2 是先将 NMEL-03/4 中 R_2、R_3 中的两组电阻分别并联,再串联到一起;开关 S_1、S_2 选用 NMEL-05B 中的双刀双掷开关。

按图 4-7 接线,在开启电源前,检查开关、电阻等的设置。

(1)开关 S_1 合向"1"端,S_2 合向"2"端。

(2)R_2 阻值调至最大位置,直流发电机励磁电源、直流电机励磁电源调至最大,直流电机电枢电源调至最小。

(3)直流电机励磁电源船形开关、直流发电机励磁电源船形开关和直流电机电枢电源船形开关须在断开位置。

实验步骤如下：

(1)按次序先按下绿色"闭合"电源开关,再合上直流电机励磁电源、直流发电机励磁电源船型开关和直流电机电枢电源船形开关,使直流电机Ⓜ起动运转。调节直流电机电枢电源,使Ⓥ读数为 $U_N = 220$ V。

(2)分别调节直流电机Ⓜ的励磁电源、发电机Ⓖ励磁电源、负载电阻 R_2,使直流电机Ⓜ的转速 $n_N = 1600$ r/min,$I_f + I_a = I_N = 0.55$ A,此时 $I_f = I_{fN}$,记录此值。

(3)保持电机的 $U = U_N = 220$ V,改变 R_2,同时调节直流发电机励磁电源,使 $I_f = I_{fN}$ 不变,测取Ⓜ在额定负载至空载范围的 n、I_a,共取 5～6 组数据,填入表 4-9中。

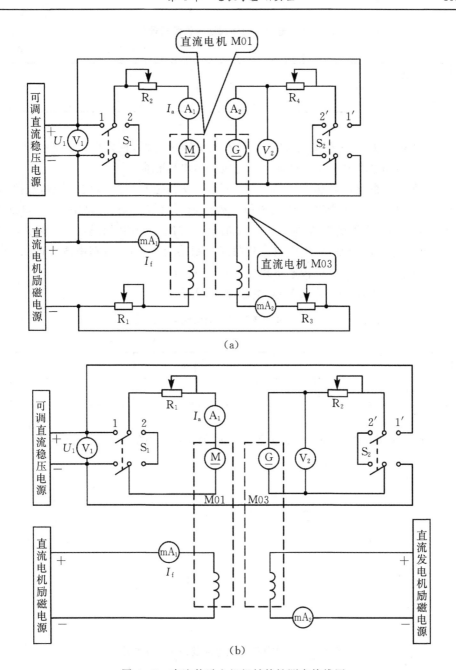

图 4-7 直流他励电机机械特性测定接线图

(a)电动及回馈制动特性;(b)电动及反接制动特性

表 4 - 9　电动及回馈制动特性测试表(一)

$U_N = 220\ \text{V},\ I_{fN} = \qquad \text{A}$

I_a/A						
$n/(\text{r/min})$						

(4)折掉开关 S_2 的短接线,调节直流发电机励磁电源,使发电机ⓖ的空载电压达到最大(不超过 220 V),并且极性与电机电枢电压相同。

(5)保持电枢电源电压 $U = U_N = 220\ \text{V}$, $I_f = I_{fN}$,把开关 S_2 拨向"1"端,短接 R_2 两端,使电阻为零。再调节直流发电机励磁电源,使励磁电流逐渐减小,电机ⓜ的转速升高。当仪表Ⓐ的电流值为 0 时,此时电机转速为理想空载转速,继续减小直流发电机励磁电流,则电机进入第二象限回馈制动状态运行,直至电流接近 0.8 倍额定值(实验中应注意电机转速不超过 2 100 r/min)。

测取电机ⓜ的 n、I_a,共取 5～6 组数据,填入表 4 - 10 中。

表 4 - 10　电动及回馈制动特性测试表(二)

$U_N = 220\ \text{V},\qquad I_{fN} = \qquad \text{A}$

I_a/A						
$n/(\text{r/min})$						

因为 $T_2 = CM\varPhi I_2$,而 $CM\varPhi$ 为常数,则 $T \propto I_2$。为简便起见,只需要求 $n = f(I_a)$ 特性,如图 4 - 8 所示。

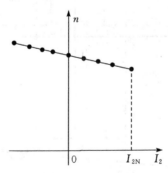

图 4 - 8　直流他励电机电动及回馈制动特性

2. 电动及反接制动特性

接线图如图 4 - 7(b)所示。

(1)R_1 为 NMEL-03/4 中 900 Ω 电阻；R_2 为 NMEL-03/4 中的 R_2、R_3 中的两组电阻分别并联，最后再与 R_1 串联。

(2)S_1 合向"1"端，S_2 合向"2"端（短接线拆掉），把发电机 Ⓖ 的电枢两个插头对调。

实验步骤：

(1)在未上电源前，直流发电机励磁电源及直流电机励磁电源调至最大值，直流电机电枢电源调至最小值，R_2 置为最大值。

(2)按前述方法起动电机，测量发电机 Ⓖ 的空载电压是否和直流稳压电源极性相反。若极性相反，可把 S_2 合向"1"端。

(3)调节直流电机电枢电源电压 $U = U_N = 220$ V，调节直流电机励磁电源，使 $I_f = I_{fN}$，并保持不变，逐渐减小 R_2 阻值，电机减速直至为零，继续减小 R_2 阻值，此时电机工作于反接制动状态运行（第四象限）。

(4)再减小 R_2 阻值，直至电机 Ⓜ 的电流接近 $0.4I_N$，测取电机在第一、第四象限的 n、I_2，共取 5～6 组数据，记录于表 4-11 中。

表 4-11　电动及反接制动特性测试表

$R_2 = 900$ Ω, $U_N = 220$ V, $I_{fN} = $　　　A

I_2/A							
$n/(\text{r/min})$							

绘制 $n = f(I_a)$ 曲线，如图 4-9 所示。

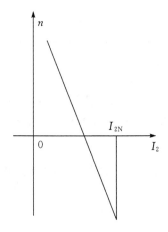

图 4-9　直流他励电机电动及反接制动特性

3. 能耗制动特性

接线图如图 4-7(b)所示,发电机⑥的电枢电源恢复正接。R_1 用 NMEL-03/4 中 R_2 的两组电阻并联,R_2 用 NMEL-03/4 中 R_3 的两组电阻并联。

操作前,把 S_1 合向"2"端,直流发电机励磁电源及直流电机励磁电源调至最大值,直流电机电枢电源调至最小值,R_2 置最大值,R_1 置最大值,S_2 合向"1"端。

按前述方法起动发电机⑥(此时作电机使用),调节直流电机电枢电源使 $U=U_N=220$ V,调节直流电机励磁使电机Ⓜ的 $I_f=I_{fN}$,调节直流发电机励磁电源使发电机⑥的 $I_f=80$ mA,调节 R_2 并使 R_2 阻值减小,使电机Ⓜ的能耗制动电流 I_a 接近 $0.4I_{aN}$,记录于表 4-12 中。

表 4-12 能耗制动特性测试表(一)

R_1 为最大值, $I_{fN}=$　　　mA

I_a/A							
$n/(r/min)$							

减小 R_1 的电阻约为 180 Ω,重复上述实验步骤,测取 I_a、n,共取 6~7 组数据,记录于表 4-13 中。

表 4-13 能耗制动特性测试表(二)

$R_1=180$ Ω, $I_{fN}=$　　　mA

I_a/A							
$n/(r/min)$							

当忽略不变损耗时,可近似认为电机轴上的输出转矩等于电机的电磁转矩 $T=CM\Phi I_a$,他励电机在磁通 Φ 不变的情况下,其机械特性可以由曲线 $n=f(I_a)$ 来描述。画出以上两条能耗制动特性曲线 $n=f(I_a)$,如图 4-10 所示。

4.1.4.5　注意事项

调节串并联电阻时,要按电流的大小而相应调节串联或并联电阻,防止电阻过流烧毁熔断丝。

4.1.4.6　实验报告

根据实验数据绘出电机运行在第一、第二、第四象限的制动特性 $n=f(I_a)$ 及能耗制动特性 $n=f(I_a)$。

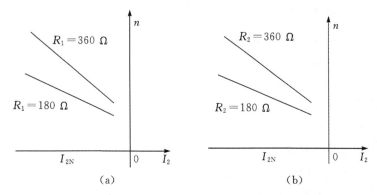

图 4 - 10　直流他励电机能耗制动特性

(a)$R_1 = 180\ \Omega$ 和 $R_1 = 360\ \Omega$；(b) $R_2 = 180\ \Omega$ 和 $R_2 = 360\ \Omega$

4.1.4.7　预习报告

(1)改变他励直流电机机械特性有哪些方法？

(2)他励直流电机在什么情况下,从电机运行状态进入回馈制动状态？他励直流电机回馈制动时,能量传递关系、电动势平衡方程式及机械特性又是什么情况？

(3)他励直流电机反接制动时,能量传递关系、电动势平衡方程式及机械特性。

4.1.4.8　思考题

(1)回馈制动实验中,如何判别电机运行在理想空载点？

(2)直流电机从第一象限运行到第二象限转子旋转方向不变,试问电磁转矩的方向是否也不变？

(3)Ⓜ、Ⓖ实验机组,当电机Ⓜ从第一象限运行到第四象限,其转向反向,而电磁转矩方向不变,为什么？ 作为负载的Ⓖ,从第一象限到第四象限其电磁矩方向是否改变,为什么？

4.2　异步电机基础实验

4.2.1　三相鼠笼式异步电机的机械特性

4.2.1.1　实验目的

(1)掌握三相异步电机的空载、堵转和负载实验的方法。

(2)掌握用直接负载法测取三相鼠笼异步电机的机械特性的方法。

(3)熟悉测定三相笼型异步电机参数的方法。

4.2.1.2　实验内容

(1)测量定子绕组的冷态电阻。

(2)判定定子绕组的首末端。

(3)空载实验。

(4)短路实验。

(5)负载实验。

4.2.1.3　实验设备

(1)实验台电源控制屏(MEL-002T);

(2)电机导轨及测功机;

(3)转矩转速测量及控制(NMEL-13A);

(4)交流仪表(NEEL-001A,交流电压表、电流表、功率、功率因数表);

(5)直流仪表(NMEL-06/1,直流电压表、毫安表、安培表);

(6)直流电机电枢电源(NMEL-18/1);

(7)直流电机励磁电源(NMEL-18/2);

(8)可调电阻箱(NMEL-03/4);

(9)旋转指示灯及开关(NMEL-05B);

(10)三相鼠笼式异步电机 M04。

4.2.1.4　实验原理与实验方法

1.测量定子绕组的冷态直流电阻

准备:将电机在室内放置一段时间,用温度计测量电机绕组端部或铁芯的温度。当所测温度与冷动介质温度之差不超过 2 K 时,即为实际冷态。记录此时的温度和测量定子绕组的直流电阻,此阻值即为冷态直流电阻。

伏安法测量线路如图 4-11 所示。S_1、S_2 为双刀双掷和单刀双掷开关,位于NMEL-05B;R 采用 NMEL-03/4 中 R_1 电阻调为 1 800 Ω;Ⓐ、Ⓥ是直流毫安表和直

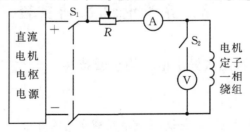

图 4-11　三相交流绕组电阻的测定

流电压表。

量程的选择：测量时，通过的测量电流约为电机额定电流的 10%，即为 50 mA，因而直流电流表的量程用 2 A 挡。三相鼠笼型异步电机定子一相绕组的电阻约为 50 Ω，因而当流过的电流为 50 mA 时电压约为 2.5 V，所以直流电压表量程用 20 V 挡。实验开始前，合上开关 S_1，断开开关 S_2，NMEL-03/4 的 R_1 左旋到底，NMEL-18/1 的电压调节旋钮左旋到底。

分别闭合绿色按钮电源开关和直流电机电枢电源的船形开关，调节直流电枢电源及可调电阻 R_1，使实验电机电流不超过电机额定电流的 10%，以防止因实验电流过大而引起绕组的温度上升。读取电流值，再接通开关 S_2 读取电压值。

调节直流电机电枢电源 NMEL-18/1 的电压调节旋钮，使仪表 Ⓐ 分别为 50 mA、40 mA、30 mA 测取三次，取其平均值，测量定子三相绕组的电阻值，记录于表 4-14 中。

表 4-14　定子绕组的冷态直流电阻测试表

室温 _____ ℃

项目 ＼ 绕阻	绕组 I			绕组 II			绕组 III		
I/mA									
U/V									
R/Ω									

测试完成后，先打开开关 S_2，再打开开关 S_1。

注意事项：

(1)在测量时，电机的转子须静止不动。

(2)测量通电时间不应超过 1 min。

2. 判定定子绕组的首末端

先用万用表测出各相绕组的两个线端，将其中的任意两相绕组串联，如图 4-12 所示进行连线。

将电源控制屏左侧的调压旋钮左旋至零位，闭合绿色按钮电源开关，接通交流电源，调节交流电压。在绕组端施以单相低电压 $U = 80 \sim 100$ V，注意电流不应超过额定值，测出第三相绕组的电压。如测得的电压有一定读数，表示两相绕组的末端与首端相联，如图 4-12(a)所示；反之，如测得电压近似为零，则两相绕组的末端与末端(或首端与首端)相连，如图 4-12(b)所示。用同样方法测出第三相绕组的首末端，注意 A、B、C 为首端，X、Y、Z 为末端。最后，电源控制屏左侧电压调节旋钮左旋到零,断开绿色按钮电源开关。

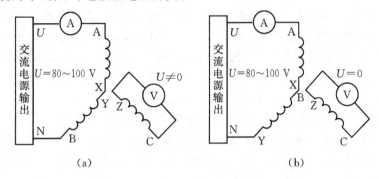

（a）   （b）

图 4-12   三相交流绕组首末端的测定

3. 空载实验

测量电路如图 4-13 所示。电机绕组为△形接法$(U_N=220\ \text{V})$,且电机不与测功机同轴连接,不带测功机,即电机完全不带载。

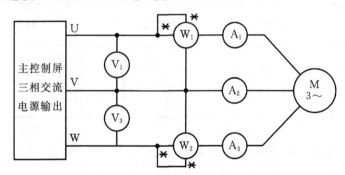

图 4-13   三相笼型异步电机空载实验接线图

（1）闭合绿色按钮电源开关之前,把电源控制屏左侧的交流电压调节旋钮左旋至零位。然后接通电源,逐渐升高电压,使电机起动旋转,确认电机正转。若电机转向为负,则需对调电机 M04 定子任意两相电源。

（2）保持电机在额定电压 220 V 下空载运行数分钟,使机械损耗达到稳定后再进行实验。

（3）调节电压由 1.2 倍额定电压开始逐渐降低电压,直至电流或功率在下降过程中略有增大为止,在这个范围内读取空载电压、空载电流、空载功率。

（4）在测取空载实验数据时,在额定电压附近多测几点,共取数据 7～9 组,记录于表 4-15 中。

表 4 - 15　空载实验数据记录表

序号	空载电压/V				空载电流/A				空载功率/W			$\cos\varphi_0$
	U_{AB}	U_{BC}	U_{CA}	U_{0L}	I_A	I_B	I_C	I_0	P_{I}	P_{II}	P_0	
1												
2												
3												
4												
5												
6												
7												

测试完成后,电源控制屏左侧的电压调节旋钮左旋到零,断开绿色按钮电源开关。

4. 短路实验

测量线路如图 4 - 13 所示。将测功机和三相异步电机同轴连接。

(1)将起子插入测功机堵转孔中,使测功机转子堵住。

(2)闭合绿色按钮电源开关,调节电源控制屏左侧的调压旋钮,使之逐渐升压,从短路电流到 1.2 倍额定电流,再逐渐降压至 0.3 倍额定电流为止。在这个范围内读取短路电压、短路电流、短路功率,共取 4~5 组数据,填入表 4 - 16 中。做完实验后,注意电源控制屏左侧的调压旋钮左旋到零位并取出测功机堵转孔中的起子。

表 4 - 16　短路实验数据记录表

序号	短路电压/V				短路电流/A				短路功率/W			$\cos\varphi_K$
	U_{AB}	U_{BC}	U_{CA}	U_{KU}	I_A	I_B	I_C	I_{KU}	P_{I}	P_{II}	P_K	
1												
2												
3												
4												
5												
6												
7												

5. 负载实验

选用设备和测量接线同第 3 步的空载实验。实验开始前，NMEL-13A 中的"转速设定"和"转矩设定"选择开关拨向"转矩设定"，"转速/转矩设定"旋钮逆时针旋转到底，同时将其船型开关置于"ON"。

(1)闭合绿色按钮主电源，调节电源控制屏左侧的电压调节旋钮，使之逐渐升压至额定电压，并在实验中保持此额定电压不变。

(2)调节测功机"转速/转矩设定"旋钮使之加载，使异步电机 M04 的定子电流逐渐上升，直至电流上升到 1.25 倍额定电流。

(3)从这个负载开始，逐渐减小负载直至空载，在这范围内读取异步电机的定子电流、输入功率、转速、转矩等数据，共读取 5～6 组数据，记录于表 4 - 17 中。

表 4 - 17　负载实验数据记录表

$$U_N = 220\ \text{V}(\triangle)$$

序号	I_{OL}/A				P_O/W			$T_2/(\text{N}\cdot\text{m})$	$n/(\text{r/min})$	P_2/W
	I_A	I_B	I_C	I_1	P_I	P_{II}	P_1			
1										
2										
3										
4										
5										
6										

测试完成后，电源控制屏左侧的电压调节旋钮左旋到零位，NMEL-13A 的"转速/转矩设定"旋钮左旋到底，断开绿色按钮主电源。

4.2.1.5　实验报告

1. 计算基准工作温度时的相电阻

由实验直接测得每相电阻值，此值为实际冷态电阻值。冷态温度为室温。按下式换算到基准工作温度时的定子绕组相电阻：

$$r_{1\text{lef}} = r_{1c}\frac{235 + \theta_{\text{ref}}}{235 + \theta_c}$$

式中　$r_{1\text{lef}}$——换算到基准工作温度时定子绕组的相电阻，Ω；

　　　r_{1c}——定子绕组的实际冷态相电阻，Ω；

θ_{ref}——基准工作温度,对于 E 级绝缘为 75℃;

θ_c——实际冷态时定子绕组的温度,℃。

2. 作空载特性曲线

画出空载特性曲线 I_0、P_0、$\cos\varphi_0 = f(U_0)$。

3. 作短路特性曲线

画出短路特性曲线 I_K、$P_K = f(U_K)$。

4. 由空载、短路实验的数据求异步电机等效电路的参数

(1)由短路实验数据求短路参数。

$$\text{短路阻抗} \qquad Z_K = \frac{U_K}{I_K}$$

$$\text{短路电阻} \qquad r_K = \frac{P_K}{3I_K^2}$$

$$\text{短路电抗} \qquad X_K = \sqrt{Z_K^2 - r_K^2}$$

式中,U_K、I_K、P_K 由短路特性曲线查得,相应于 I_K 为额定电流时的相电压、相电流、三相短路功率。

$$\text{转子电阻的折合值} \qquad r'_2 \approx r_K - r_1$$

$$\text{定、转子漏抗} \qquad X'_{1\sigma} \approx X'_{2\sigma} \approx \frac{X_K}{2}$$

(2)由空载实验数据求励磁回路参数。

$$\text{空载阻抗} \qquad Z_0 = \frac{U_0}{I_0}$$

$$\text{空载电阻} \qquad r_0 = \frac{P_0}{3I_0^2}$$

$$\text{空载电抗} \qquad X_0 = \sqrt{Z_0^2 - r_0^2}$$

式中,U_0、I_0、P_0 相应于 U_0 为额定电压时的相电压、相电流、三相空载功率。

$$\text{激磁电抗} \qquad X_m = X_0 - X_{1\sigma}$$

$$\text{激磁电阻} \qquad r_m = \frac{P_{Fe}}{3I_0^2}$$

式中,P_{Fe} 为额定电压时的铁耗,由图 4-14 确定。

5. 作工作特性曲线 P_1、I_1、n、η、S、$\cos\varphi_1 = f(P_2)$

由负载实验数据计算工作特性,填入表 4-18 中。

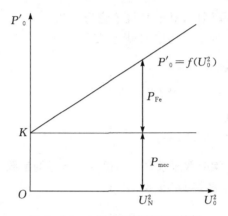

图 4-14　电机中的铁耗和机械耗

表 4-18　工作特性计算表

$U_1 = 220 \text{ V}(\triangle)$, $I_f = \quad$ A

序号	电机输入		电机输出			计 算 值			
	I_1/A	P_1/W	$T_2/(\text{N} \cdot \text{m})$	$n/(\text{r/min})$		P_2/W	$S/(\%)$	$\eta/(\%)$	$\cos\varphi_1$
1									
2									
3									
4									
5									
6									

计算公式为

$$I_1 = \frac{I_A + I_B + I_C}{3\sqrt{3}}$$

$$S = \frac{1\ 500 - n}{1\ 500} \times 100\%$$

$$\cos\varphi_1 = \frac{P_1}{3U_1 I_1}$$

$$P_2 = 0.105 n T_2$$

$$\eta = \frac{P_2}{P_1} \times 100\%$$

式中,I_1 为定子绕组相电流,A;U_1 为定子绕组相电压,V;S 为转差率;η 为效率。

6. 由损耗分析法求额定负载时的效率

电机的损耗有铁耗 P_{Fe}、机械损耗 P_{mec}、定子铜耗 P_{Cu_1}（$P_{Cu_1} = 3I_1^2 r_1$）、转子铜耗 P_{Cu_2} 和杂散损耗 P_{ad}。其中

$$P_{Cu_2} = \frac{P_{em}S}{100}$$

式中，P_{em} 为电磁功率（W），$P_{em} = P_1 - P_{Cu_1} - P_{Fe}$

杂散损耗 P_{ad} 取为额定负载时输入功率的 0.5%。

铁耗和机械损耗之和为

$$P'_0 = P_{Fe} + P_{mec} = P_0 - 3I_0^2 r_1$$

为了分离铁耗和机械损耗，作曲线 $P'_0 = f(U_0^2)$，如图 4 - 14 所示。

延长曲线的直线部分与纵轴相交于 K 点，K 点的纵坐标即为电机的机械损耗 P_{mec}。过 K 点作平行于横轴的直线，可得不同电压的铁耗 P_{Fe}。

电机的总损耗 $\sum P = P_{Fe} + P_{Cu_1} + P_{Cu_2} + P_{ad}$，于是求得额定负载时的效率为

$$\eta = \frac{P_1 - \sum P}{P_1} \times 100\%$$

式中，P_1 由工作特性曲线上对应于 P_2 为额定功率 P_N 时查得。

4.2.1.6　预习报告

(1) 异步电机的工作特性指哪些特性？

(2) 异步电机的等效电路有哪些参数？它们的物理意义是什么？

(3) 工作特性和参数的测定方法。

4.2.1.7　思考题

(1) 由空载、短路实验数据求取异步电机的等效电路参数时，有哪些因素会引起误差？

(2) 从短路实验数据可以得出哪些结论？

(3) 由直接负载法测得的电机效率和用损耗分析法求得的电机效率各有哪些因素会引起误差？

4.2.2　三相异步电机的起动与调速特性

4.2.2.1　实验目的

掌握异步电机的起动和调速的方法。

4.2.2.2 实验内容

(1)异步电机的直接起动。

(2)异步电机星形-三角形(Y -△)换接起动。

(3)自耦变压器起动。

(4)绕线式异步电机转子绕组串入可变电阻器起动。

(5)绕线式异步电机转子绕组串入可变电阻器调速。

4.2.2.3 实验设备

(1)实验台电源控制屏;

(2)电机导轨及测功机;

(3)转矩转速测量及控制(NMEL-13A);

(4)交流表(NEEL-001A,交流电压表、电流表、功率、功率因数表);

(5)旋转指示灯及开关(NMEL-05B);

(6)可调电阻箱(NMEL-03/4);

(7)三相鼠笼式异步电机 M04;

(8)三相绕线式异步电机 M09。

4.2.2.4 实验原理与实验方法

1. 三相笼型异步电机直接起动实验

按图 4 - 15 接线,电机绕组为△形接法。

起动前,把转矩转速测量实验箱(NMEL-13A)中"转速/转矩设定"电位器旋钮逆时针调到底,"转速设定"、"转矩设定"选择开关拨向"转矩设定",检查电机导轨和 NMEL-13A 的连接是否连好,NMEL-13A 的船型开关置于"ON"。注意:起动电流瞬时较大,约为 1.0 A,但马上会降为正常电流。

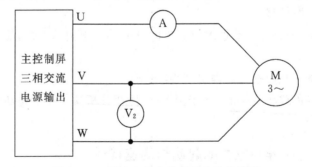

图 4 - 15　异步电机直接起动实验接线图

(1)把三相交流电源调节旋钮逆时针调到底,闭合绿色按钮主电源开关。调节电源控制屏左侧的调压旋钮,使输出电压达到电机额定电压 220 V,使电机起动旋转。电机稳定运行后,观察 NMEL-13A 中的转速表。如出现电机转向为负,则需切断电源,调整电源相序,重新起动电机。

(2)断开三相交流电源,待电机完全停止旋转后,接通三相交流电源,使电机全压起动,测定电机起动瞬间电流值。

(3)断开三相交流电源,将调压旋钮左旋到零位。用起子插入测功机堵转孔中,使测功机转子堵转。

(4)闭合绿色按钮主电源,调节电源控制屏的调压旋钮,观察电流表,使电机电流达 2~3 倍额定电流,读取电压值 U_K、电流值 I_K、转矩值 T_K,填入表 4-19 中。注意实验时,通电时间不应超过 10 s,以免绕组过热。

额定电压的起动转矩 T_{st} 和起动电流 I_{st} 按下式计算:

$$T_{st} = \left(\frac{I_{st}}{I_K}\right)^2 T_K$$

式中,I_K 为起动实验时的电流值,A;T_K 为起动实验时的转矩值,N·m。

$$I_{st} = \left(\frac{U_N}{U_K}\right) I_K$$

式中,U_K 为起动实验时的电压值,V;U_N 为电机额定电压,V。

表 4-19　导步电机直接起动实验数据记录表

测　量　值			计　算　值	
U_K/V	I_K/A	$T_K/(N·m)$	$T_{st}/(N·m)$	I_{st}/A

电源控制屏左侧的电压调节旋钮左旋到零位,NMEL-13A 的"转速/转矩设定"旋钮左旋到底,断开电源控制屏的绿色按钮电源开关。

2. 星形-三角形(Y-△)起动

按图 4-16 接线,电压表、电流表的选择同前,开关 S 选用 NMEL-05B。

(1)起动前,电压调节旋钮处于零位,三刀双掷开关合向右边(Y 形接法)。闭合绿色按钮电源开关,逐渐调节电源控制屏左侧的调压旋钮,使输出电压升高至电机额定电压 $U_N=220$ V,此时电流约为 90 mA,断开绿色按钮主电源,待电机 M04 的转速 $n=0$。

(2)待电机 M04 完全停转之后,闭合绿色按钮主电源,观察起动瞬间的电流,然后把 S 合向左边(△形接法),电机 M04 进入正常运行,整个起动过程结束,观察起动瞬间电流表的显示值并与其他起动方法作定性比较。

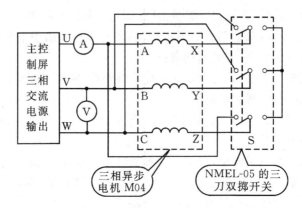

图 4 - 16   异步电机星形-三角形起动

电源控制屏左侧的调压旋钮左旋到零位,电机 M04 的转速 $n=0$,断开绿色按钮主电源开关。

3. 自耦变压器降压起动

按图 4 - 15 接线。电机 M04 定子绕组为△形接法。

(1)电源控制屏左侧的调压旋钮器左旋到零位,闭合绿色按钮主电源开关,调节调压旋钮,使输出电压达 110 V,此时电机 M04 起动并正常运行。然后,断开绿色按钮主电源开关,电机 M04 的转速 $n=0$。

(2)待电机完全停转后,再闭合绿色按钮主电源开关,使电机 M04 经过自耦变压器、降压起动,观察电流表的瞬间读数值。经一定时间后,调节电源控制屏左侧的调压旋钮,使电机达到电机额定电压 $U_N=220$ V,则整个起动过程结束。

最后,电源控制屏左侧的调压旋钮左旋到零位,电机停转,断开绿色按钮主电源开关。

4. 绕线式异步电机转子绕组串入可变电阻器起动

在电机导轨上拆除鼠笼式电机 M04,换上绕线式电机 M09。实验线路如图 4 - 17所示,电机定子绕组为 Y 形接法,电机转子串接可调电阻来调节,调节电阻采用 NMEL-03/4 的绕线电机起动电阻(有 0、2、5、15、∞五挡),NMEL-13A 中"转矩设定"和"转速设定"开关拨向"转速设定","转速/转矩设定"电位器旋钮逆时针调节到底。注意此时千万不可错误地拨向"转矩设定"。

(1)接入电源前,电源控制屏左侧的调压旋钮左旋至零位,可调电阻 NMEL-03/4 的 R_4 调节为零。

(2)闭合绿色按钮主电源开关,调节电源控制屏左侧的调压旋钮,使电机 M09 起动。注意电机转向为正,否则需要对调电机 M09 的任意两端的相序。

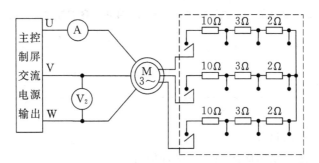

图 4-17　绕线式异步电机转子绕组串电阻起动实验接线图

(3)当定子电压为 180V 时,顺时针调节 NMEL-13A 中的"转速/转矩设定"电位器旋钮到底,使电机 M09 的负载最大,绕线式电机转动缓慢(只有几十转),读取此时的转矩值 T_{st} 和电流值 I_{st}。

(4)用旋转开关切换起动电阻,分别读出起动电阻为 2 Ω、5 Ω、15 Ω 时的起动转矩 T_{st} 和起动电流 I_{st},填入表 4-20 中。

注意:实验时通电时间不应超过 20 s,以免绕组过热。

表 4-20　绕线式异步电机转子绕组串入可变电阻器起动实验数据记录表

$U=180$ V

R_{st}/Ω	0	2	5	15
$T_{st}/(\text{N}\cdot\text{m})$				
I_{st}/A				

最后,电源控制屏左侧的调压旋钮左旋到零位,电机转速 $n=0$,断开绿色按钮主电源开关。

5. 绕线式异步电机转子绕组串入可变电阻器调速

实验线路与图 4-17 相同。NMEL-13A 中"转矩设定"和"转速设定"选择开关拨向"转矩设定","转速/转矩设定"电位器逆时针到底,绕线式电机起动电阻 NMEL-03/4 调节到零。

(1)闭合绿色按钮电源开关,调节电源控制屏左侧的调压旋钮使输出电压为 $U_N=220$ V,使电机 M09 空载起动。

(2)调节"转速/转矩设定"电位器调节旋钮,给电机 M09 加载,使电机 M09 的电流接近额定电流,输出功率接近额定功率,并保持输出转矩 T_2 不变,改变转子附加电阻,分别测出对应的转速,记录于表 4-21 中。

表 4 - 21   绕线式异步电机转子绕组串入可变电阻器调速实验数据记录表

$U = 220$ V，$T_2 =$ N · m

R_{st}/Ω	0	2	5	15
$n/(\text{r/min})$				

4.2.2.5   实验报告

(1)比较异步电机不同起动方法的优缺点。

(2)由起动实验数据求取下述三种情况下的起动电流和起动转矩：

①外施额定电压 U_N（直接法起动）。

②外施电压为 $U_N/\sqrt{3}$（Y -△起动）。

③外施电压为 U_K/K_A，式中 K_A 为起动用自耦变压器时的变比（自耦变压器起动）。

(3)绕线式异步电机转子绕组串入电阻对起动电流和起动转矩的影响。

(4)绕线式异步电机转子绕组串入电阻对电机转速的影响。

4.2.2.6   预习报告

(1)复习异步电机有哪些起动方法和起动技术指标。

(2)复习异步电机的调速方法。

4.2.2.7   思考题

(1)起动电流和外施电压成正比，起动转矩和外施电压的平方成正比，在什么情况下才能成立？

(2)起动时的实际情况和上述假设是否相符？不相符的主要因素是什么？

4.2.3   三相异步电机的单相电阻起动

4.2.3.1   实验目的

用实验方法测定单相电阻起动异步电机的技术指标和参数。

4.2.3.2   实验内容

(1)测量定子主、副绕组的实际冷态电阻。

(2)空载实验。

(3)短路实验。

(4)负载实验。

4.2.3.3　实验设备

(1)实验台电源控制屏；

(2)电机导轨及测功机；

(3)转矩转速测量及控制(NMEL-13A)；

(4)交流仪表(NEEL-001A,交流电压表、电流表、功率表、功率因数表)；

(5)单相电阻起动异步电机 M07。

4.2.3.4　实验方法

1. 分别测量定子主、副绕组的实际冷态电阻

测量方法见 4.2.1,记录室温。数据记录于表 4-22。

表 4-22　定子主、副绕组冷态电阻测量表

室温_____℃

项目 ＼ 绕组	主绕组			副绕组		
I/mA						
U/V						
R/Ω						

2. 空载实验

按图 4-18 接线。电机选用单相电阻起动异步电机(M07)。

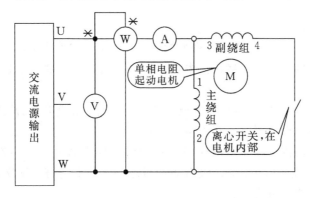

图 4-18　单相电阻起动异步电机实验接线图

(1)接入主电源之前,需要先将电源控制屏左侧的电压调节旋钮左旋至零位,然后闭合绿色按钮主电源开关,并逐渐升高电压,使电机起动旋转。观察电机旋转方向,并使电机旋转方向为正。

(2)保持电机在额定电压下空载运行 15 min,使机械损耗达到稳定后再进行实验。

(3)从 1.1 倍额定电压开始逐步降低至可能达到的最低电压值,即功率和电流出现回升时为止,其间测取 7～9 组数据,记录每组的电压 U_0、电流 I_0、功率 P_0 于表 4 - 23 中。

表 4 - 23　空载实验数据记录表

序号	1	2	3	4	5	6	7	8	9
U_0/V									
I_0/A									
P_0/W									

空载阻抗

$$Z_0 = U_0/I_0$$

式中,U_0 为对应于额定电压值时的空载实验电压,V;I_0 为对应于额定电压时的空载实验电流,A。

空载电抗

$$X_0 = Z_0 \sin\varphi_0$$

式中,φ_0 为空载实验时电压和电流的相位差(对应于额定电压),可由 $\cos\varphi_0 = P_0/(U_0 I_0)$ 求得 φ_0。

3. 短路实验

测量线路如图 4 - 18 所示。将测功机和异步电机同轴连接。

(1)将起子插入测功机堵转孔中,使测功机转子堵转。将电源控制屏左侧的调压旋钮左旋至零位。

(2)闭合绿色按钮主电源开关,调节调压旋钮使之逐渐升压,从短路电流到1.2倍额定电流,再逐渐降压至 0.3 倍额定电流为止。

(3)在这范围内读取短路电压、短路电流、短路功率,共取 6～7 组数据,填入表 4 - 24 中。做完实验后,注意取出测功机堵转孔中的起子,调节调压旋钮至零位,断开绿色按钮主电源开关。

表 4 - 24　短路实验数据记录表

序号	U_{OC}/V				I_{OL}/A				P_O/W			$\cos\varphi_K$
	U_{AB}	U_{BC}	U_{CA}	U_K	I_A	I_B	I_C	I_K	P_I	P_{II}	P_K	
1												
2												
3												
4												
5												

4. 负载实验

选用设备和测量接线同空载实验。实验开始前，NMEL-13 中的"转速设定"和"转矩设定"选择开关拨向"转矩设定"，"转矩设定"旋钮逆时针转到底。

(1)闭合绿色按钮主电源，调节电源控制屏左侧的调压旋钮使之逐渐升压至额定电压，并在实验中保持此额定电压不变。

(2)调节测功机"转矩设定"旋钮使之加载，使异步电机的定子电流逐渐上升，直至电流上升到 1.25 倍额定电流。

(3)从这个负载开始，逐渐减小负载直至空载，在这范围内读取异步电机的定子电流、输入功率，转速、转矩等数据，共读取 5～6 组数据，记录于表 4 - 25 中。

表 4 - 25　负载实验数据记录表

$U_N = 220$ V(△)

序号	I_{OL}/A				P_O/W			$T_2/(N \cdot m)$	$n/(r/min)$	P_2/W
	I_A	I_B	I_C	I_1	P_I	P_{II}	P_1			
1										
2										
3										
4										
5										
6										

4.2.3.5 实验报告

(1)由实验数据计算出电机参数。

(2)由负载实验数据计算并绘制电机工作特性曲线：P_1、I_1、η、$\cos\phi$、转差率$S = f(P_2)$。

(3)算出电机的起动技术数据。

4.2.3.6 预习报告

(1)单相电阻起动异步电机有哪些技术指标和参数？

(2)这些技术指标怎样测定？参数怎样测定？

4.2.3.7 思考题

由电机参数计算出电机工作特性和实测数据是否有差异？是由哪些因素造成的？

4.2.4 三相异步电机的单相电容起动

4.2.4.1 实验目的

测定单相电容起动异步电机的技术指标和参数。

4.2.4.2 实验内容

(1)测量定子主、副绕组的实际冷态电阻。

(2)空载实验、短路实验、负载实验。

4.2.4.3 实验设备

(1)教学实验台的电源控制屏(MEL-002T)；

(2)电机导轨及测功机；

(3)交流表(NEEL-001A,交流功率、功率因数表)；

(4)转矩转速测量及控制(NMEL-13A)；

(5)可调电阻箱(NMEL-03/4)；

(6)单相电容起动异步电机(M05)；

(7)交流伺服电机电源(NMEL-21,含起动电容 35 μF)。

4.2.4.4 实验原理与实验方法

测试电机为单相电容起动异步电机 M05。

1. 分别测量定子主、副绕组的实际冷态电阻

测量方法见 4.2.1,记录当时的室温。数据记录于表 4 - 26。

表 4 - 26　定子主、副绕组的冷态电阻测量表

室温＿＿＿＿＿＿℃

绕组＼项目	主绕组			副绕组		
I/mA						
U/V						
R/Ω						

2. 空载实验、短路实验、负载实验

按图 4 - 19 接线,起动电容为 35 μF,此时电机 M05 不与测功机连接,即不带测功机。

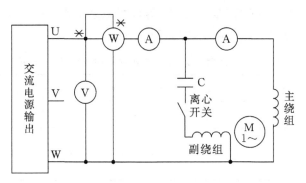

图 4 - 19　单相电容起动异步电机实验接线图

(1)接入电源之前,需要将电源控制屏左侧的调压旋钮左旋至零位。首先闭合绿色按钮主电源,然后调节调压旋钮,逐渐升高电压,使电机 M05 起动,观察电机旋转方向,使电机旋转方向为正。

(2)保持电机在额定电压下空载运行 15 min,使机械损耗达到稳定后再进行实验。

(3)从 1.1 倍额定电压开始逐步降低直至可能达到的最低电压值,即功率和电流出现回升时为止,其间测取 7～9 组数据,记录每组的电压 U_0、电流 I_0、功率 P_0。于表 4 - 27 中。

表 4 - 27　空载实验(电机与测功机不连)数据记录表

序号	1	2	3	4	5	6	7	8	9
U_0/V									
I_0/A									
P_0/W									

由空载实验数据计算电机参数见 4.2.3。

将测功机和电机 M05 同轴连接。

(4)将起子插入测功机堵转孔中,使测功机转子堵住。将电源控制屏左侧的调压旋钮左旋至零位。把功率表电流线圈短接。

(5)在短路实验时,升压至 $0.95\sim1.02U_N$,再逐次降压至短路电流接近额定电流为止。其间测取 $5\sim7$ 组 U_K、I_K、T_K 等数据记录于表 4 - 28 中。做完实验后,注意取出测功机堵转孔中的起子,并断开主电源。

表 4 - 28　空载实验(电机与测功机相连)数据记录表

序号	1	2	3	4	5	6	7
U_K/V							
I_K/A							
$T_K/(N \cdot m)$							

注意:测取每组读数时,通电持续时间不应超过 5 s,以免绕组过热。

转子绕组等值电阻的测定及由短路实验数据计算电机的参数如上所述。

(6)NMEL-13A 中的"转速设定"和"转矩设定"选择开关拨向"转矩设定","转速/转矩设定"旋钮逆时针旋到底,取出功率表的电流线圈短接线。

(7)闭合绿色按钮主电源,调节电源控制屏的调压旋钮,使之逐渐升压至额定电压,并在实验中保持此额定电压不变。

(8)调节 NMEL-13A 中的"转速/转矩设定"旋钮,使测功机负载增加,电机在 $1.1\sim0.25$ 倍额定功率范围内,测取 $6\sim8$ 组数据,记录定子电流 I、输入功率 P_1、转矩 T_2、转速 n 于表 4 - 29 中。

表 4-29　负载实验数据记录表

$U_N = 220$ V

序号	1	2	3	4	5	6	7	8
I/V								
P_1/W								
$T_2/(N \cdot m)$								
$n/(r/min)$								

4.2.4.5　实验报告

(1)由实验数据计算出电机参数。

(2)由负载实验计算出电机工作特性：P_1、I_1、η、$\cos\varphi$、$S = f(P_2)$。

(3)算出电机的起动技术数据。

(4)确定电容参数。

4.2.4.6　预习报告

(1)单相电容起动异步电机有哪些技术指标和参数？

(2)这些技术指标怎样测定？参数怎样测定？

4.2.4.7　思考题

(1)由电机参数计算出电机工作特性和实测数据是否有差异？是由哪些因素造成的？

(2)电容参数该怎么决定？电容怎样选配？

4.3　同步电机基础实验

4.3.1　三相同步电机的机械特性

4.3.1.1 实验目的

(1)掌握三相同步电机的异步起动方法。

(2)测取三相同步电机的 V 形曲线。

(3)测取三相同步电机的机械特性。

4.3.1.2　实验内容

(1)三相同步电机的异步起动。

(2)测取三相同步电机输出功率 $P_2 \approx 0$ 时的 V 形曲线。

(3)测取三相同步电机输出功率 P_2 为 0.5 倍额定功率时的 V 形曲线。

(4)测取三相同步电机的机械特性。

4.3.1.3　实验设备

(1)实验台电源控制屏；

(2)电机导轨及转速测量；

(3)交流表(NEEL-001A,功率表、功率因数表)；

(4)同步电机励磁电源(NMEL-18/3,与同步发电机励磁电源相同)；

(5)可调电阻箱(NMEL-03/4,900Ω)；

(6)旋转指示灯及开关(NMEL-05B)；

(7)三相同步电机 M08。

4.3.1.4　实验方法

测试电机为凸极式三相同步电机 M08。

1. 三相同步电机的异步起动

实验线路图如图 4 - 20 所示。

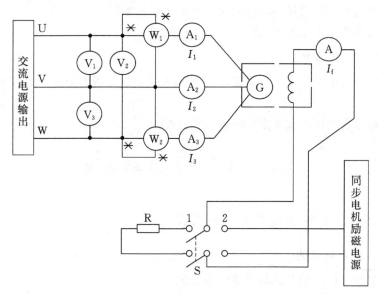

图 4 - 20　三相同步电机接线图(MEL - 1、MEL - Ⅱ A)

实验开始前,NMEL-13A 中的"转速设定"和"转矩设定"选择开关拨向"转矩设定","转速/转矩设定"旋钮逆时针旋到底。NMEL-18/3 的电流调节旋钮左旋到底,电源控制屏左侧的调压旋钮左旋到零位。

R 的阻值选择为同步发电机励磁绕组电阻的 10 倍(约 90 Ω),选用 NMEL-03/4 中的 90 Ω 电阻。开关 S 选用 NMEL-05B。交流电压表、电流表、功率表的选择同前。同步电机励磁电源 NMEL-18/3 中的钮子开关拨向同步电机。

(1)把所有功率表电流线圈短接,把交流电流表短接。先将开关 S 闭合于励磁电源一端,闭合绿色按钮主电源开关,同步电机励磁电源置于"ON",调节励磁电源输出大约 0.7 A,然后将开关 S 拨向电阻器 R(图 4-20 所示左端)。

(2)将电源控制屏左侧的调压旋钮左旋到零位,闭合绿色按钮主电源开关,然后调节调压旋钮,升压至同步电机额定电压 220 V,观察电机旋转方向为正。若电机旋转方向为负,则应调整三相电源相序,使电机旋转方向为正。直流仪表 NMEL-06/1 的船型开关置于"ON"。

(3)当转速接近同步转速时,把开关 S 迅速从左端切换闭合到右端(同步电机励磁电源),让同步电机励磁绕组加上直流励磁而强制拉入同步运行,异步起动同步电机整个起动过程完毕。取出上述所有短接线,接通功率表、功率因数表、交流电流表。

2. 测取三相同步电机输出功率 $P_2 \approx 0$ 时的 V 形曲线

(1)调节 NMEL-18/3 的电流调节旋钮,使同步电机输出功率 $P_2 \approx 0$。

(2)通过 NMEL-18/3 的电流调节旋钮,调节同步电机的励磁电流 I_f 并使 I_f 增加,这时同步电机的定子三相电流亦随之增加,直至电流达到同步电机的额定值,记录定子三相电流和相应的励磁电流及输入功率。

(3)调节同步电机的励磁电流 I_f,使 I_f 逐渐减小,这时定子三相电流亦随之减小,直至电流为最小值,记录此时的相应数据。

(4)继续调小同步电机的励磁电流,这时同步电机的定子三相电流反而增大,直到电流达额定值,在过励和欠励范围内读取 4~5 组数据,数据记录于表 4-30。

表 4-30　测取 $P_2 = 0$ 时的 V 形曲线数据记录表

$n = 1\,500$ r/min, $U = 220$ V, $P_2 \approx 0$

序号	三相电流/A				励磁电流/A	输入功率/W		
	I_A	I_B	I_C	I	I_f	P_I	P_{II}	P
1								
2								
3								

续表 4 - 30

序号	三相电流/A				励磁电流/A	输入功率/W		
	I_A	I_B	I_C	I	I_f	P_I	P_{II}	P
4								
5								

表中　　　　　　　$I = (I_A + I_B + I_C)/3, P = P_I + P_{II}$

3. 测取三相同步电机输出功率 P_2 为 0.5 倍额定功率时的 V 形曲线

(1)按方法 1 起动同步电机,调节测功机"转速/转矩设定"旋钮使之加载,使同步电机的转速 $n=1500$ r/min,同步电机输出功率改变,输出功率按下式计算:

$$P_2 = 0.105nT_2$$

式中, n 为电机转速,r/min; T_2 由转矩表读出,N·m。

(2)调节 NMEL-13A 的转速/转矩设定旋钮,使同步电机输出功率接近于 0.5 倍额定功率且保持不变,调节同步电机的励磁电流 I_f 使 I_f 增加,这时同步电机的定子三相电流亦随之增加,直到电流达到同步电机的额定电流,记录定子三相电流和相应的励磁电流、输入功率。若同步电机输出功率增加,可改变 NMEL-13A 的转速/转矩设定来使输出功率降低。

(3)调节同步电机的励磁电流 I_f,使 I_f 逐渐减小,这时定子三相电流亦随之减小,直至电流达到最小值,记录这时的相应数据。继续调小同步电机的励磁电流,这时同步电机的定子三相电流反而增大,直到电流达到额定值。在过励和欠励范围内读取 4～5 组数据并记录于表 4 - 31 中。

表 4 - 31　测取 P_2 为 0.5 倍额定功率时的 V 形曲线数据记录表

$n=1500$ r/min; $U=220$ V; $P_2 \approx 0.5P_N$

序号	三相电流/A				励磁电流/A	输入功率/W		
	I_A	I_B	I_C	I	I_f	P_I	P_{II}	P
1								
2								
3								
4								
5								

表中　　　　　　　$I = (I_A + I_B + I_C)/3, P = P_I + P_{II}$

4. 测取三相同步电机的机械特性

(1)按方法 1 异步起动同步电机,按方法 3 改变负载电阻,使同步电机输出功率改变。输出功率按下式计算:

$$P_2 = 0.105nT_2$$

式中,n 为电机转速,r/min;T_2 为直流发电机的电枢电流,由转矩表读出,N·m

(2)同时调节同步电机的励磁电流,使同步电机输出功率达额定值时,且功率因数为 1。

(3)保持此时同步电机的励磁电流恒定不变,逐渐减小负载(测功机),使同步电机输出功率逐渐减小直至最小(28 W),读取定子电流、输入功率、功率因数、输出转矩、转速,共取 6~7 组数据并记录于表 4 - 32 中。

表 4 - 32　测取三相同步电机的机械特性数据记录表

$U = U_N = 220$ V, $I_f = $　　　A, $n = 1500$ r/min

序号	同 步 电 动 机 输 入								同 步 机 输 出		
	I_A/A	I_B/A	I_C/A	I/A	P_I/W	P_{II}/W	P/W	$\cos\varphi$	$T_2/$ (N·m)	P_2/W	$\eta/(\%)$
1											
2											
3											
4											
5											
6											

表中　　　$I = (I_A + I_B + I_C)/3,$　　$P = P_I + P_{II}$

$P_2 = 0.105nT_2,$　$\eta = \dfrac{P_2}{P_1} \times 100\%$

测试完成之后,电源控制屏左侧的调压旋钮左旋到零位,NMEL-13A 中的"转速/转矩设定"旋钮左旋到底,NMEL-18/3 的电流调节旋钮左旋到底,断开绿色按钮主电源。

4.3.1.5　实验报告

(1)作 $P_2 \approx 0$ 时同步电机的 V 形曲线 $I = f(I_f)$,并说明定子电流的性质。

(2)作 P_2 约为 0.5 倍额定功率时同步电机的 V 形曲线 $I = f(I_f)$,并说明定子电流的性质。

(3)作同步电机的工作特性曲线：I、P、$\cos\varphi$、T_2、$\eta = f(P_2)$。

4.3.1.6　预习报告

(1)三相同步电机异步起动的原理及操作步骤。

(2)三相同步电机的 V 形曲线是什么？如何作为无功发电机(调相机)？

(3)三相同步电机的工作特性及测取方法。

4.3.1.7　思考题

(1)同步电机异步起动时,先将同步电机的励磁绕组经过一个可调电阻组成回路,这个可调电阻的阻值调节为同步电机的励磁绕组值的 10 倍约 90 Ω,这个电阻在起动过程中的作用是什么？若这个电阻为零时又将如何？

(2)在保持恒功率输出测取 V 形曲线时,输入功率将有什么变化,为什么？

(3)对这台同步电机的机械特性进行评价和分析。

4.3.2　三相同步电机的参数测定

4.3.2.1　实验目的

掌握三相同步发电机参数的测定方法,并进行分析比较。

4.3.2.2　实验项目

(1)用转差法测定同步发电机的同步电抗 X_d、X_q。

(2)用反同步旋转法测定同步发电机的逆序电抗 X_2 及负序电阻 r_2。

(3)用单相电源测定同步发电机的零序电抗 X_0。

(4)用静止法测定超瞬变电抗 X''_d、X''_q 或瞬变电抗 X'_d、X'_q。

4.3.2.3　实验设备

(1)教学实验台的电源控制屏；

(2)电机导轨及测功机；

(3)转矩转速测量及控制(NMEL-13A)；

(4)可调电阻箱(NMEL-03/4)；

(5)直流电机电枢电源(NMEL-18/1)；

(6)直流电机励磁电源(NMEL-18/2)；

(7)同步发电机励磁电源(NMEL-18/3)；

(8)旋转指示灯及开关(NMEL-05B)；

(9)功率表、功率因数表。

4.3.2.4 实验原理与实验方法

1. 用转差法测定同步发电机的同步电抗 X_d、X_q。

按图 4 - 21 接线。

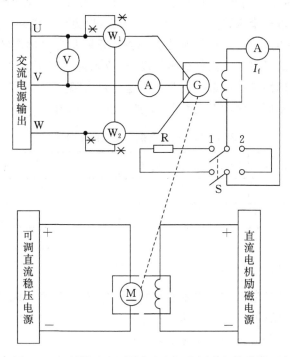

图 4 - 21 用转差法测同步发电机的同步电抗接线图

同步发电机 M08 定子绕组采用 Y 形接法。直流并励电机 M03 按他励电机方式接线,用作 M08 的原动机。R 选用 NMEL-03/4 中的 90 Ω 电阻。开关 S 选用 NMEL-05B。

(1)实验开始前,NMEL-13A 中的"转速设定"和"转矩设定"选择开关拨向"转矩设定","转速/转矩设定"旋钮逆时针旋到底。主控制屏三相调压旋钮逆时针旋到底;功率表电流线圈短接,可调直流稳压电源和直流电机励磁电源、同步电机励磁电源处在断开位置,开关 S 合向 R 端。

(2)直流电机励磁电源调至最大,直流电机电枢电源调至最小,按下绿色闭合按钮开关。先接通直流电机励磁电源,再接通电枢电源,起动直流电机 M03,观察电机转向是否为正。

(3)断开直流电机电枢电源和励磁电源,使直流电机停机。调节三相交流电源输出,给三相同步电机加一电压,使其作同步电机起动,观察同步电机转向是否为正。

（4）若此时同步电机转向与直流电机转向一致，则说明同步电机定子旋转磁场与转子转向一致；若不一致，将三相电源任意两相换接，使定子旋转磁场转向改变。

（5）调节调压器给同步发电机加 5%～15% 的额定电压（电压数值不宜过高，以免磁阻转矩将电机牵入同步；同时也不能太低，以免剩磁引起较大误差）。

（6）调节直流电机 M03 转速，使之升速到接近同步电机额定转速 1 500 r/min，直至同步发电机定子电流表指针缓慢摆动（电流表量程选用 0.25 A 挡）。在同一瞬间读取电流周期性摆动的最小值与相应电压最大值，以及电流周期性摆动最大值和相应电压最小值。测此两组数据，记录于表 4-33 中。

表 4-33   同步电抗测定数据记录表

序号	I_{max}/A	U_{min}/A	X_q/Ω	I_{min}/A	U_{max}/V	X_d/Ω
1						
2						

计算：$X_q = U_{min}/(\sqrt{3} I_{max})$，$X_d = U_{max}/(\sqrt{3} I_{min})$。

2. 用反同步旋转法测定同步发电机的负序电抗 X_2 及负序电阻 r_2

（1）在上述实验的基础上，将同步发电机定子绕组任意两相对换，以改换相序使同步发电机的定子旋转磁场和转子转向相反。

（2）开关 S 闭合在短接端，调压器旋钮退至零位，功率处于正常测量状态（采样电流线圈的短接线）。

（3）起动直流电机 M03，并使电机开至额定转速 1500 r/min；顺时针缓慢调节调压器旋钮，使三相交流电源逐渐升压，直至同步发电机定子电流达到 30%～40% 额定电流。读取定子绕组电压、电流和功率，记录于表 4-34 中。

表 4-34   负序电抗测定数据记录表

序号	I/A	U/V	P_I/W	P_{II}/W	P/W	r_2/Ω	X_2/Ω
1							
2							

表中 $$P = P_I + P_{II}$$

计算：$Z_2 = U/(\sqrt{3} I)$，$r_2 = P/(3I^2)$，$X_2 = \sqrt{Z_2^2 - r_2^2}$。

3. 用单相电源测同步发电机的零序电抗 X_0

(1)按图 4 - 22 接线,将同步电机的三相定子绕组首尾依次串联,接至单相交流电源 U、N 端上。调压器退至零位,同步发电机励磁绕组短接。

(2)起动直流电机 M03 并使电机升至额定转速 1500 r/min。

(3)接通交流电源并调节调压器使同步电机定子绕组电流上升到额定电流值。

(4)测取此时的电压、电流和功率值并记录于表 4 - 35 中。

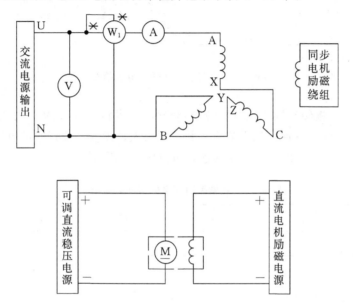

图 4 - 22　用单相电源测同步发电机的零序电抗接线图

表 4 - 35　零序电抗测定数据记录表

序号	U/V	I/A	P/W	X_0/Ω

表中 X_0 的计算:$Z_0 = U/(\sqrt{3}I)$, $r_0 = P/(3I^2)$, $X_0 = \sqrt{Z_0^2 - r_0^2}$。

4. 用静止法测超瞬变电抗 X''_d、X''_q 或瞬变电抗 X'_d、X'_q

(1)按图 4 - 23 接线,将同步电机三相绕组连接成 Y 形,任取二相端点接至单相交流电源 U、N 端。

(2)调压器退到零位,发电机处于静止状态。

(3)接通交流电源并调节调压器逐渐升高输出电压,使同步发电机定子绕组电

流接近 $20\% I_N$。

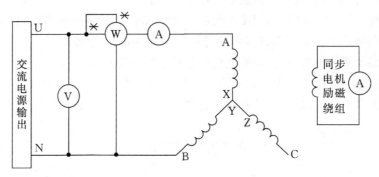

图 4 - 23　用静止法测瞬变电抗接线图

（4）用手慢慢转动同步发电机转子，观察两只电流表读数的变化，仔细调整同步发电机转子的位置使两只电流表读数达到最大。读取该位置时的电压、电流、功率值并记录于表 4 - 36 中。从这些数据可测定 X'_d 或 X''_d。

表 4 - 36　直轴超瞬变电抗测试数据记录表

序号	U/V	I/A	P/W	$X''_d(X'_d)/\Omega$

表中 X''_d 或 X'_d 的计算：$Z''_d = U/(2I)$，$r''_d = P/(2I^2)$，$X''_d = \sqrt{Z''^2_d - r''^2_d}$。

（5）把同步发电机转子转过 45°角，在这附近仔细调整同步发电机转子的位置，使两只电流表指示达到最小。

（6）读取这个位置时的电压 U、电流 I、功率 P 值并记录于表 4 - 37 中，从这些数据可测定 X''_q 或 X'_q。

表 4 - 37　变轴降变电抗测试数据记录表

序号	U/V	I/A	P/W	$X''_q(X'_q)/\Omega$

表中 X''_q 或 X'_q 的计算：$Z''_q = U/(2I)$，$r''_q = P/(2I^2)$，$X''_q = \sqrt{Z''^2_q - r''^2_d}$。

4.3.2.5　实验报告

根据实验数据计算 X_d、X_q、X_2、r_2、X_0、X'_d、X'_q 或 X''_d、X''_q。

4.3.2.6　预习报告

(1)同步发电机参数 X_d、X_q、X'_d、X'_q、X''_d、X''_q、X_0、X_2 各代表什么物理意义? 对应什么磁路和耦合关系?

(2)这些参数的测量有哪些方法? 并进行分析比较。

(3)怎样判定同步电机定子旋转磁场的旋转方向和转子的方向是同方向还是反方向?

4.4　同步发电机基础实验

4.4.1　三相同步发电机的机械特性

4.4.1.1　实验目的

(1)用实验方法测量同步发电机在对称负载下的机械特性。

(2)由实验数据计算同步发电机在对称运行时的稳态参数。

4.4.1.2　实验内容

(1)测定电枢绕组实际冷态直流电阻。

(2)空载实验:在 $n=n_N$、$I=0$ 的条件下,测取空载特性曲线 $U_0=f(I_f)$。

(3)三相短路实验:在 $n=n_N$、$U=0$ 的条件下,测取三相短路特性曲线 $I_K=f(I_f)$。

(4)外特性:在 $n=n_N$、I_f=常数、$\cos\varphi=1$ 的条件下,测取外特性曲线 $U=f(I)$。

(5)调节特性:在 $n=n_N$、$U=U_N$、$\cos\varphi=1$ 的条件下,测取调节特性曲线 $I_f=f(I)$。

4.4.1.3　实验设备

(1)教学实验台电源控制屏;

(2)电机导轨及测功机;

(3)转矩转速测量及控制(NMEL-13A);

(3)交流表(NEEL-001A,功率表、功率因数表);

(4)同步发电机励磁电源(NMEL-18/3);

(5)可调电阻箱(NMEL-03/4);

(6)旋转指示灯及开关(NMEL-05B);

(7)三相同步发电机 M08;

(8)直流并励电机 M03。

4.4.1.4　实验方法

1. 测定定子电枢绕组实际冷态直流电阻

测试电机采用三相凸极式同步电机 M08。

测量与计算方法参见 4.2.1 相异步电机的工作特性。记录室温,测量数据记录于表 4-38 中。

表 4-38　定子电枢绕组实际冷态直流电阻测定数据记录表

室温＿＿＿＿＿℃

项目 ＼ 绕组	绕组 I	绕组 II	绕组 III
I/mA			
U/V			
R/Ω			

2. 空载实验

按图 4-24 接线,直流电机 M03 按他励方式连接,拖动三相同步发电机Ⓖ (M08)旋转,发电机的定子绕组为 Y 形接法($U_N = 220$ V)。可调直流稳压电源使用直流电机电枢电源(NMEL-18/1)。

R_L 采用 NMEL-03/4 中三相可调电阻(600 Ω)。S_1 采用 NMEL-05B 中的三刀双掷开关。Ⓥ、ⓜ、Ⓐ为直流电压表、毫安表、安培表。交流电压表、交流电流表、功率表安装在 NEEL-001A 上,不同型号的实验台,其仪表数量不同,接法可参见异步电机的接线。

实验步骤:

(1)上电之前,将同步电机励磁电源调节旋钮逆时针旋到底,直流电机电枢电源调至最小,直流电机励磁电源调至最大,电源控制屏左侧的调压旋钮旋转到零位,开关 S_1 拨向"2"位置(断开位置)。

(2)闭合绿色按钮电源开关,直流电机励磁电源和电枢电源的船形开关均置于"ON",起动直流电机 M03。

调节电枢电压约为 220 V,此时电机转速 $n = 1400$ r/min,然后再调节直流励磁电源的电流调节旋钮,使 M03 电机转速达到同步发电机的额定转速 1500 r/min 并保持恒定。

(3)闭合同步电机励磁电源船形开关,调节 M08 电机励磁电流 I_f(注意必须单方向调节),使 I_f 单方向递增至发电机输出电压 $U_0 \approx 1.1 U_N$ 为止(A、B、B、C、A、C 两端的电压)。在这范围内,读取同步发电机励磁电流 I_f 和相应的空载电压 U_0,测取 7～8 组数据填入表 4 - 39 中。

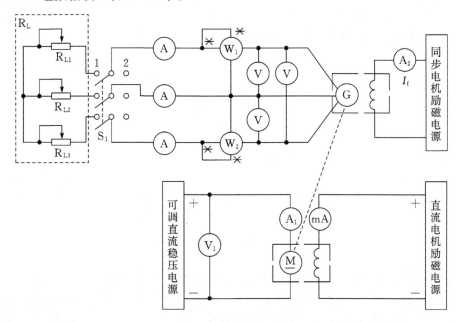

图 4 - 24　三相同步发电机实验接线图（MEL - Ⅰ、MEL - Ⅱ A）

表 4 - 39　空载实验数据记录表（一）

$n = n_N = 1500 \ \mathrm{r/min}, \ I = 0$

序　号	1	2	3	4	5	6	7	8
U_0/V								
I_f/A								

（4）减小 M08 电机励磁电流，使 I_f 单方向减至零值为止。读取励磁电流 I_f 和相应的空载电压 U_0，填入表 4 - 40 中。

表 4 - 40　空载实载数据记录表（二）

$n = n_N = 1500 \ \mathrm{r/min}, \ I = 0$

序　号	1	2	3	4	5	6	7	8
U_0/V								
I_f/A								

注意事项：

(1)转速保持 $n = n_N = 1500$ r/min 恒定。

(2)在额定电压附近读数并多取几组。

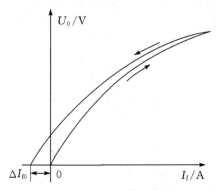

图 4-25　上升和下降两条空载特性

实验说明：在用实验方法测定同步发电机的空载特性时，由于转子磁路中剩磁情况的不同，当单方向改变励磁电流 I_f 从零到某一最大值，再反过来由此最大值减小到零时，将得到上升和下降的两条不同曲线，如图 4-25 所示。两条曲线的出现，反映铁磁材料中的磁滞现象。测定参数时使用下降曲线，其最高点取 $U_0 \approx 1.1 U_N$。如剩磁电压较高，可延伸曲线的直线部分使与横轴相交，则交点的横坐标绝对值 ΔI_{f0} 应作为校正量，在所有实验测得的励磁电流数据上加上此值，即得通过原点的校正曲线，如图 4-26 所示。

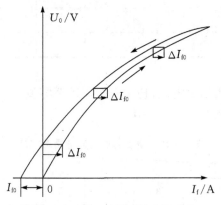

图 4-26　校正过的下降空载特性

3. 三相短路实验

(1)同步电机励磁电源的调节旋钮逆时针旋到底,按空载实验方法调节电机转速为额定转速 1500 r/min,且保持恒定。

(2)用短接线把发电机输出三端点短接(负载短接),同步电机励磁电源船形开关置于"ON",调节 M08 电机的励磁电流 I_f,使其定子电流 I_K 为 1.2 倍的 I_N,此时 $I_N=0.45$ A,因此,I_K 约为 0.54 A,读取 M08 电机的励磁电流 I_f 和相应的定子电流值 I_K。

(3)减小发电机 M08 的励磁电流 I_f,使定子电流减小,直至励磁电流为零,读取励磁电流 I_f 和相应的定子电流 I_K,共取数据 7～8 组并记录于表 4-41 中。

表 4-41　三相短路实验数据记录表

$U=0$ V, $n=n_N=1500$ r/min

序　号	1	2	3	4	5	6	7	8
I_K/A								
I_f/A								

4. 测同步发电机在纯电阻负载时的外特性

(1)把三相可变电阻器 R_L 调至最大,按空载实验的方法起动直流电机,并调节其转速达到同步发电机额定转速 1500 r/min,且转速保持恒定。

(2)开关 S_1 拨向"1"端,发电机 M08 带三相纯电阻负载运行。

(3)闭合同步电机励磁电源的船形开关,调节发电机励磁电流 I_f 和负载电阻 R_L,使同步发电机 M08 的端电压达额定值 220 V,且负载电流亦达额定值。

(4)保持这时的同步发电机励磁电流 I_f 恒定不变,调节负载电阻 R_L,测定同步发电机端电压和相应的平衡负载电流,直至负载电流减小到零,测出整条外特性。记录 7～8 组数据于表 4-42 中。

表 4-42　同步发电机外特性测定数据记录表

$n=n_N=1500$ r/min, $I_f=$　　A, $\cos\varphi=1$

序　号	1	2	3	4	5	6	7	8
U/V								
I/A								

5. 测同步发电机在纯电阻负载时的调整特性

(1)发电机接入三相负载电阻 R_L(S_1拨向"1"),并调节 R_L 至最大,按前述方法起动电机,并调节电机转速 1500 r/min,且保持恒定。

(2)闭合同步电机励磁电源船形开关,调节同步电机励磁电流 I_f,使发电机端电压达到额定值 $U_N=380$ V,且保持恒定。

(3)调节负载电阻 R_L 以改变负载电流,同时保持发电机端电压 220 V 不变。读取相应的励磁电流 I_f 和负载电流 I,测出调整特性曲线。测出 7~8 组数据记录于表 4-43 中。

表 4-43　同步发电机调整特性测定数据记录表

$U=U_N=380$ V,$n=n_N=1500$ r/min

序　号	1	2	3	4	5	6	7	8
I/A								
I_f/A								

4.4.1.5　实验报告

(1)根据实验数据绘出同步发电机的空载特性。

(2)根据实验数据绘出同步发电机短路特性。

(3)根据实验数据绘出同步发电机的外特性。

(4)根据实验数据绘出同步发电机的调整特性。

(5)由空载特性和短路特性求取电机定子漏抗 X_σ 和特性三角形。

(6)利用空载特性和短路特性确定同步电机的直轴同步电抗 X_d(不饱和值)。

(7)求短路比。

(8)由外特性实验数据求取电压调整率 $\Delta U\%$。

4.4.1.6　预习报告

(1)同步发电机在对称负载下有哪些基本特性?

(2)这些基本特性各在什么情况下测得?

(3)怎样用实验数据计算对称运行时的稳态参数?

4.4.1.7　思考题

(1)定子漏抗 X_σ 代表什么参数?它们的差别是怎样产生的?

(2)由空载特性和特性三角形用作图法求得的零功率因数的负载特性和实测特性是否有差别?造成这一差别的因素是什么?

4.4.2　三相同步发电机的并联运行实验

4.4.2.1　实验目的
(1)掌握三相同步发电机投入电网并联运行的条件与操作方法。
(2)掌握三相同步发电机并联运行时有功功率与无功功率的调节与计算方法。

4.4.2.2　实验内容
(1)用准同步法将三相同步发电机投入电网并联运行。
(2)用自同步法将三相同步发电机投入电网并联运行
(3)三相同步发电机与电网并联运行时有功功率的调节。
(4)三相同步发电机与电网并联运行时无功功率调节。
①测取当输出功率等于零时三相同步发电机的 V 形曲线。
②测取当输出功率等于 0.5 倍额定功率时三相同步发电机的 V 形曲线。

4.4.2.3　实验设备
(1)教学实验台电源控制屏；
(2)电机导轨及转速测量仪；
(3)交流表(NEEL001A,交流电压表、电流表、功率表、功率因数表)；
(4)可调电阻箱(NMEL-03/4)；
(5)直流电机电枢电源(NMEL-18/1)；
(6)直流电机励磁电源(NMEL-18/2)；
(7)同步发电机励磁电源(NMEL-18/3)；
(8)旋转指示灯及开关(NMEL-05B)；
(9)三相同步电机 M08；
(10)直流并励电机 M03。

4.4.2.4　实验原理与实验方法

1. 用准同步法将三相同步发电机投入电网并联运行
实验接线如图 4 - 27 所示。

三相同步发电机选用 M08。原动机选用直流并励电机 M03(作他励接法)。R 选用 NMEL-03/4 中的 90 Ω 电阻。开关 S$_1$、S$_2$ 选用 NMEL-05B。交流电压表的量程为 300 V,电流表的量程为 1 A,功率表的选择同电压表、电流表。同步电机励磁电源 NMEL-18/3 的钮子开关拨向同步电机。

工作原理:三相同步发电机与电网首联运行必须满足以下三个条件。
(1)发电机的频率和电网频率要相同,即 $f_{II} = f_I$;

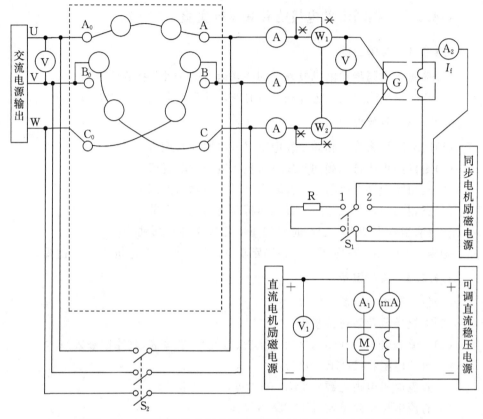

图 4-27　三相同步发电机并网实验接线图（MEL-Ⅰ、MEL-ⅡA）

（2）发电机 M08 和电网电压大小、相位要相同，即 $E_{oⅡ}=U_{Ⅰ}$；

（3）发电机 M08 和电网的相序要相同。

为了检查这些条件是否满足，可用电压表检查电压，用灯光旋转法检查相序和频率。

实验步骤：

（1）电源控制屏左侧的调压旋钮逆时针旋到零位，开关 S_2 断开，S_1 拨向"1"端，确定"可调直流稳压电源"和"直流电机励磁电源"船形开关均在断开位置，闭合绿色按钮主电源开关，调节电源控制屏左侧的调压旋钮，观察电压表，使交流输出电压达到同步发电机额定电压 $U_N=220$ V。

（2）直流电机电枢电源调至最小，励磁电源调至最大，先合上直流电机励磁电源船形开关，再合上直流电机电枢电源的船型开关，起动直流电机 M03，并调节电机转速为 1500 r/min。

（3）开关 S_1 拨向"2"端,接通同步电机励磁电源,调节同步电机励磁电流 I_f,使同步发电机发出额定电压 220 V。

（4）观察 NMEL-05B 上交替明暗的三组相灯。若形成旋转灯光,则表示发电机 M08 和电网相序相同;若三组相灯同时发亮、同时熄灭,则表示发电机和电网相序不同。当发电机 M08 和电网相序不同时,则应先停机,调换发电机 M08 或三相电源任意二根端线以改变相序,之后按前述方法重新起动电机即可。

（5）当发电机 M08 和电网相序相同时,调节同步发电机 M08 励磁电流 I_f,使同步发电机电压和电网电压相同。再细调直流电机励磁电源的电流调节旋钮,使各相灯光缓慢地轮流旋转发亮。

（6）待 A 相灯熄灭时闭合并网开关 S_2,把同步发电机投入电网并联运行。

（7）停机时应先断开并网开关 S_2,电源控制屏的调压旋钮逆时针旋到零位,并先断开直流电机电枢电源之后再断开直流电机励磁电源。

2. 三相同步发电机与电网并联运行时有功功率的调节

（1）按上述实验步骤的任意一种方法把同步发电机 M08 投入电网并联运行。

（2）并网以后,调节 M08 和同步电机的励磁电流 I_f,使同步发电机定子电流接近于零,这时相应的同步发电机励磁电流 $I_f = I_{fo}$。

（3）保持这一励磁电流 I_f 不变,调节直流电机的励磁电源为 0.85 A,这时同步发电机 M08 输出功率 P_2 增加,其中,$P_2 = P_{I} + P_{II}$,由功率表 Ⓦ 和 Ⓦ 读取。

（4）在同步发电机 M08 定子电流接近于零到额定电流的范围内读取三相电流、三相功率、功率因数,测取数据 6～7 组,记录于表 4-44 中。

表 4-44　有功功率调节测试数据记录表

$U = 220$ V (Y), $I_f = I_{fo} =$ 　　A

序号	测　　量　　值					计　算　值		
	输出电流 I/A			输出功率 P/W		I/A	P_2/W	$\cos\varphi$
	I_A	I_B	I_C	P_{I}	P_{II}			
1								
2								
3								
4								
5								
6								

表中
$$I=\frac{I_A+I_B+I_C}{3}, \quad P_2=P_I+P_{II}, \quad \cos\varphi=\frac{P_2}{\sqrt{3}UI}$$

3. 三相同步发电机与电网并联运行时无功功率的调节

(1)调节同步发电机的励磁电源的电流调节旋钮,测取当发电机 M08 输出功率等于零时三相同步发电机的 V 形曲线。

①按上述实验步骤的任意一种方法把同步发电机投入电网并联运行。

②保持同步发电机的输出功率 $P_2\approx0$。

③先调节同步发电机励磁电流 I_f,使 I_f 上升,发电机 M08 定子电流随着 I_f 的增加上升到额定电流,并调节直流电机电枢电源,保持 $P_2\approx0$。记录此点同步发电机励磁电流 I_f、定子电流 I。

④减小同步电机励磁电流 I_f,使定子电流 I 减小到最小值,记录此点数据。

⑤继续减小同步电机励磁电流,这时定子电流又将增加,直至额定电流。

⑥分别在过励和欠励情况下,测取数据 9~10 组,记录表 4-45 中。

表 4-45　输出功率等于零时 V 形曲线测试数据记录表

$n=1500$ r/min, $U=220$ V, $P_2\approx0$ W

序号	三　相　电　流 I/A				励磁电流 I_f/A
	I_A	I_B	I_C	I	
1					
2					
3					
4					
5					
6					
7					
8					
9					
10					

表中
$$I=\frac{I_A+I_B+I_C}{3}$$

(2)测取当输出功率等于 0.5 倍额定功率时三相同步发电机的 V 形曲线。

①按上述实验步骤的任意一种方法把同步发电机投入电网并联运行。

②保持同步发电机的输出功率 P_2 等于 0.5 倍额定功率。

③先调节同步发电机励磁电流 I_f，使 I_f 上升，发电机定子电流随着 I_f 的增加上升到额定电流。记录此点同步发电机励磁电流 I_f、定子电流 I。

④减小同步电机励磁电流 I_f，使定子电流 I 减小到最小值，记录此点数据。

⑤继续减小同步电机励磁电流，这时定子电流又将增加，直至额定电流。

⑥分别在过励和欠励情况下，读取数据 9～10 组并记录于表 4－46 中。

表 4－46　输出功率等于 0.5 倍额定功率时 V 形曲线测试数据记录表

$n = 1500$ r/min，$U = 220$ V，$P_2 \approx 0.5 P_N$

序号	测量值 / A				计算值	
	I_A	I_B	I_C	I_f	I/A	$\cos\varphi$
1						
2						
3						
4						
5						
6						
7						
8						
9						
10						

表中
$$I = \frac{I_A + I_B + I_C}{3}, \quad \cos\varphi = \frac{P_2}{\sqrt{3}UI}$$

4.4.2.5　实验报告

(1)分析准确同步法和自同步法的优缺点。

(2)试述并联运行条件不满足时并网将引起什么后果？

(3)试述三相同步发电机和电网并联运行时有功功率和无功功率的调节方法。

(4)画出 $P_2 \approx 0$ 和 P_2 为 0.5 倍额定功率时同步发电机的 V 形曲线，并加以说明。

4.4.2.6 预习报告

(1)三相同步发电机投入电网并联运行有哪些条件？不满足这些条件将产生什么后果？如何满足这些条件？

(2)三相同步发电机投入电网并联运行时怎样调节有功功率和无功功率？调节过程如何？

4.4.2.7 思考题

(1)自同步法将三相同步发电机投入电网并联运行时,先将同步发电机的励磁绕组串入10倍励磁绕组电阻值的附加电阻组成回路的作用是什么？

(2)自同步法将三相同步发电机投入电网并联运行时,先由原动机把同步发电机带动旋转到接近同步转速(1475～1525 r/min),然后并入电网,若转速太低并车将产生什么现象？

第5章 直流调速系统实验

5.1 晶闸管直流调速系统参数和环节特性测定

5.1.1 实验目的

(1)熟悉晶闸管直流调速系统的组成及基本原理。

(2)熟悉晶闸管直流调速系统各个环节的工作特性。

(3)掌握晶闸管直流调速系统参数及反馈环节测定方法。

5.1.2 实验内容

(1)测定晶闸管直流调速系统电枢回路电阻。

(2)测定晶闸管直流调速系统电枢回路电感。

(3)测定直流电机—直流发电机—测速发电机组的飞轮惯量 GD^2。

(4)测定晶闸管直流调速系统电枢回路电磁时间常数 T_d。

(5)测定直流电机电动势系数 C_e 和转矩常数 C_m。

(6)测定晶闸管直流调速系统机电时间常数 T_m。

(7)测定晶闸管触发及整流装置特性 $U_d = f(U_{ct})$。

(8)测定测速发电机特性 $U_{TG} = f(n)$。

5.1.3 实验设备

(1)电源控制屏(NMCL-32);

(2)触发电路和晶闸管主回路(NMCL-33);

(3)可调电阻(NMCL-03);

(4)电机导轨及测速发电机(或光电编码器);

(5)低压控制电路及仪表(NMCL-31);

(6)他励直流电机 M03;

(7)平波电抗器(NMCL-331);

(8)双踪示波器;

(9)万用表。

5.1.4 实验原理

晶闸管直流调速系统由三相隔离变压器、晶闸管整流调速装置、平波电抗器和电机—发电机组等组成。本实验中,主电路的整流装置为三相桥式电路,控制回路可直接由给定电压 U_g 作为触发器的移相控制电压 U_{ct},改变 U_g 的大小即可改变控制角,从而获得可调的直流电压和转速,以满足实验要求。

晶闸管调速:利用改变晶闸管的导通角,来实现加在单相异步电机上的交流电压的大小,从而达到调节电机转速的目的。这种方法能实现无级调速,缺点是会产生一些电磁干扰,目前常用于吊式风扇的调速上。

直流电机结构与工作原理:直流电机转速和其他参量之间的稳态关系可表示为

$$n = \frac{U - I_d R}{C_e \Phi} = \frac{U}{C_e \Phi} - \frac{R}{C_e \Phi} I_d = n_0 - \Delta n \qquad (5-1)$$

式中,n 为转速,U 为电枢电压,I_d 为电枢电流,R 为电枢回路总电阻,Φ 为励磁磁通,C_e 为电动势系数。

由此可知,调节直流电机的转速有三种方法:电枢回路电阻调速法、磁通调速法和电枢电压调速法。

5.1.5 实验方法

1. 电枢回路电阻的测定

电枢回路的总电阻 R 包括电机的电枢电阻 R_a、平波电抗器的直流电阻 R_L 和整流装置的内阻 R_n,即 $R = R_a + R_L + R_n$,可采用伏安比较法来测定,其实验线路如图 5-1 所示。

将可调电阻 R_D(可采用两只 600 Ω 电阻并联)接入被测系统的主电路,并调节 R_D 至最大(逆时针旋到底)。注意:测试时电机不加励磁,并使电机堵转。

NMCL-31 的给定逆时针调到底,使 $U_{ct} = 0$,调节 NMCL-33 的偏移电压电位器 U_b,使 $\alpha = 120°$(示波器上为 150°)。NMCL-32 的"三相交流电源"钮子开关拨向"直流调速"。转速计 TG 的电源置于"ON"。按图 5-1 接线完成后,注意连线远离电机,以防发生事故。推上空气开关,闭合主回路电源(按下主控制屏绿色闭合开关按钮),这时主控制屏 U、V、W 端有 220 V 的电压输出。

逐渐增加给定电压 U_g,使整流装置输出电压(正组晶闸管桥上下两端)$U_d =$ (30~70)%U_{ed}(U_{ed} 为 M03 电机的额定电压 220 V,U_d 可调为 110 V),保持给定电压 U_g 不变。然后,调节可调电阻 R_D 使电枢电流 I_d 为(80~90)%I_{ed}(I_{ed} 为 M03 电机的额定电流 1.1 A，I_d 可调为 0.8 A），分别读取电流表Ⓐ和电压表Ⓥ的数值为 I_1 和 U_1，则此时整流装置的理想空载电压为 $U_{d0}=I_1R+U_1$。然后，调节可调电阻 R_D，使电流表Ⓐ的读数为 40% I_{ed}（可约为 0.4 A），再次调节给定电位器 RP_1（可调电阻 R_D），使 U_{d0} 变为 U'_{d0}，并使 $U_{d0}=U'_{d0}$，读取电压表Ⓥ和电流表Ⓐ的数值，则有

$$U'_{d0}=I_2R+U_2$$

求解两式，可得电枢回路总电阻

$$R=(U_2-U_1)/(I_1-I_2)$$

另外，把电机电枢两端短接，重复上述实验，可得

$$R_L+R_n=(U'_2-U'_1)/(I'_1-I'_2)$$

则电机的电枢电阻为

$$R_a=R-(R_L+R_n)$$

同理，短接平波电抗器（NMCL-331）两端，也可测得平波电抗器 L 的直流电阻 R_L。注意：此时已经短接的电机电枢连线要取出。测试完成后切断主电路电源，取出平波电抗器上的短接线，给定电位器 RP_1、偏移电压 U_b 和可调电阻 R_D 分别复零位。

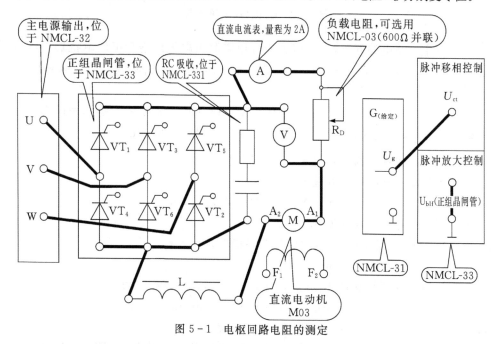

图 5-1　电枢回路电阻的测定

2. 电枢回路电感的测定

电枢回路总电感包括电机的电枢电感 L_a，平波电抗器电感 L_L（NMCL-331 的

电感 L)和整流变压器漏感 L_B。因 L_B 数值很小,可忽略,故电枢回路的等效总电感为

$$L=L_a+L_L$$

电机应加额定励磁,并使电机堵转。实验线路如图 5-2 所示,电感的数值可用交流伏安法测定,转速计 TG 置于"ON"。

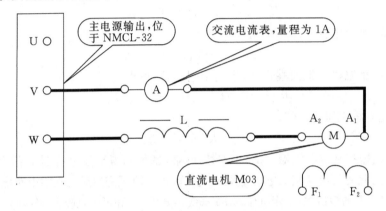

图 5-2　电枢回路电感的测定

按下主电路电源开关,用电压表或万用表测出电枢两端和平波电抗器上的电压值 U_a 和 U_L,用电流表测试通入交流电压后的电流 I,从而可得到交流阻抗 Z_a 和 Z_L,计算出电感值 L_a 和 L_L。

注意:实验时交流电流的有效值应小于电机直流电流的额定值,$Z_a=U_a/I$,$Z_L=U_L/I$,$L_a=Z_a/2\pi f$,$L_L=Z_L/2\pi f$。测试完成后切断主回路电源。

3. 直流电机转子的飞轮惯量 GD^2 的测定

电力拖动系统的运动方程式为

$$M-M_L=(GD^2/375)\times dn/dt$$

式中　　M——电机的电磁转矩,N·m

　　　　M_L——负载转矩,空载时即为空载转矩 M_K,N·m;

　　　　n——电机转速,r/min。

突然切断主电路电源,电机空载自由停车时,运动方程式为

$$M_K=(-GD^2/375)\times dn/dt$$

故　　　　　　　　　$$GD^2=375M_K/|dn/dt|$$

式中,GD^2 的单位为 N·m^2;M_K 可由空载功率 P_K(单位为 W)求出:$M_K=9.55P_K/n$,$P_K=U_aI_K-I_K^2R$,I_K 为空载电流,R 为电枢回路总电阻,dn/dt 可由自由停车时所得曲线 $n=f(t)$ 求得。

电机 M03 加额定励磁。按实验线路图 5 - 3 连线。NMCL-31 的给定电位器 RP₁ 逆时针调到底,使 $U_{ct}=0$。

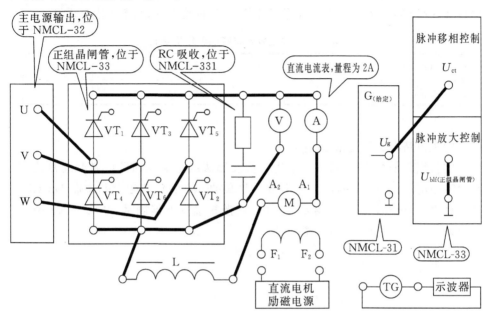

图 5 - 3　飞轮惯量 GD^2 的测定和系统机电时间常数 T_m 的测定

按下主电路电源,转速计 TG 的转速输出端与示波器相连,TG 置于"ON"的状态。调节给定电压 U_g,将电机空载起动至稳定转速后(例如 1000 r/min),测取电枢电压 U_a 和电流 I_k(U_a 可由万用表测出,I_K 由电流表读取),然后突然断开给定(拨下 S_2),用慢扫描示波器记录曲线,即可求取某一转速时的 M_K 和 dn/dt。由于空载转矩不是常数,以转速 n 为基准选择若干个点(如 1500 r/min、1000 r/min),测出相应的 M_K 和 dn/dt,以求取 GD^2 的平均值。将测试数据记入表 5 - 1 中。切断主电路电源,给定电位器 RP_1 逆时针旋到底,推上 S_2。

表 5 - 1　飞轮惯量 GD^2 的测定记录表

$n/(r \cdot min^{-1})$	U_a/V	I_K/A	dn/dt	P_K/W	$M_K/(N \cdot m)$	$GD^2/(N \cdot m^2)$
1500						
1000						

4. 测速发电机特性 $U_{TG}=f(n)$ 的测定

实验线路如图 5 - 3 所示。

电机加额定励磁。调节 NMCL-33 的偏移电压 U_b,使 $U_b=0$(U_b 逆时针旋到底）。调节给定电压 U_g，使 $U_{ct}=0$。闭合主电路电源，给定电压 U_g 从零开始逐渐增加，分别读取转速计对应的 U_{TG} 和 n 的数值若干组，并记入表 5-2 中，即可描绘出特性曲线 $U_{TG}=f(n)$。给定电位器 RP_1 逆时针旋到底，切断主电路电源。

表 5-2　测速发电机特性测定记录表

$n/(\mathrm{r/min})$					
U_{TG}/V					

5. 主电路电磁时间常数 T_d 的测定

实验线路如图 5-4 所示。采用电流波形法测定电枢回路电磁时间常数 T_d，此时不使用 NMCL-03 的可调电阻 R_D（并联的 600 Ω），实际上是串联 NMCL-03 的 2 Ω 电阻，电枢回路突加给定电压时，用慢扫描示波器测量 NMCL-03 中 2 Ω 电阻两端，可得电流 i_d 按指数规律上升：

$$i_d=I_d(1-e^{-t/T_d})$$

当 $t=T_d$ 时，有

$$i_d=I_d(1-e^{-1})=0.632I_d$$

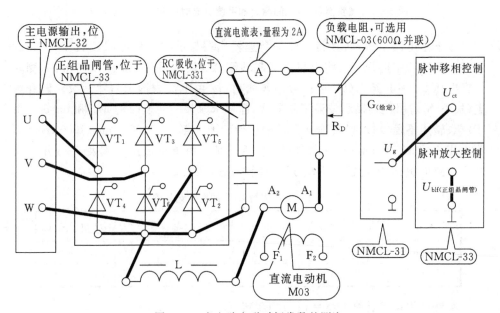

图 5-4　主电路电磁时间常数的测定

电机不加励磁,使电机堵转。确认 NMCL-31 的给定电位器 RP_1 逆时针调到底,使 $U_{ct}=0$。按下主电路电源。调节给定电压 U_g 增大 U_{ct},监视电流表的读数,使电机电枢电流 I_d 为 $(50\sim90)\%I_{ed}$(可为 0.6 A)。保持 U_{ct} 不变,断开主回路电源,然后突然合上主电路开关,用慢扫描数字示波器测试 $i_d=f(t)$ 的波形,由波形图上测量当电流上升至 63.2% 稳定值时的时间,即为电枢回路的电磁时间常数 T_d。切断主电路电源,给定电位器 RP_1 逆时针旋到底。

6. 电机电动势系数 C_e 和转矩常数 C_m 的测定

按图 5-4 接线,电机 M03 加额定励磁。断开 NMCL-03 中 $2\ \Omega$ 的电阻,重新串联 NMCL-03 的可调电阻 R_D(两 $600\ \Omega$ 并联)。调节给定电压 U_g,使 $U_{ct}=0$,闭合主电路电源。发电机空载运行(发电机 M01 不接励磁),调节给定电压 U_g 使电机 M03 运行稳定后(例如 1000 r/min、1400r/min),通过调节 NMCL-03 中的可调电阻 R_D 改变电枢电压 U_a,测得相应的 n(可为 1000 r/min、1400 r/min),则可由下式算出 C_e:

$$C_e=K_e\Phi=(U_{a2}-U_{a1})/(n_2-n_1)$$

C_e 的单位为 V/(r/min)。转矩常数(额定磁通时)C_m 的单位为 N·m/A,可由 C_e 求出:$C_m=9.55C_e$。测试完成后切断主电路电源,给定电位器 RP_1 和可调电阻 R_D 分别逆时针旋到底。

7. 系统机电时间常数 T_m 的测定

系统的机电时间常数可由下式计算:

$$T_m=(GD^2\times R)/375C_eC_m$$

由于 $T_m\gg T_d$,可以近似地把系统看成是一阶惯性环节,即

$$n=K/[(1+T_ms)U_a]。$$

通过给定为电枢突加电压,转速 n 将按指数规律上升,当 n 到达 63.2% 稳态值时,所经过的时间即为拖动系统的机电时间常数。

按图 5-3 接线,注意测试时电枢回路中不需要串联 NMCL-03 的可调电阻(即 $600\ \Omega$ 和 $2\ \Omega$ 的电阻)。

电机 M03 加额定励磁。NMCL-31 的给定电位器 RP_1 逆时针调到底,使 $U_{ct}=0$。按下主电路电源开关,调节给定电压 U_g,使 U_{ct} 增加。电机空载起动至稳定转速 1000 r/min。然后保持 U_{ct} 不变,突然断开主电路电源,待电机完全停止后,突然合上主电路电源,给电枢突加电压,用慢扫描数字示波器记录转速 n 的过渡过程曲线,即可由此曲线确定拖动系统机电时间常数 T_m。切断主电路电源,给定电位器 RP_1 和可调电阻 R_D 逆时针旋到底。

5.1.6　注意事项

(1)由于实验时装置处于开环状态,电流和电压可能有波动,可取平均读数。

(2)为防止电枢过大电流冲击,每次增加 U_g 须缓慢,且每次起动电机前给定电位器应调回零位,以防过流。

(3)电机堵转时,大电流测量的时间要短,以防电机过热。

5.1.7　实验报告

(1)作出实验所得的所有曲线,计算有关参数。

(2)由变换器放大系数 $K_s = f(U_{ct})$ 特性,分析晶闸管装置的非线性现象。

(3)给出实验步骤 1~7 的实验结果,并作相应的分析。

5.1.8　预习报告

(1)晶闸管直流调速系统的组成及其基本原理。

(2)晶闸管直流调速系统的各个环节的工作特性。

(3)晶闸管直流调速系统参数及环节测定方法。

5.1.9　思考题

(1)在进行飞轮惯量 GD^2 的测定时,若自由停车时所得曲线 $n = f(t)$ 为一条曲线,此时如何确定 dn/dt?

5.2　晶闸管直流调速系统主要控制单元调试

5.2.1　实验目的

(1)熟悉直流调速系统主要控制单元的工作原理及调速系统的基本要求。

(2)掌握直流调速系统主要控制单元的调试方法和步骤。

5.2.2　实验内容

(1)调节器(ASR,ACR)的调试。

(2)电平检测器(DPT,DPZ)的调试。

(3)反号器的调试。

(4)逻辑控制器(DLC)的调试。

5.2.3　实验设备

(1)电源控制屏(NMCL-32);

(2)低压控制电路及仪表(NMCL-31);

(3)直流调速控制单元(NMCL-18);

(4)双踪示波器;

(5)万用表。

5.2.4　实验原理

实验原理与连线如图 5-5 和图 5-6 所示。推上空气开关,不需要闭合主电路电源。每项调试完成之后,给定电位器 RP_1 和 RP_2 都需逆时针旋到底,给定钮子开关(S_1,S_2)推向上方。

5.2.5　实验方法

1. 速度调节器(ASR)的调试

按图 5-5 接线,DZS(零速封锁器)的扭子开关 S 拨向"解除"位置。

1)调节 ASR 中"3"端的输出正、负电压限幅值

"5"、"6"端接入可调电容,一般可接 7 μF,使 ASR 调节器为 PI 调节器,加入一定的输入电压(可为 1 V,由 NMCL-31 的给定电压 U_g 提供,以下同),调节 ASR 的正、负限幅电位器 RP_1、RP_2,使"3"端的输出电压值等于 5 V(正给定1V 时,调 ASR 的 RP_2 到 -5 V;负给定 1 V 时,调 ASR 的 RP1 到 $+5$ V)。调试完成后,需要将正负给定电位器 RP_1 和 RP_2 逆时针旋到底,给定的钮子开关 S_1 拨向上方。

2)测定 ASR 作为 P 调节器时的输入-输出特性

首先将反馈网络中的电容短接("5"、"6"端短接),使 ASR 调节器为 P 调节器。通过正(或负)给定向 ASR 调节器输入端("2"端)逐渐加入正(或负)电压,分别测出相应的输出电压("3"端),直至输出达到限幅值,并画出曲线(比例系数曲线,即 P 调节器的比例系数)。

注意:若 ASR 的输入端"2"和输出端"3"的调节范围很小,可调节 ASR 的 RP_4(比例系数电位器-微调),若还不能使输出端"3"调至限幅值,可通过调节 RP_3(比例系数电位器)。另外,给定的电压和"3"端输出电压的调节范围较窄,尽量使用万用表。

3)测试 ASR 作为 PI 调节器时的输入-输出特性

取出"5"、"6"端短接线,接入 7 μF 的电容,给定调至 1V 后,突加或突减给定

电压(利用钮子开关 S_2),用慢扫描示波器测试输出电压("3"端)的变化规律。另外,再改变调节器 RP_4(RP_3)的放大倍数及反馈电容("5"与"6"端),测试输出电压的变化情况。反馈电容由 NMCL-18 底端的外接电容改变数值(若电容放电时间过长,可尝试接入 $0.3\ \mu F$)。

2. 速度调节器的反号器(AR)调试

按图 5-5 接线。测定 ASR 的"3"和"9"端,"3"端为 +5V,则"9"端为 -5V,反之亦然。

3. 电流调节器(ACR)的调试

按图 5-5 接线。

1)调整 ACR 的输出正负电压限幅值

与 ASR 的调节方法相同,"9"、"10"端接可调电容,一般可接入 $7\ \mu F$,使 ACR 调节器为 PI 调节器。注意 ACR 的输入端为"3"端,输出端为"7"端。调节完成后将正负给定位器 RP_1 和 RP_2 逆时针旋到底,钮子开关 S_1 拨向上方。

2)测定 ACR 作为 P 调节器时的输入输出特性

首先将反馈网络中的电容短接("9"、"10"端短接),"3"端为输入端,使 ACR 调节器为 P 调节器。通过正(负)给定向 ACR 调节器输入端("3"端)逐渐加入正(负)电压 1 V,测出相应的输出电压("7"端),直至输入给定使输出端达到限幅值 -5 V(+5 V),并画出曲线(比例系数曲线)。

注意:若 ACR 的输入端"3"和输出端"7"的调节范围很小,可调节 ACR 的 RP_4(比例系数电位器),若还不能使输出端"7"调至限幅值,可通过调节 RP_3(比例系数电位器)。另外,给定的电压和"7"端输出电压的调节范围较窄,尽量使用万用表。

3)测定 ACR 作为 PI 调节器时的输入输出特性

取出"9"、"10"端短接线,接入 $7\ \mu F$ 的电容,给定调至 1 V 后,突加给定电压(利用钮子开关 S_2),用慢扫描示波器测定输出电压("7"端)的变化规律。另外,再改变 ACR 调节器放大倍数(调节 RP_4)及反馈电容 C_B,测定输出电压的变化情况。反馈电容由 NMCL-18 底端外接电容改变数值。(注:若电容放电时间过长,可尝试接入 $0.37\ \mu F$。)

4. 电平检测器的调试

按实验图 5-6 连线。推上空气开关,此时不需要闭合主电路电源。

(1)调节转矩极性鉴别器(DPT)的环宽,调节 DPT 电位器 RP 寻找输出端"2"的高低电平跳变点,要求环宽为 $0.4 \sim 0.6$ V,使环宽对称于纵坐标。基本原理请参考本书 225~227 页。

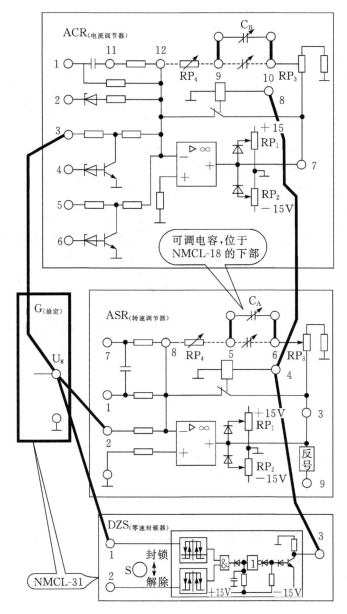

图 5-5 速度调节器和电流调节器的调试接线图

具体方法：

①调节给定电压 U_g，使 DPT 的"1"脚得到约 0.3 V 电压,此时"2"端为低电平,调节 DPT 的电位器 RP,使"2"端从"1"变为"0"(即从高电平 13.5 V 跳变为低

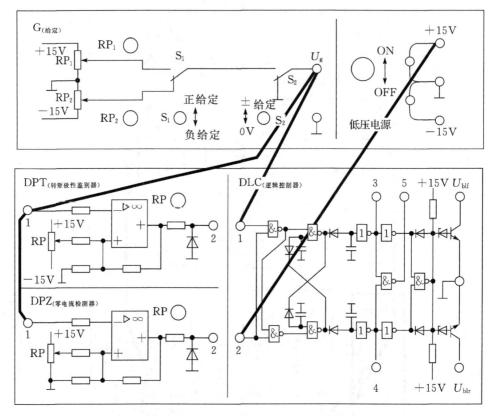

图 5-6　DPT、DPZ、DLC 的调试接线图

电平－0.65 V)。此时 DPT 的电位器 RP 尽量保持不变。

　　②给定的钮子开关 S_1 拨向下方,此时"2"端为低电平,调节负给定电压 U_g,从 0 V 起调。当 DPT 的"2"端从"0"变为"1"时(即从低电平－0.65 V 变为高电平 13.5 V),检测 DPT 的"1"端应为－0.3 V 左右。否则应再微调 DPT 的电位器 RP,重复①和②,并使"2"端电平从"0"变为"1"时,"1"端电压约为－0.3 V。(注: 若 0.3 V 无法调节环宽,可适当放宽到 0.33～0.35 V。)

　　(2)调节零电流检测器(DPZ)的环宽,调节 DPZ 的电位器 RP 寻找输出端"2"的高低电平跳变点,要求环宽为 0.4～0.6 V,回环向纵坐标右侧偏离 0.1～0.2 V。

　　与 DPT 的调节方法相同,DPZ 调节的具体方法:

　　①调节给定电压 U_g,使 DPZ 的"1"端为 0.7 V 左右,此时"2"端为低电平,调节 DPZ 电位器 RP,使"2"端输出从"1"变为"0"(即从高电平 13.5 V 跳变为低电平 －0.65 V)。

　　②减小给定,当"2"端电压从"0"变为"1"(即从低电平－0.65 V 跳变为高电

平 13.5 V)时,"1"端电压应该在 0.1~0.2 V 范围内。否则应再微调 DPZ 的电位器 RP,重复①和②,直至"1"端电压落到 0.1~0.2 V 范围内。

注意:DPZ 的调试只需调节正给定电位器 RP_1,无需调节负给定电位器 RP_2。

5. 逻辑控制器(DLC)的调试

按图 5 - 6 连线。测试逻辑功能,列出真值表,真值表应符合表 5 - 3。

表 5 - 3　真值表

输入	$U_M = $"1"	1	1	0	0	0	1
	$U_I = $"2"	1	0	0	1	0	0
输出	$U_Z(U_{blf})$	0	0	0	1	1	1
	$U_F(U_{blr})$	1	1	1	0	0	0

调试时的阶跃信号可从给定的钮子开关 S_2 得到。

调试方法:

①给定电位器 RP_1 顺时针旋转到底,U_g 输出约为 12 V 时代表 DLC 的"1"端为高电平。给定的钮子开关 S_2 拨向下方,则代表 DLC 的"1"端为低电平。

②NMCL - 31 右上角的"低压电源"模块置于"ON",则加到 DLC 的"2"端上的"+15 V"电压代表高电平输入,把"低压电源"的"+15 V"与 DLC 的"2"端连线断开时代表低电平输入,此时 U_{blf}、U_{blr} 的输出应为高低电平变化,逻辑关系如表 5 - 3 所示。另外,按图 5 - 6 连线,使 DLC 的"1"和"2"端为高电平,用示波器测试 DLC 的"5",突加给定应出现脉冲(利用 NMCL - 31 的给定钮子开关 S_2 突加给定),用万用表测量"3"与"U_{blf}"、"4"与"U_{blr}"具有相等电位。

③把 NMCL - 31 的低压电源"+15V"与 DLC 的"2"连线断开,DLC 的"2"接地,此时即使上下拨动给定的钮子开关 S_2,U_{blr}、U_{blf} 输出无变化,结合 228 页的图 5 - 16分析 DLC 的基本原理。

5.2.6　实验报告

(1)画出各控制单元的调试连线图。

(2)简述各控制单元的调试要点。

(3)根据实验记录数据进行分析。

5.2.7　预习报告

(1)学习直流调速系统主要控制单元的组成与工作原理。

(2)掌握直流调速系统主要控制单元的调试方法。

5.2.8　思考题

(1)简述 ASR、ACR 电路的工作原理。
(2)转矩极性鉴别器 DPT 所起的作用是什么?
(3)零电流检测器 DPZ 所起的作用是什么?
(4)什么是 DPT 或 DPZ 的环宽?

5.3　不可逆单闭环直流调速系统静特性的研究

5.3.1　实验目的

(1)掌握晶闸管直流电机调速系统在闭环反馈控制下的工作特性。
(2)掌握直流调速系统中速度调节器 ASR 的工作特点及对系统静特性的影响。
(3)熟悉电流截止负反馈环节的整定方法。
(4)熟悉闭环反馈控制系统的调试技术。

5.3.2　实验内容

(1)移相触发电路的调试。
(2)测取调速系统在无转速负反馈时的开环机械特性。
(3)测取调速系统带转速负反馈时的有静差闭环静特性。
(4)测取调速系统带转速负反馈时的无静差闭环静特性。

5.3.3　实验设备

(1)低压控制电路及仪表(NMCL - 31);
(2)电源控制屏(NMCL - 32);
(3)触发电路和晶闸管主回路(NMCL - 33);
(4)可调电阻(NMCL - 03);
(5)直流调速控制单元(NMCL - 18);
(6)电机导轨及测速发电机(或光电编码器);
(7)直流发电机 M01;
(8)直流电机 M03;
(9)双踪示波器;

(10)万用表。

5.3.4　实验原理

不可逆单闭环直流调速系统的实验原理如图 5-7 所示。

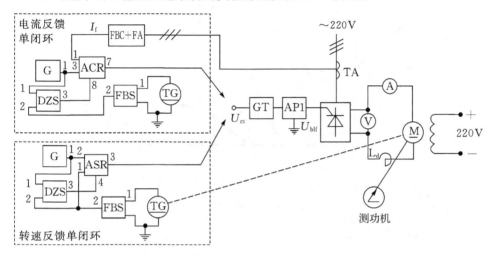

图 5-7　不可逆单闭环直流调速系统原理图

为了提高直流调速系统的动态、静态性能指标,可以采用闭环调速系统。在转速反馈的单闭环直流调速系统中,将反映转速变化的测速发电机电压信号经速度变换器 FBS 后接至速度调节器 ASR 的输入端,与负给定电压 U_g 相比较,速度调节器 ASR 的输出用来控制晶闸管整流桥的触发装置 GT,从而构成闭环系统。将电流互感器 TA 检测出的电压信号作为反馈信号,系统为电流反馈的单闭环直流调速系统。

5.3.5　实验方法

1. 移相触发电路的检测

推上电源控制屏 NMCL - 32 中的空气开关,绿色按钮主电源暂不闭合,图 5-8所示的主回路和图 5-9 所示的控制回路暂不接线。

(1)用示波器测试 NMCL - 33 中脉冲观察及通断控制模块的双脉冲观察孔,其中相邻的观察孔之间应该具有双窄脉冲,且间隔均匀,幅值相同(约为 10 V),相位差为 60°。

(2)NMCL - 33 中脉冲观察及通断控制模块的 6 个琴键开关置于"脉冲通"的状态,将 NMCL - 33 中脉冲放大电路控制模块的 U_{blf} 端与其"地"端短接,检测正组

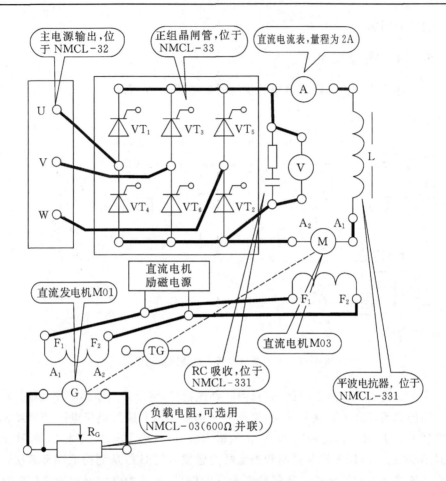

图 5-8　不可逆单闭环直流调速系统主回路

晶闸管桥的触发脉冲是否正常,正常情况时晶闸管控制极和阴极之间应该具有幅值为 1.0~2.0 V 的双脉冲。

（3）同理,检测反组晶闸管桥的触发脉冲是否正常时,需要将 U_{blf} 端与其"地"端的短接线断开,同时将 U_{blr} 端与其"地"端短接。

（4）NMCL-31 中给定模块 G 的给定电压 U_g 直接与 NMCL-33 中脉冲移相控制模块的 U_{ct} 连接,NMCL-31 中的给定电位器 RP_1 逆时针旋到零,使得 $U_{ct}=0$。

（5）用示波器测试 NMCL-33 中同步电压观察模块的三相电源 U、V、W 的一个观察孔（如"U"孔）,测取一个正弦电压信号,同时用示波器从脉冲观察及通断控制模块的双脉冲观察孔（如"1"孔）处测取一个双窄脉冲信号,这样便可以测量晶闸管的触发角即脉冲移相。然后,调节 NMCL-33 中脉冲移相控制模块的偏移电压 U_b,使得晶闸管的触发角 $\alpha=180°$,此时双脉冲观察孔"1"端的双窄脉冲左侧脉冲

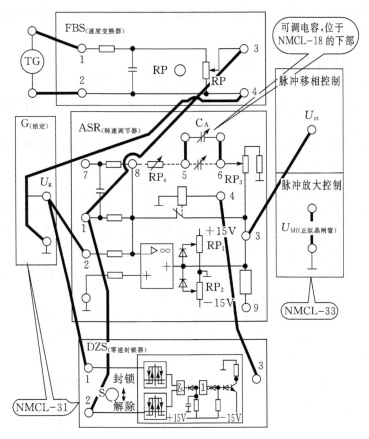

图 5-9 不可逆单闭环直流调速系统控制回路

的左边缘与电压信号观察孔的"U"端的正弦信号的 180°正好相交。

2. 控制单元 ASR 的调试

不可逆单闭环直流调速系统的主回路和控制回路按图 5-8 和图 5-9 接线, 注意此时空气开关置于"ON"状态且不闭合主回路电源。DZS(零速封锁器)的钮子开关 S 拨向"解除"位置。ASR 的"3"端输出正、负电压限幅值的调试方法如下所述:

"5"、"6"端接可调电容, 一般可接 7 μF, 使 ASR 调节器为 PI 调节器。首先, 将 ASR 的 4 个电位器 RP_1、RP_2、RP_3、RP_4 逆时针旋到底, 此时 ASR 的输入端"2"孔需要加入一定的输入电压(可为 1 V, 由 NMCL-31 的给定电压 U_g 提供, 以下同)。调整 ASR 正、负限幅电位器 RP_1、RP_2, 使输出端"3"孔的输出限幅电压等于 5 V(正给定 1 V 时, 调 ASR 的 RP_2 到 −5 V;负给定 1 V 时, 调 ASR 的 RP_1 到

$+5$ V)。最后,将 NMCL-31 中的正负给定电位器 RP_1 和 RP_2 逆时针旋到零,给定的钮子开关 S_1、S_2 拨向上方。

3. 无转速负反馈的开环调速系统机械特性测试

首先需要对所有实验挂箱进行初始化处理,包括:NMCL-33 中的 U_b 逆时针旋到零,NMCL-03 的限流电阻 R_G 逆时针旋到底。其中,限流电阻 R_G 为两个 600Ω 电阻并联。

(1)在控制回路中,断开 ASR 的"3"端与 NMCL-33 中脉冲移相控制模块的 U_{ct} 的连接,给定电压 U_g 直接加至 U_{ct},从而形成开环调速系统。

(2)NMCL-32 中"三相交流电源输出电压选择"开关拨向"直流调速",电机导轨中的转速计 GT 置于"ON"。断开主回路中发电机 M01 上的励磁电源和限流电阻 R_G,使得电机 M03 成为空载状态。闭合电源控制屏的绿色按钮开关,此时三相电源 U、V、W 应该有 220 V 的电压输出。

(3)调节 NMCL-31 中的给定电压 U_g,使直流电机 M03 空载运行到转速 $n=1500$ r/min,然后直流发电机 M01 接入励磁电源和限流电阻 R_G,在电机 M03 从空载运行至最大额定负载的范围内测取 3～5 点(可调节限流电阻 R_G 改变负载大小),分别测试并记录整流装置输出电压 U_d、输出电流 I_d 以及电机 M03 的转速 n,同时将结果记入表 5-4。

表 5-4　无转速负反馈的开环调速系统机械特性测试表

I_d/A						
U_d/V						
n/(r/min)						

测试完成后,实验挂箱复位到初始状态,即给定电位器 RP_1 和 RP_2 逆时针旋到零,限流电阻 R_G 逆时针旋到底,偏压电压 U_b 左旋到零,断开电源控制屏 NMCL-32 中的绿色按钮开关,使主回路电源断开。

4. 带转速负反馈有静差的单闭环调速系统静特性测试

(1)在控制回路中,断开给定电压 U_g 和 U_{ct} 的连接线,ASR 的输出"3"端接至 U_{ct},把 ASR 的"5"、"6"端短接,形成具有 P 调节器的单闭环调速系统。

(2)NMCL-31 的速度变换器 FBS 模块的电位器 RP 逆时针旋到底,NMCL-31 的零速封锁器 DZS 模块的钮子开关 S 拨向"封锁"位置。

(3)发电机 M01 不接励磁电源和限流电阻 R_G,电机 M03 处于空载状态,然后闭合电源控制屏的绿色按钮开关,使得主回路上电。

(4)给定 G 的钮子开关 S_1 拨向下方,调节负给定电压 U_g(U_{ct} 为正电压工作,故 ASR 的输入"2"端需要负电压),使得电机 M03 空载起动并运行到转速 $n=1500$ r/min。

注意:若电机 M03 运行稳定性不理想,需要调节 ASR 的反馈电位器 RP_4(细调节器),若调节 RP_4 之后电机运行稳定性仍不理想,则可调节 RP_3(粗调节器),使得电机稳定运行。另外,适当调节速度变换器 FBS 模块的电位器 RP,也可改善电机运行的稳定性,例如可使电机转速可调范围加大,电机更加平稳地起动。当略加给定电压 U_g 时,电机 M03 便迅速达到或接近额定转速,则可以调节速度变换器 FBS 模块的电位器 RP,使调速范围加宽;FBS 的"1"、"2"端接错,对调即可。

(5)调节直流发电机 M01 的限流电阻 R_G,从电机 M03 空载至额定负载范围内测取 3~5 点,测试并记录整流装置的输出 U_d、I_d 和电机 M03 的转速 n,最后将测试数据填入表 5-5 中。

表 5-5　带转速负反馈有静差的单闭环调速系统静特性测试表

I_d/A							
U_d/V							
$n/(r/min)$							

测试完成后,给定电位器 RP_1 和 RP_2 逆时针旋到零,限流电阻 R_G 逆时针旋到底,偏移电压 U_b 逆时针旋到零,断开电源控制屏的绿色按钮开关。

5. 带转速负反馈无静差的单闭环调速系统静特性测试

(1)断开 ASR 的"5"、"6"短接线,ASR 的"5"、"6"端接可调电容,预置 7 μF,使 ASR 成为 PI(比例-积分)调节器,形成具有 PI 调节器的单闭环调速系统。

(2)ASR 的电位器 RP_3 和 RP_4 逆时针旋到底,NMCL-31 的速度变换器 FBS 模块的电位器 RP 逆时针旋到底,NMCL-31 的零速封锁器 DZS 模块的钮子开关 S 拨向"封锁"位置。

(3)发电机 M01 不接励磁电源和限流电阻 R_G,电机 M03 处于空载状态,然后闭合电源控制屏的绿色按钮开关,使得主回路上电。

(4)给定 G 的钮子开关 S_1 拨向下方,调节负给定电压 U_g,使得电机 M03 空载起动并运行到转速 $n=1500$ r/min。电机运行特性调节与前述方法相同。

(5)调节直流发电机 M01 的限流电阻 R_G,从电机 M03 空载至额定负载范围内测取 3~5 点,测试并记录整流装置的输出电压 U_d、I_d 和电机 M03 的转速 n,最后将测试数据填入表 5-6 中。

表 5 - 6　带转速负反馈无静差的单闭环调速系统静特性测试表

I_d/A						
U_d/V						
$n/(r/min)$						

测试完成后,给定电位器 RP$_1$ 和 RP$_2$ 逆时针旋到零,限流电阻 R$_G$ 逆时针旋到底,偏移电压 U_b 左旋到零,断开电源控制屏的绿色按钮开关。

5.3.6　注意事项

(1)直流电机工作前,必须先加上直流励磁。

(2)接入 ASR 构成转速负反馈时,为了防止振荡,可预先把 ASR 的 RP$_3$ 电位器逆时针旋到底,使调节器放大倍数最小,同时,ASR 的"5"、"6"端接入可调电容(预置 7 μF)。

(3)测取静特性时,须注意主电路电流不允许超过电机的额定值(1.0 A)。

(4)三相主电源连线时需注意,不可接错相序。

(5)系统开环连接时,不允许突加给定电压信号 U_g 起动电机。

(6)改变接线时,必须先断开电源控制屏的绿色按钮(按下红色按钮开关,切断主电源),同时 NMCL-31 的给定电位器 RP$_1$ 和 RP$_2$ 逆时针旋到零。

5.3.7　预习报告

(1)速度调节器 ASR 在比例工作与比例-积分工作时的输入-输出特性。

(2)不可逆单闭环直流调速系统的组成与工作原理。

5.3.8　实验报告

(1)绘制并分析实验所得的开环调速系统的机械特性。

(2)绘制实验所得的闭环调速系统静特性曲线,并进行分析、比较。

5.3.9　思考题

(1)系统在开环、有静差闭环和无静差闭环工作时,速度调节器 ASR 各工作在什么状态? 实验时应如何接线?

(2)要得到相同的空载转速 n_0,亦即要得到的整流装置输出电压 U_d 相等,对于有反馈与无反馈调速系统,哪种情况下给定电压要大些,为什么?

(3) 在有转速负反馈的调速系统中,为得到相同的空载转速 n_0,转速反馈的强

度对 U_g 有什么影响,为什么?

(4)如何确定转速反馈的极性并把转速反馈正确地接入系统中? 如何调节转速反馈的强度,在线路中调节什么元件能实现?

5.4　双闭环晶闸管不可逆直流调速系统

5.4.1　实验目的

(1)掌握双闭环不可逆直流调速系统的主回路和控制回路的工作原理。

(2)熟悉双闭环不可逆直流调速系统的参数化及其整定方法。

(3)掌握双闭环不可逆直流调速系统的调试方法和调试步骤。

5.4.2　实验内容

(1)各控制单元的调试。

(2)测定电流反馈系数。

(3)测定开环机械特性及闭环静特性。

(4)闭环控制特性的测定。

(5)测试并记录系统动态波形。

5.4.3　实验设备

(1) 电源控制屏(NMCL-32);

(2) 低压电路控制及仪表(NMCL-31);

(3) 触发电路和晶闸管主回路(NMCL-33);

(4) 平波电抗器(NMCL-331);

(5) 可调电阻(NMCL-03);

(6) 直流调速控制单元(NMCL-18);

(7) 电机导轨及测速发电机(或光电编码器);

(8) 直流发电机 M01;

(9) 直流电机 M03;

(10) 双踪示波器;

(11) 万用表。

5.4.4　实验原理

双闭环晶闸管不可逆直流调速系统由电流和转速两个调节器综合调节。因调速系统调节的主要量为转速,故转速环作为主环放在外面,电流环作为副环放在里面,这样可抑制电网电压波动对转速的影响。实验系统的主回路如图 5 - 10 所示,控制回路如图 5 - 11 所示。

系统工作时,先给电机加励磁,改变给定电压 U_g 的大小即可方便地改变电机的转速。ASR、ACR 均为限幅环节。ASR 的输出作为 ACR 的输入,利用 ASR 的输出限幅可达到限制起动电流的目的;ACR 的输出作为移相触发电路的控制电压,利用 ACR 的输出限幅可达到限制 $\alpha_{\min}$ 和 $\beta_{\min}$ 的目的。

在加入给定电压 U_g 后,ASR 立即饱和输出,使电机以限定的最大起动电流加速起动,直到电机转速达到给定转速(即 $U_g = U_{fn}$),当出现超调时,ASR 退出饱和,最后稳定运行在略低于额定转速的数值上。

5.4.5 实验方法

1. 晶闸管工作状态的检测

图 5 - 10 接线之前,推上空气开关,主电源暂不上电,检查晶闸管对触发脉冲的响应是否正常。

(1)用示波器测试 NMCL - 33 中脉冲观察及通断控制的双脉冲,应有间隔均匀、幅度相同的双脉冲。

(2)检查相序,用示波器测试"1"、"2"孔的脉冲,"1"孔脉冲超前"2"孔脉冲 60°,则相序正确,否则,应调整三相输入电源的相序。

(3)将控制晶闸管触发脉冲通断的 6 个琴键开关弹出,使之处于"通"状态,将 NMCL - 33 中脉冲放大电路控制模块的 U_{blf} 端与其"地"端短接,用示波器测试每只晶闸管控制极和阴极之间应有幅度为 1.0~2.0 V 的脉冲。

(4)在 NMCL - 33 的同步电压观察中测取一个电压信号(可为 U 端),在其脉冲观察及通断控制中取得一个双脉冲信号(可为 1 端),调节 NMCL - 33 的偏移电压 U_b,确认触发角 α 在 30°~180°可调,然后逆时针旋 U_b 到最大位置,使之恢复初始状态。

2. 双闭环调速系统调试原则

(1)先部件,后系统,先将各单元的特性调好,然后才能组成系统。

(2)先开环,后闭环,使系统能正常开环运行,然后组成转速或电流的负反馈单闭环系统。

(3)组成转速和电流的负反馈双闭环系统,并且先内环后外环,即先调试电流内环,再调转速外环。

(4)实验前,NMCL - 31 的正负给定 RP_1 和 RP_2、NMCL-33 的偏移电压 U_b、

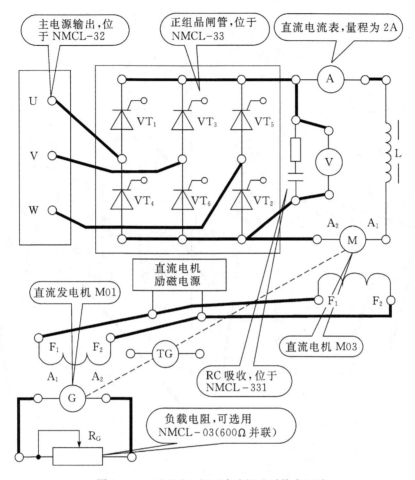

图 5 - 10　不可逆双闭环直流调速系统主回路

ASR 和 ACR、DPT 和 DPZ 的电位器全部逆时针旋到最大位置(初始位置)。

3. 开环外特性的测定

晶闸管双闭环不可逆直流调速系统主回路和控制回路如图 5 - 10 和图 5 - 11 所示。

(1)主回路按图 5 - 10 接线,并将 NMCL - 33 的 U_{blf} 接地,U_{blr} 断开,此时只使用正组桥六个晶闸管。

注意:实验时直流电机 M03 空载(即直流发电机 M01 不接励磁和限流电阻 R_G)。

(2)控制回路按图 5 - 11 接线,实验时首先断开 NMCL - 33 的 U_{ct} 和 NMCL -

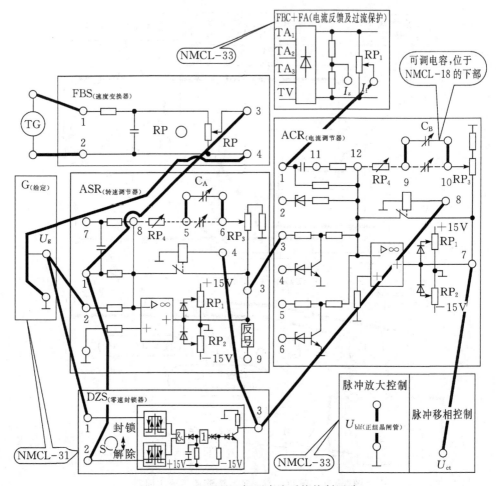

图 5-11 不可逆双闭环直流系统控制回路

18 的 ACR 中的"7"端之间的连接线,同时断开 U_g 与 ASR 的"2"端连接线,NMCL-31 的给定电压 U_g 直接连接到 NMCL-33 的脉冲移相控制电压 U_{ct} 处,从而形成开环控制系统。

(3)NMCL-32 的"三相交流电源"选择挡拨向"直流调速"。将转速计 TG 置于"ON"状态,闭合主回路电源(即按下主控制屏绿色闭合开关按钮,此时主控制屏 U、V、W 端有 220 V 电压输出)。

(4)逐渐增加给定电压 U_g,电机 M03 空载起动至使电机转速 $n_0 = 1500$ r/min,然后再接入发电机 M01 的励磁电源和限流电阻 R_G(两个 600 Ω 的电阻并联,电位器逆时针旋到最大位置)。最后,调节直流发电机 M01 的限流电阻 R_G,在直流电机 M03 空载至额定负载范围(调节 R_G 的电阻至最小值),测取 3～5 点,读取电机 M03 的转速 n 和电枢回路电流 I_d,则可测出系统的开环外特性 $n = f(I_d)$,即开环系统的机械特性。测量数据记入表 5 - 7 中。测试完成后将给定电位器 RP₁ 和限流电阻 R_G 逆时针旋到最大位置,电机 M03 转速 $n = 0$,关闭主回路电源。

表 5 - 7　开环特性测定记录表

$n/(\text{r/min})$						
$I_d/(\text{A})$						

注意事项:

(1)电流表指示的电枢回路电流 I_d 不得超过电机 M03 的额定电流 1.1 A;

(2)若调节给定电压 U_g 达不到 1500 r/min,可微调 NMCL-33 的偏移电压 U_b;

(3)当给定电压 $U_g = 0$ 时电机 M03 仍缓慢转动,则需调节偏移电压使 $U_b = 0$,使电机 M03 的 $n = 0$;

(4)需要正确连接在不同实验步骤和不同实验内容时的实验线路。

4. ASR 和 ACR 控制单元的调试

按图 5 - 11 接线。

ASR 调试:ASR 的输出电压("3"端)限幅在 ±5 V;ASR 的反馈电位器 RP₃ 和 RP₄ 逆时针旋到最大位置。调试方法与 5.2 节相同(注意断开 ASR 的"3"端与 ACR 的"3"端的连接,ASR 接入 7 μF 的电容,使 ASR 为 PI 调节器)。

ACR 调试:断开 ASR 的"3"端与 ACR 的"3"端、ACR 的"7"端和 U_{ct}、ACR 的"1"和电流反馈 I_f(NMCL - 33 左下角的 FBC＋FA)的连接线。给定电压 U_g 直接与 ACR 的输入"3"端连接,ACR 的"9"、"10"端接入 7 μF 的电容,使 ACR 为 PI 调节器。调试方法与 5.2 节相同,即通过正负给定(NMCL - 31 的 RP₁ 和 RP₂)为 ACR 加入一定的输入电压(可为 +1 V 和 −1 V),调节 ACR 的输出电压限幅电位器 RP₂ 和 RP₁,使得 ACR 的输出端"7"的电压值分别限幅在 −5 V 和 +5 V。注意 ASR 和 ACR 的反馈电位器 RP₃ 和 RP₄ 逆时针旋转到底,使反馈放大倍数最小,最后,给定电位器 RP₁ 和 RP₂ 逆时针旋到底。

5. 系统调试

1)电流环调试

按图 5 - 10 和图 5 - 11 接线,电机 M03 和发电机 M01 不加励磁电源,电机 M03 堵转,注意电机 M03 在闭环控制运行时零速封锁器 DZS 需置于"封锁"状态。

(1)实验时首先断开 ASR 的"3"端和 ACR 的"3"端、ACR 的"7"和 NMCL - 33 U_{ct}的连接线,同时将给定电压 U_g 直接接入到控制电压 U_{ct} 形成开环控制系统。转速计 TG 的电源置于"ON",闭合主回路电源。逐渐增加给定电压 U_g 使控制电压 U_{ct}上升,使晶闸管触发导通,当电流表指示约为 0.5 A 时,用示波器测试正组晶闸管整流桥两端电压 u_d 的波形,在一个周期内,电压波形应有 6 个相同波形。

(2)然后,在上述开环系统基础之上,再缓慢地增加给定电压 U_g,使得电枢回路电流 $I_d = 1.1 I_{ed}$(约为 1.2 A),注意电机 M03 堵转。调节电流反馈电位器 RP_1 (NMCL - 33 左下方的 FBC+FA),使电流反馈 I_f 的电压值近似等于速度调节器 ASR 的输出限幅电压值 5 V。调试完成后,使给定电压 $U_g = 0$,断开主回路电源。

(3)断开给定电压 U_g 与 U_{ct}(NMCL - 33 上方)、ASR 的"3"端和 ACR 的"3"端的连接线。NMCL - 31 的给定电压 U_g 直接连到 ACR 的"3"端,ACR 的输出"7"端接至 NMCL - 33 的 U_{ct},ACR 的"9"、"10"端连接可调电容,预置 7 μF,ACR 组成 PI 调节器,则系统接成电流的单闭环控制系统。注意 ACR 的反馈电位器 RP_3 和 RP_4 逆时针旋转到底,使放大倍数最小。为了防止电机 M03 过流,此时还应该在电机 M03 的电枢回路串接 R_D(取出发电机 M01 的限流电阻 R_G 作为 R_D 使用)。闭合主回路电源,逐渐增加负给定电压 U_g(钮子开关 S_1 拨向下方),使 ACR 输出电压("7"端)接近于限幅电压值+5 V(若电机 M03 转动,使电机堵转)。观察电枢回路电流 I_d 是否小于或等于 $1.1 I_{ed}$(可为 1.2A),如 I_d 过大,则应调节电流反馈电位器 RP_1(NMCL - 33 左下方的 FBC+FA),使 I_f 增大,直至 $I_d < 1.1 I_{ed}$。此时 I_d 的增加有限,且小于过电流保护整定阈值,则系统已具备限流保护功能。测试完成后,调节给定电压 $U_g = 0$,关闭主回路电源。

2)转速环调试

速度变换器 FBS 的调试:按图 5 - 10 和图 5 - 11 接线,电机 M03 加额定励磁并做空载运行(发电机 M01 不接励磁电源和限流电阻 R_G)。

(1)实验时,首先注意给定电压 $U_g = 0$,主回路电源 OFF,断开给定电压 U_g 和 ASR 的"2"端、ACR 的"7"端与 U_{ct} 的连接线,给定电压 U_g 直接接至 NMCL - 33 的 U_{ct},形成开环控制系统。闭合主回路电源,转速计 TG 的开关置于"ON"。逐渐增加正给定电压 U_g,当电机 M03 空载运行的转速 $n = 1500$ r/min 时,调节 FBS(速度变换器)中的电位器 RP,使速度反馈电压为 5 V 左右(FBS 的"3"端与"4"端之间)。测试完成后,调节给定电压 $U_g = 0$,关闭主回路电源。

(2)速度反馈极性判断:断开给定电压 U_g 与 NMCL - 33 的 U_{ct} 的连接线,给定电压 U_g 接至 ASR 的"2"端,断开 ASR 的"3"端与 ACR 的"3"端的连接线,ASR 的"3"端接至 NMCL - 33 的 U_{ct},ASR 的"5"、"6"端连接可调电容,预置 7 μF,此时 ASR 组成 PI 调节器,系统构成转速的单闭环控制系统。闭合主回路电源,调节负

给定电压 U_g（钮子开关 S_1 拨向下方），若稍加给定，电机 M03 转速即达最高转速（约为 1600 r/min，即飞车）且调节 U_g 时电机 M03 转速不可控，则表明单闭环控制系统速度反馈极性有误，应该调整 FBS 的"1"、"2"端与转速计 TG 正负极的极性（或者调整电机 M03 的励磁电源与电枢的极性）。但是，若接成转速—电流双闭环系统，由于给定电压 U_g 为正给定，ASR 输出为负，则 ACR 的输出为正，速度反馈极性不会有误。测试完成后，使 $U_g=0$，电机 M03 停转，关闭主回路电源。

6. 系统特性测试

按图 5 - 10 和图 5 - 11 连线，将 ASR 和 ACR 均接成 PI 调节器，形成双闭环不可逆直流调速系统。

1）机械特性 $n=f(I_d)$ 的测定

闭合主回路电源，调节给定电压 U_g，使电机 M03 空载运行（发电机 M01 不接入励磁电源和限流电阻 R_G）直至 1500 r/min，测试速度反馈系数 α 和电流反馈系数 β。然后，发电机 M01 接入励磁电源和限流电阻 R_G（两个 600 Ω 电阻并联），调节发电机 M01 的限流电阻 R_G，在 R_G 最大值至最小值的可调范围内分别测试并记录 3～5 点，测出闭环系统静特性曲线 $n=f(I_d)$。将测试数据记入表 5 - 8。测试完成后，使给定电压 $U_g=0$，限流电阻 R_G 左旋到最大位置，关闭主回路电源。

注意：若电机 M03 的转速调不到 1500 r/min，可微调 NMCL - 33 的偏移电压 U_b，电流 I_d 不可大于电机 M03 的额定电流 1.0 A。

表 5 - 8　机械特性测定记录表

$n/(\text{r/min})$						
I_d/A						

2）闭环控制特性 $n=f(U_g)$ 的测定

闭合主电路电源，调节给定电压 U_g，电机 M03 空载运行（发电机 M01 不接入励磁电源和限流电阻 R_G）达到转速 $n=1500$ r/min，电枢电流 $I_d < I_{ed}$，然后，调节给定电压 U_g 逐渐降低电机 M03 的转速 n，选择 5～7 组数据，测试并记录 U_g 和 n，即可测出闭环控制特性 $n=f(U_g)$，即 $n=f(U_{ct})$，将测试数据记入表 5 - 9。测试完成后，给定电压 U_g 逆时针旋到最大位置，使 $U_g=0$，电机 M03 停转，断开主回路电源。

表 5－9　　闭环控制特性测定记录表

$n/(\text{r/min})$						
U_g/V						

7. 系统动态波形的测试

按图 5－10 和图 5－11 接线,将 ASR 和 ACR 均接成 PI 调节器,形成双闭环不可逆直流调速系统。此时 DZS(零速封锁器)置于"封锁"状态,在不同的调节器参数下,利用 ASR 的"1"端和 ACR 的"1"端,用慢扫描双踪示波器测试并记录下述动态波形:

(1)突加给定起动时(电机 M03 的转速可为 1000 r/min),电机 M03 的电枢电流波形和转速波形。

(2)突减给定停车时(电机 M03 的转速可为 1000 r/min),电机 M03 的电枢电流波形和转速波形。

(3)突加额定负载时(电机 M03 的转速可为 1000 r/min),电机 M03 的电枢电流波形和转速波形。

(4)突减额定负载时(电机 M03 的转速可为 1000 r/min),电机 M03 的电枢电流波形和转速波形。

测试完成后,给定电位器左旋到最大位置,使 $U_g＝0$,电机 M03 停转,断开主回路电源。

5.4.6　注意事项

(1)三相主电源连线时需注意不可接错相序。

(2)系统开环连接时,不允许突加给定电压 U_g 起动电机。

(3)改变实验线路接线时,必须先按下主控制屏主电源开关的"断开"红色按钮,同时使系统的给定电压 U_g 置零。

(4)进行闭环调试时,若电机转速达到最高速且不可调控,注意转速反馈的极性是否接错。

(5)双踪示波器的两个探头地线通过示波器外壳短接,故在使用时,必须使两探头的地线同电位(只用一根地线即可),以免造成短路事故。

5.4.7　实验报告

(1)根据实验数据,画出系统开环机械特性,计算静差率。

(2)根据实验数据,画出闭环系统静特性,并计算静差率。

(3)比较分析开环机械特性与闭环系统静特性的异同。

(4)分析由数字示波器记录下来的动态波形,计算速度反馈系数 α 和电流反馈系数 β。

5.4.8　预习报告

(1)双闭环不可逆直流调速系统的组成与工作原理。

(2)双闭环不可逆直流调速系统的参数化及其整定方法。

(3)PI 调节器在双闭环直流调速系统中的作用。

(4)调节器参数、反馈系数、滤波环节参数的变化对系统动、静态特性的影响。

5.4.9　思考题

(1)双闭环不可逆直流调速系统如何实现无静差?

(2)双闭环不可逆直流调速系统为什么要有电流环?

(3)为什么双闭环直流调速系统中使用的调节器均为 PI 调节器?

(4)转速负反馈的极性如果接反会产生什么现象?

(5)双闭环直流调速系统中哪些参数的变化会引起电机转速的改变? 哪些参数的变化会引起电机最大电流的变化?

5.5　逻辑无环流可逆直流调速系统

5.5.1　实验目的

(1)熟悉逻辑无环流可逆直流调速系统的组成和工作原理。

(2)掌握各控制单元的原理、作用及调试方法。

(3)掌握逻辑无环流可逆调速系统的调试步骤和调试方法。

(4)掌握逻辑无环流可逆调速系统的静特性和动态特性。

5.5.2　实验内容

(1)控制单元调试。

(2)系统调试。

(3)正反转机械特性 $n=f(I_d)$ 的测定。

(4)正反转闭环控制特性 $n=f(U_g)$ 的测定。

(5)系统动态特性的测试。

5.5.3　实验设备

(1)电源控制屏(NMCL-32);

(2)低压控制电路及仪表(NMCL-31);

(3)触发电路和晶闸管主回路(NMCL-33);

(4)可调电阻(NMCL-03);

(5)直流调速控制单元(NMCL-18);

(6)电机导轨及测速发电机(或光电编码器);

(7)直流发电机 M01;

(8)直流电机 M03;

(9)双踪示波器;

(10)万用表。

5.5.4　实验原理

逻辑无环流可逆直流调速系统原理图如图5-12所示。

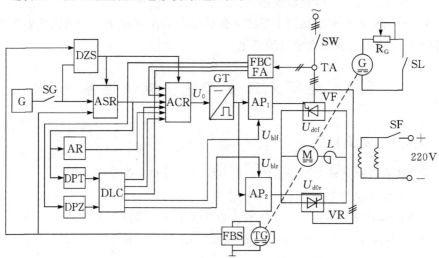

图5-12　逻辑无环流可逆直流调速系统原理图

逻辑无环流可逆直流调速专用挂箱由 AR(反号器)、DPT(转矩极性鉴别器)、DPZ(零电流检测器)和 DLC(逻辑控制器)构成。

1. 反号器(AR)

反号器由运算放大器及有关电阻组成(见图5-13),用于调速系统中信号需

要倒相的场合。反号器的输入信号由运算放大器的反相端接入，故输出电压为
$U_{sc} = -(RP_1 + R_3)/R_1 \times U_{sr}$。

调节 RP_1 的可动触点，可改变 RP_1 的数值，使 $RP_1 + R_3 = R_1$，则 $U_{sc} = -U_{sr}$，输入与输出成倒相关系。元件 RP_1 装在面板上。

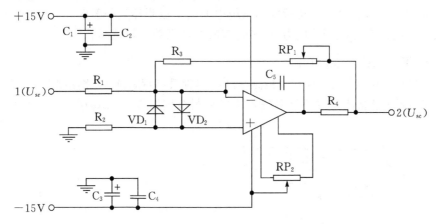

图 5-13　反号器电路原理图

2. 转矩极性鉴别器(DPT)

转矩极性鉴别器为一电平检测器，用于检测控制系统中转矩极性的变化；它是一个模数转换器，可将控制系统中连续变化的电平转换成逻辑运算所需的"0"、"1"状态信号。其原理如图 5-14(a)所示。转矩极性鉴别器的输入-输出特性如图 5-14(b)所示，具有继电特性。

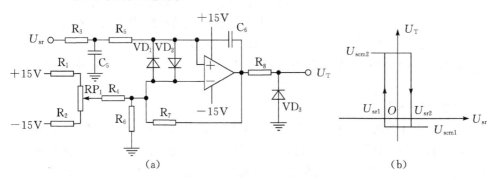

图 5-14　转矩极性鉴别电路原理图

(a)原理图；(b)输入-输出特性

调节同相输入端电位器可以改变继电特性相对于零点的位置。输入输出特性

的回环宽度为

$$U_k = U_{sr2} - U_{sr1} = K_1 (U_{scm2} - U_{scm1})$$

式中，K_1 为正反馈系数，K_1 越大，则正反馈越强，回环宽度接越大；U_{sr2} 和 U_{sr1} 分别为输出由正翻转到负和由负翻转到正所需的最小输入电压；U_{scm2} 和 U_{scm1} 分别为正向和负向饱和输出电压。逻辑控制系统中的电平检测环宽一般取 $0.2\sim0.6$ V，环宽大时能提高系统抗干扰能力，但环过宽时会使系统动作迟缓。

3. 零电流检测器(DPZ)

零电流检测器也是一个电平检测器，其工作原理与转矩极性鉴别器相同，在控制系统中进行零电流检测，其原理图和输入-输出特性分别如图 5-15(a)和 5-15(b)所示。

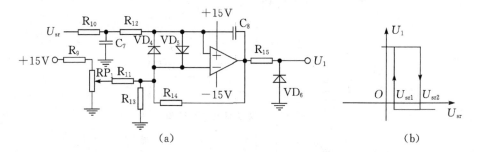

图 5-15　零电流检测器电路原理图

(a)原理图；(b)输入-输出特性

4. 逻辑控制器(DLC)

逻辑控制器用于逻辑无环流可逆直流调速系统，其作用是对转矩极性和主回路零电流信号进行逻辑运算，切换加于正组桥或反组桥晶闸管整流装置上的触发脉冲，以实现系统的无环流运行，其原理如图 5-16 所示。

逻辑控制器主要由逻辑判断电路、延时电路、逻辑保护电路和推 β 电路等环节组成。

1)逻辑判断环节

逻辑判断环节的任务是根据转矩极性检测器和零电流检测器的输出 U_M 和 U_I 状态，正确地判断晶闸管的触发脉冲是否需要进行切换(由 U_M 是否变换状态决定)及切换条件是否具备(由 U_I 是否从"0"变"1"决定)。即：在 U_M 变号后，零电流检测器检测到主电路电流过零(U_I＝"1")时，逻辑判断电路立即翻转，同时应保证在任何时刻逻辑判断电路的输出 U_Z 和 U_F 状态必须相反。

2)延时环节

要使正、反两组整流装置安全、可靠地切换工作，必须在逻辑无环流系统中的

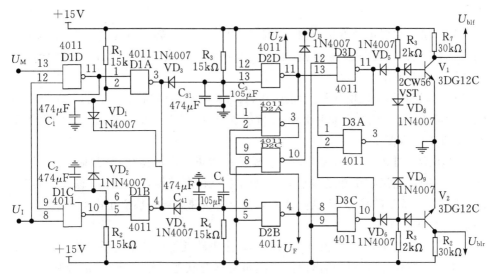

图 5-16　逻辑控制器原理图

逻辑判断电路发出切换指令 U_Z 或 U_F 后,经关断等待时间 t_1(约 3 ms)和触发等待时间 t_2(约 10 ms)之后才能执行切换指令,故设置相应的延时电路。延时电路中的 VD_1、VD_2、C_1、C_2 起 t_1 的延时作用,VD_3、VD_4、C_3、C_4 起 t_2 的延时作用。

　　3)逻辑保护环节

　　逻辑保护环节也称为"多一"保护环节,当逻辑电路发生故障时,U_Z、U_F 的输出同时为"1"状态,逻辑控制器的两个输出端 U_{blf} 和 U_{blr} 全为"0"状态,造成两组整流装置同时开放,引起短路环流事故。加入逻辑保护环流环节后,当 U_Z、U_F 全为"1"状态时,使逻辑保护环节输出 A 点电位变为"0",使 U_{blf} 和 U_{blr} 都为高电平,两组触发脉冲同时封锁,避免产生短路环流事故。

　　4)推 β 环节

　　在正、反桥切换时,逻辑控制器中的 G_8 输出"1"状态信号,将此信号送入 ACR 的输入端作为脉冲后移推 β 指令,从而可避免切换时电流的冲击。

　　5)功率放大输出环节

　　因与非门输出功率有限,为了能可靠推动脉冲门 Ⅰ 或 Ⅱ,故加了由 V_1 和 V_2 组成的功率放大级,由逻辑信号 U_{LK1} 和 U_{LK2} 进行控制,或为"通"或为"断"来控制触发脉冲门 Ⅰ 或触发脉冲门 Ⅱ。

5.系统组成与工作原理

　　逻辑无环流系统的主回路由两组反并联的三相全控整流桥组成,由于没有环流,两组可控整流桥之间可省去限制环流的均衡电抗器,电枢回路仅串接一个平波电抗器。

　　控制系统主要由速度调节器、电流调节器、反号器、转矩极性鉴别器、零电流检测器、无环流逻辑控制器、触发器、电流变换器和速度变换器等组成。其系统原理图如图 5-12 所示。

　　正向起动时,给定电压 U_g 为正电压,无环流逻辑控制器的输出端 U_{blf} 为"0"态,U_{blr} 为"1"态,即正桥触发脉冲开通,反桥触发脉冲封锁,主回路正组可控整流桥工作,电机正向运转。

　　减小给定时,$U_g < U_{fn}$,使 U_{gi} 反向,整流装置进入本桥逆变状态,而 U_{blf}、U_{blr} 不变。在主回路电流减小并过零后,U_{blf}、U_{blr} 输出状态转换,U_{blf} 为"1"态,U_{blr} 为"0"态,即进入它桥制动状态,使电机降速至设定的转速后再切换成正向运行;当 $U_g = 0$ 时,则电机停转。

　　反向运行时,U_{blf} 为"1"态,U_{blr} 为"0"态,主电路反组可控整流桥工作。

　　无环流逻辑控制器的输出取决于电机的运行状态。正向运转,正转制动本桥逆变及反转制动它桥逆变状态,U_{blf} 为"0"态,U_{blr} 为"1"态,保证了正桥工作,反桥封锁;反向运转,反转制动本桥逆变,正转制动它桥逆变阶段,则 U_{blf} 为"1"态,U_{blr} 为"0"态,正桥被封锁,反桥触发工作。由于逻辑控制器的作用,在逻辑无环流可逆系统中保证了任何情况下两整流桥不会同时触发,一组触发工作时,另一组被封锁,因此系统工作过程中既无直流环流,也无脉冲环流。

5.5.5　实验方法

1. 两组晶闸管工作状态的检测

　　推上空气开关。主回路电源上电之前(此时不连接线路图),检查 NMCL-33 的晶闸管对触发脉冲是否工作正常。将 U_{blf} 接地可测试正组桥晶闸管的触发脉冲,将 U_{blr} 接地可测试反组桥晶闸管的触发脉冲,U_{blf} 和 U_{blr} 的电压一个为高电平,另一个为低电平,但不能同为低电平(即不能同时接地)。

　　(1)用示波器测试双脉冲观察孔,应有间隔均匀、幅度相同的双脉冲。

　　(2)检查相序,用示波器测试"1","2"脉冲观察孔,"1"孔脉冲超前"2"孔脉冲 60°,则相序正确,否则,应调整输入电源相序。

　　(3)将控制正组桥触发脉冲通断的 6 个琴键开关弹出,触发脉冲处于"通"态,将 NMCL-33 中脉冲放大电路控制模块的 U_{blf} 接地,用示波器测试每只晶闸管的控制极和阴极之间应有幅度为 1.0~2.0 V 的脉冲。反组桥晶闸管检测方法相同。

2. 控制单元调试

　　控制单元具体的调试方法:

（1）按 5.2 节的方法调试 ASR、ACR、DPT、DPZ。

（2）按 5.4 节的方法调试转速环 FBS 和电流环 FBC。

3. 机械特性 $n=f(I_d)$ 的测定

按实验图 5-17 和图 5-18 接线，推上空气开关，闭合主回路电源，电机 M03 接入励磁电源，调节给定电压 U_g，在电机 M03 空载起动运行到 $n=1500\ \text{r/min}$ 后，再接入发电机 M01 的励磁电源和不同值的 R_G，测试电机 M03 的正、反转机械特性 $n=f(I_d)$，测试方法与 5.4 节相同。将测试数据记入表 5-10。注意：先调试电机 M03 的起动特性、带载特性和运行特性，然后再测试机械特性。零速封锁器 DZS 置于"封锁"状态。

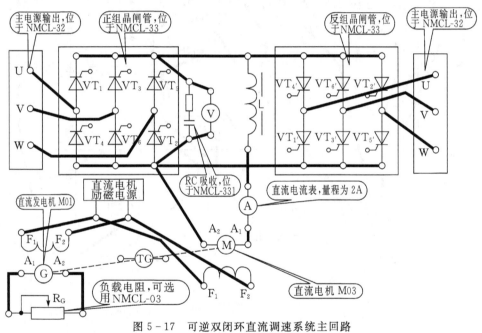

图 5-17　可逆双闭环直流调速系统主回路

表 5-10　机械特性测定记录表

正转	$n/(\text{r/min})$						
	I_d/A						
反转	$n/(\text{r/min})$						
	I_d/A						

测试完成后，使给定电压 $U_g=0$，电机 M03 停转，断开主回路电源开关。钮子开关 S_1 和 S_2 推向上方，可调电阻 R_G 逆时针旋到底。

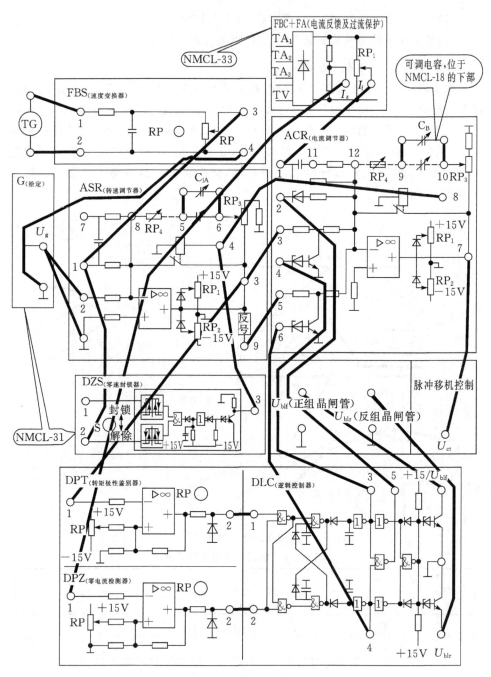

图 5-18 可逆双闭环直流调速系统控制回路

4. 闭环控制特性的测定

按实验图 5-17 和 5-18 接线,电机 M03 接入励磁电源,发电机 M01 不加励磁电源和限流电阻 R_G,闭合主回路电源,调节给定电压 U_g,系统实现空载运行,按 5.4 节的方法测出正、反转时的闭环控制特性 $n=f(U_g)$。将测试数据记入表 5-11。

表 5-11　闭环控制特性测定记录表

正转	$n/(\text{r/min})$						
	U_g/V						
反转	$n/(\text{r/min})$						
	U_g/V						

测试完成后,使给定电压 $U_g=0$,电机 M03 停转,断开主回路电源开关。钮子开关 S_1 和 S_2 推向上方,可调电阻 R_G 逆时针旋到底。

5. 系统动态波形的测试

按实验线路图 5-17 和 5-18 接线,闭合主回路电源,利用 NMCL-18 中 ASR 的"1"端和 ACR 的"1"端,可以测试转速和电流的波形,并利用双踪慢扫描数字示波器测试并记录:

(1)调节正负给定电压 U_g 使电机正、反转转速 $n=1000$ r/min,上下拨动 NMCL-31 中给定的钮子开关 S_2 得到给定电压 U_g 的阶跃变化,上下拨动 NMCL-31 的钮子开关 S_1 得到给定 U_g 的正负电压,测试(正向起动→正向停车→反向切换到正向→正向切换到反向→反向停车)时的动态波形。

(2)电机空载运行 $n=1500$ r/min,给定电压 U_g 不变,突加突减负载 R_G 的动态波形。

(3)改变 ASR 和 ACR 的参数(串接不同的电容,调节 RP_4),测试动态波形的变化。

测试完成后,使给定电压 $U_g=0$(给定电位器 RP_1 和 RP_2 逆时针旋到底),电机 M03 停转,断开主回路电源开关。钮子开关 S_1 和 S_2 推向上方,可调电阻 R_G 逆时针旋到底。

5.5.6　注意事项

(1)实验时,应保证逻辑控制器正常工作;逻辑正确后才能使系统正反向切换运行。

(2)为了防止意外,可在电枢回路串联一定的电阻。若工作正常,则可随 U_g 的增大逐渐切断电阻。

5.5.7　预习报告

(1)逻辑无环流可逆直流调速系统的组成与工作原理。

(2)逻辑无环流可逆直流调速系统从正转切换到反转过程中,整流电压 U_d、电枢电流 i_d 和转速 n 的动态波形图。

5.5.8　实验报告

(1)根据实验结果,画出正、反转闭环控制特性曲线。

(2)根据实验结果,画出正、反转闭环机械特性,并计算静差率。

(3)分析参数变化对系统动态过程的影响。

(4)分析电机从正转切换到反转过程中,电机经历的工作状态和系统能量转换情况。

5.5.9　思考题

(1)逻辑无环流可逆直流调速系统对逻辑控制有何要求?

(2)逻辑无环流可逆直流调速系统中推 β 环节的组成原理和作用是什么?

5.6　双闭环可逆直流脉宽调速系统

5.6.1　实验目的

(1)掌握双闭环可逆直流脉宽调速系统的组成、原理及控制单元的工作原理。

(2)熟悉直流 PWM 专用集成电路 SG3525 的组成、功能与工作原理。

(3)熟悉 H 型 PWM 变换器的各种控制方式的原理与特点。

(4)掌握双闭环可逆直流脉宽调速系统的调试步骤、方法及参数的整定。

5.6.2　实验内容

(1)PWM 控制器 SG3525 性能测试。

(2)控制单元调试。

(3)系统开环调试。

(4)系统闭环调试。

(5)系统稳态、动态特性测试。

(6)H 型 PWM 变换器不同控制方式时的性能测试。

5.6.3　实验设备

(1)电源控制屏(NMCL-32);

(2)低压控制电路及仪表(NMCL-31);

(3)现代电力电子电路和直流脉宽调速(NMCL-22);

(4)可调电阻(NMCL-03);

(5)直流调速控制单元(NMCL-18);

(6)电机导轨及测速发电机(或光电编码器);

(7)直流发电机 M01;

(8)直流电机 M03;

(9)双踪示波器;

(10)万用表。

5.6.4　实验原理

双闭环可逆直流 PWM 调速系统实验挂箱主要由 H 型 PWM 变换电路、脉宽调速器(UPW)、调制波发生器(GM)、逻辑延时环节(DLD)、基极驱动器(GD)和瞬时动作限流保护环节(FA)等组成。

1.　调制波发生器和脉宽调制器(GM+UPW)

调制波发生器和脉宽调制器的原理图如图 5-19 所示,图中的 A_1 和 A_2 构成了三角波发生器 GM。由三角波发生器产生的三角波与负偏置电压 U_b 及控制电压 U_c(实验时为电流调节器输出电压)在电压比较器(A_3)的输入端综合,从而产生脉宽调制波。改变控制电压 U_c 的大小,即可改变输出脉宽调制波脉冲的宽度。

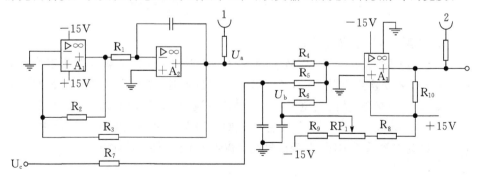

图 5-19　调制波发生器和脉宽调制器原理图

2. 逻辑延时环节和基极驱动器(DLD＋GD)

来自脉宽调制器输出端的调制信号经反相器 N1－A 反相后加到 N1－C、N1－D 的输入端,N1－B 和 N1－C 后面所接的阻容起到延时作用,从而避免主电路同一桥臂上下两功率器件直通而引起短路。N2－A 和 N2－B 输出端互锁,可保证当 VT$_1$ 导通时,VT$_2$ 关断。图 5－22 的主电路中功率器件 VT$_1$ 和 VT$_4$ 工作,VT$_2$ 和 VT$_3$ 截止,直流电机正转;而当 VT$_2$ 导通、VT$_1$ 关断时,功率器件 VT$_2$、VT$_3$ 导通,VT$_1$、VT$_4$ 截止,直流电机反转。图 5－20 的端口 10 接限流保护环节的输出过流信号,当主电路过流时,过流信号使 VT$_1$、VT$_2$ 截止,从而使主电路功率器件没有驱动信号,电路停止工作。图 5－20 为逻辑延时环节和基极驱动器电路原理图。

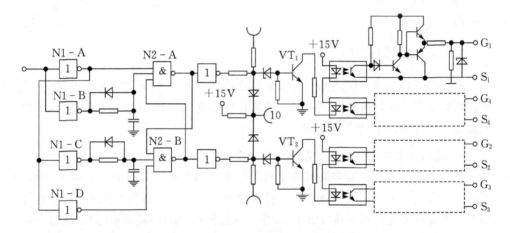

图 5－20　逻辑延时环节和基极驱动器原理图

3. H 型 PWM 变换主电路

图 5－21 所示为 H 型 PWM 变换主电路原理图。交流电源经单相不控桥整流后向 PWM 变换主电路供电,开关 S 在"断"位置时,整流后的直流电经电阻 R$_1$ 向滤波电容 C$_1$ 充电,从而避免了过大的冲击电流;开关 S 拨向"通"的位置时,直流电经电容 C$_2$ 滤波后向 PWM 变换主电路供电。PWM 变换主电路为 H 型电路,电阻 R$_2$、R$_3$ 为电流采样电阻,电流信号经限流器 FA 接至逻辑延时电路。

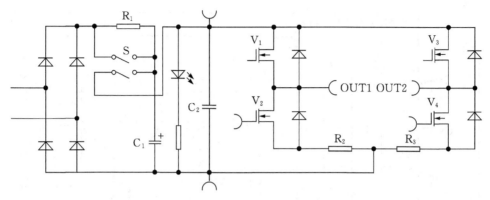

图 5-21　直流 PWM 变换电路原理图

4. 限流保护和电流采样环节(FA+TA)

本系统采用电阻采样的方法来检测主电路的电流,电流采样环节(TA)将在主电路采样电阻上取得的电压信号接至比较器(FA)的输入端。当主电路过流时,过流电压信号增加,使比较器输出电平翻转,比较器输出与逻辑延时环节的10 端相接,从而将逻辑延时环节封锁,使主电路功率器件没有驱动信号,电路停止工作。

5. 工作原理

双闭环可逆直流 PWM 调速系统实验挂箱为 NMCL-22,它是现代电力电子电路和直流脉宽调速实验组件。在中小容量的直流传动系统中,采用自关断器件的脉宽调速系统比相控系统具有更多的优越性,因而日益得到广泛应用。

双闭环脉宽调速系统主回路如图 5-22 所示,图中可逆 PWM 变换器主电路是采用 IGBT 所构成的 H 型结构形式。NMCL-22 中的 UPW 为脉宽调制器,DLD 为逻辑延时环节,GD 为 MOS 管的栅极驱动电路,FA 为瞬时动作的过流保护。

脉宽调制器 UPW 采用美国硅通用公司(Silicon General)的第二代产品SG3525,这是一种性能优良、功能全、通用性强的单片集成 PWM 控制器。

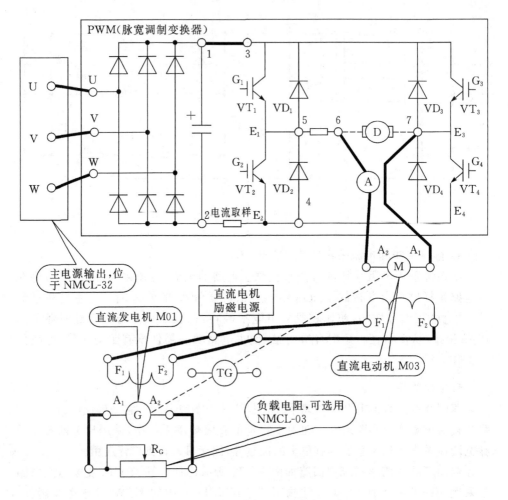

图 5 - 22　直流脉宽调速系统主回路

5.6.5　实验方法

1. SG3525 性能测试

推上空气开关,调速系统主回路和控制回路暂不连接,主控制屏电源闭合之前完成以下测试。

(1)用示波器测试 NMCL-22 中 UPW 的"1"端的电压波形,UPW 的"4"为接地端,记录波形的周期、幅度。

(2)用示波器测试 UPW 的"2"端的电压波形,UPW 的"4"为接地端,调节UPW 的 RP 电位器,使方波的占空比为 50%。

(3)用导线将 NMCL-31 的给定电压 U_g 和 UPW 的"3"端相连接,同时给定电压 U_g 的"地"与 NMCL-22 的电流反馈 FBA 的"地"("8"端)相连接。调节正给定电压 U_g,用示波器测试并记录 UPW 的"2"端输出波形(最大占空比小于 90%),调节负给定电压 U_g(给定钮子开关 S_1 拨向下方),用示波器测试并记录 UPW 的"2"端输出波形(最大占空比大于 10%)。

注意:UPW 的"2"端输出波形的占空比不得超出 10%~90% 的范围,否则 PWM 波的窄脉冲一旦消失,将会使电机 M03 突然停转,产生瞬间过大的冲击电流,从而击穿 NMCL-22 中的功率器件(IGBT 或 MOSFET)。因此,本实验自始至终需要用示波器监视 PWM 波的脉宽的大小,以防其过窄而消失。

测试完成后,去除所有连线,给定钮子开关 S_1 和 S_2 拨向上方,给定电位器 RP_1 和 RP_2 逆时针旋到底。

2. 控制电路的测试

1)逻辑延时时间的测试

在上述实验的基础上,连接 NMCL-22 中 UPW 输出的"2"端和 DLD 输入的"1"端,用示波器测试"DLD"的"1"和"3"端的输出波形并记录延时时间 $t_d=(\ )\mu s$。

2)同一桥臂上下管子驱动信号的死区时间测试

用双踪示波器分别测量 $V_{VT1.GE}$ 和 $V_{VT2.GE}$ 以及 $V_{VT3.GE}$ 和 $V_{VT4.GE}$ 的死区时间: $t_{dVT1.VT2}=(\quad)\mu s$,$t_{dVT3.VT4}=(\quad)\mu s$。也可通过 DLD 输出的"2"端和"3"端测试上述死区时间。

测试完成后,去掉 NMCL-31 和 NMCL-22 中的所有连线,给定电位器 RP_1 和 RP_2 逆时针旋到底。

3. 开环系统调试

本实验的主回路按图 5-22 接线,控制回路按图 5-23 连线,NMCL-32 的"三相交流电源"开关拨向"直流调速"。做开环系统调试时,断开 NMCL-18 中 ACR 的"7"端与 NMCL-22 的 UPW"3"端的连线,断开给定电压 U_g 与 ASR 的"2"端的连接线,NMCL-31 的给定电压 U_g 直接连接到 NMCL-22 的 UPW"3"端,从而组成开环调速系统。注意 UPW 的"2"端和 DLD"1"端已经连接,推上空气开关,将转速计 TG 的开关置于"ON"状态。

1)电流反馈系数的数值设定

(1)将正、负给定电位器 RP_1 和 RP_2 均调到零,调节 UPW 中的电位器 RP,使 UPW 的"2"端的占空比为 50%。

(2)断开发电机 M01 的励磁电源和限流电阻 R_G,闭合主回路电源,若电机 M03 缓慢转动,则需要调节 NMCL-22 中 UPW 的电位器 RP 使得电机 M03 的转

速 $n=0$（占空比 50％，NMCL‒22 中"6"和"7"端电压为零）。然后，调节正给定电压 U_g，使电机 M03 空载起动升速直至转速为 $n=1500$ r/min。实验时注意电机 M03 的电枢电流 $I_d < 1.0$ A（额定电流 $I_{ed}=1.1$ A），同时用示波器监视 UPW 的"2"端的 PWM 波的脉宽变化，确保其占空比保持在 10％～90％之间使得 PWM 的窄脉冲不会突然消失。

（3）在电机 M03 空载运行中（电机转速 $n=1500$ r/min），发电机 M01 接入励磁电源和限流电阻 R_G（2 个 600 Ω 并联），此时电机 M03 的转速有所下降，电机 M03 的电枢电流 I_d 有所上升，然后逐渐减小发电机 M01 的限流电阻 R_G，直至电机 M03 的电枢电流 I_d 为 1.0 A。

（4）在电机 M03 带载运行中（电机转速 $n < 1500$ r/min），断开 NMCL‒22 中电流反馈 FBA 的 U_{fi} 和 NMCL‒18 中 ACR 的"1"端的连接线，调节 NMCL‒22 中电流反馈 FBA 的电位器 RP，用万用表测量 U_{fi} 端使其电压为 3V。调节完成后再将 NMCL‒22 中电流反馈 FBA 的 U_{fi} 和 NMCL‒18 中 ACR 的"1"端相连接。

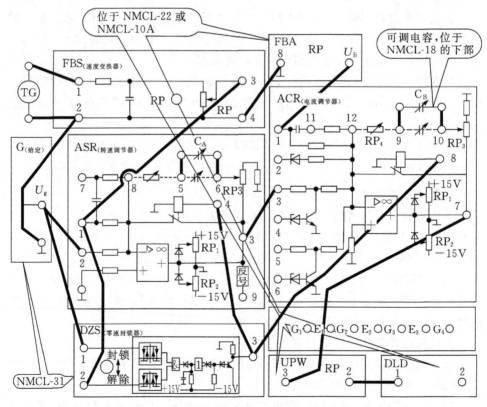

图 5‒23　直流脉宽调速系统控制回路

最后,给定电压 U_g 逆时针旋到最大位置,电机转速 $n=0$,发电机 M01 的限流电阻 R_G 逆时针旋到最大位置,断开发电机 M01 的励磁电源和限流电阻 R_G,使电机 M03 处于空载状态,关闭主回路电源。

2)速度反馈系数的数值设定

在上述实验的基础上,仍为开环系统调速,闭合主回路电源,若电机 M03 缓慢转动,可以调节 NMCL – 22 中 UPW 的 RP 使得占空比为 50％,使电机转速 $n=0$。调节给定电压 U_g,使电机 M03 空载运行(即断开发电机 M01 的励磁电源和限流电阻 R_G),电机 M03 的转速达到 $n=1500$ r/min(注意 NMCL – 22 中 UPW 的"2"端 PWM 波的占空比 $\leqslant 90％$),在电机运行中(电机转速 $n=1500$ r/min)断开 NMCL – 31 中 FBS 的"3"端与 NMCL – 18 中 ASR 的"1"端的连接线,调节 NMCL – 31 中 FBS 的电位器 RP,使速度反馈电压(FBS 的 3 与 4 端)为 $+5$V(此时 FBS 与转速计 TG 正向连接)。

最后,给定电位器 RP 逆时针旋到最大位置,电机 M03 的转速 $n=0$,将 NMCL – 31 中的 FBS 的"3"端与 NMCL – 18 中 ASR 的"1"端相连接,关闭主回路电源。

3)系统开环机械特性测定

在上述实验的基础上,组成开环调速系统。注意用示波器监视 UPW 中的"2"端的占空比在 $10％ \sim 90％$ 之间,窄脉冲不得突然消失。断开发电机 M01 的励磁电源和限流电阻 R_G,闭合主回路电源,若电机 M03 缓慢转动,则需要调节 NMCL – 22 中 UPW 的电位器 RP 使得 UPW 的"2"端的输出方波占空比为 50％,从而使得电机转速 $n=0$。

通过调节给定电压 U_g 使电机 M03 空载运行并达到转速 $n=1500$ r/min,在电机空载运行时(电机转速 $n=1500$ r/min),发电机 M01 接入励磁电源和限流电阻 R_G,此时电机转速 n 有所下降,电机的电枢电流 I_d 有所上升,然后改变直流发电机 M01 的限流电阻 R_G,在 R_G 的额定负载范围内测取 $3 \sim 5$ 个点,记录直流电机 M03 的转速 n、电枢电流 I_d 和转矩 M,将测量的数据填入表 5 – 12。

注意:调节发电机 M01 的限流电阻 R_G 时应保持电机 M03 的电枢电流 $I_d < 1.0$ A。电机 M03 的转矩 M 的计算方法请参照本书的 5.1 节。

测试完成后,将给定电位器 RP$_1$ 逆时针旋到最大位置,电机转速 $n=0$,NMCL – 03 的限流电阻 R_G 逆时针旋到最大位置,断开发电机 M01 的励磁电源和限流电阻 R_G,使电机 M03 处于空载状态,断开主回路电源。

同理,按照上述方法,电机 M03 在转速 $n=1000$ r/min 和 $n=500$ r/min 时,作同样的测试记录,可得开环系统电机 M03 在中速和低速时的机械特性。

同理,按照上述方法,可以测试开环系统的反向机械特性。

注意:直流电机 M03 空载运行(即断开发电机 M01 的励磁电源和限流电阻 R_G),使得电机 M03 的转速 $n=1000$ r/min 和 $n=500$ r/min,然后直流发电机 M01 接入励磁电源和限流电阻 R_G(电机 M03 不可带载起动),此时电机 M03 的转速有所下降,最后再改变直流发电机 M01 的限流电阻 R_G,可以测得不同负载下的中速和低速时的机械特性。

表 5-12　系统开环机械特性测定记录表

正向	$n_0=1500$ r/min	$n/(\text{r/min})$							
		I_d/A							
		$M/(\text{N}\cdot\text{m})$							
	$n_0=1000$ r/min	$n/(\text{r/min})$							
		I_d/A							
		$M/(\text{N}\cdot\text{m})$							
	$n_0=500$ r/min	$n/(\text{r/min})$							
		I_d/A							
		$M/(\text{N}\cdot\text{m})$							
反向	$n_0=1500$ r/min	$n/(\text{r/min})$							
		I_d/A							
		$M/(\text{N}\cdot\text{m})$							
	$n_0=1000$ r/min	$n/(\text{r/min})$							
		I_d/A							
		$M/(\text{N}\cdot\text{m})$							
	$n_0=500$ r/min	$n/(\text{r/min})$							
		I_d/A							
		$M/(\text{N}\cdot\text{m})$							

4. 闭环系统调试

主回路和控制回路按图 5-22 和图 5-23 接线,形成双闭环直流调速系统,此时 FBS 与转速计 TG 反向连接,以防飞车。注意将 ASR 和 ACR 均接成 PI 调节器,主回路电源闭合之前,需要对 ASR 和 ACR 进行调试,在调试过程中注意监视 NMCL - 22 中 UPW 的"2"端方波的占空比保持在 10%～90% 以内,变窄的脉冲绝对不可发生突然消失现象,否则电机在运行中将会突然停转(产生较大的冲击电流,从而击穿 NMCL - 22 中的功率器件 IGBT 或 MOSFET)。

1)速度调节器 ASR 的限幅调试

①反馈电位器 RP_3 和 RP_4 逆时针旋转到底,使放大倍数最小;

②"5"、"6"端接入可调电容器,预置 $7\mu F$,断开 ASR 的"3"端和 ACR 的"3"端的连接线,断开 ASR 的"1"端与 FBS 的"3"端的连接线;

③正给定预置 0.5 V,调节 ASR 的 RP_2 使得"3"端输出限幅为 -3 V;负给定预置 0.5 V(给定钮子开关 S_1 拨向下方),调节 ASR 的 RP_1 使得"3"端输出限幅为 $+3$ V。调试完成后再将 ASR 的"1"端与 FBS 的"3"端相连,给定电位器 RP_1 和 RP_2 逆时针旋到底,S_1 和 S_2 推向上方。

2)电流调节器 ACR 的限幅调试

①ACR 的反馈电位器 RP_3 和 RP_4 逆时针旋转到底,使放大倍数最小;

②"9"、"10"端接入可调电容器,预置 $7\mu F$。确认 ASR 的"3"端和 ACR 的"3"端的连接线已经断开,断开 NMCL - 22 中的电流反馈 FBA 的 U_{fi} 与 ACR 的"1"端的连线,给定电压 U_g 直接接入 ACR 的"3"端。

③正给定预置 0.5 V,调节 ACR 的 RP_2 使得"7"端输出限幅为 -3 V;负给定预置 0.5 V(给定钮子开关 S_1 拨向下方),调节 ACR 的 RP_1 使得"7"端输出限幅为 $+3$ V。调试时应该注意用示波器监视 UPW 的"2"端 PWM 波的占空比在 10%～90% 之内,若占空比超出 10%～90% 的范围,则应该以 10% 或 90% 时 ACR 的"7"端输出电压为 ACR 的限幅电压。

5. 闭环系统静特性测试

1)静特性 $n = f(I_d)$ 的测定

主回路和控制回路按图 5 - 22 和图 5 - 23 接线,组成双闭环直流调速系统,NMCL - 31 中的 FBS 与转速计 TG 之间需要反向连接,以防电机飞车。确认 NMCL - 31 的给定钮子开关 S_1 和 S_2 已经拨向上方,给定电位器 RP_1 和 RP_2 已经逆时针旋转到底,NMCL - 03 的可调电阻逆时针旋到最大位置。注意用示波器监视 NMCL - 22 中 UPW 的输出"2"端 PWM 波占空比不得超过 10%～90% 的范围,即窄脉冲不得突然消失,否则电机 M03 将会突然停转(冲击电流击穿 NMCL - 22 中的功率器件 IGBT 或 MOSFET)。

首先,断开直流发电机 M01 的励磁电源和限流电阻 R_G,电机 M03 处于空载状态。闭合主回路电源,若电机 M03 缓慢转动,则需要调节 NMCL - 22 中 UPW

的电位器 RP 使得 UPW 的"2"端的输出 PWM 波占空比为 50%,从而使得电机转速 $n=0$。逐渐增加给定电压 U_g,使电机 M03 空载起动升速直至运行到电机转速 $n=1500$ r/min(注意使用示波器监视 UPW 的"2"端 PWM 波占空比≤90%),在电机运行中(此时电机转速 $n=1500$ r/min)将发电机 M01 接入励磁电源和限流电阻 R_G,此时电机转速有所下降,电机 M03 的电枢电流 I_d 有所上升,然后调节直流发电机 M01 的限流电阻 R_G 改变负载,注意电机 M03 的电枢电流 $I_d<1.0$ A,在 R_G 的额定负载范围内,测取 3～5 点,读取电机 M03 的转速 n,电机 M03 的电枢电流 I_d,测试并计算出系统正转时的静特性曲线 $n=f(I_d)$,数据记入表 5-13 中。

表 5-13　正转时静特性测定记录表

$n/(\text{r/min})$					
I/A					

　　测试完成后,将给定电位器 RP₁ 逆时针旋到最大位置,电机转速 $n=0$,限流电阻 R_G 逆时针旋到底,断开主回路电源。

　　同理,可以测试闭环系统反转时的静特性。

　　首先,NMCL-31 的给定钮子开关 S_1 拨向负给定位置,断开发电机 M01 的励磁电源和限流电阻 R_G,闭合主回路电源,逐渐增加负给定电压 U_g,使电机 M03 空载起动并升速直至电机转速 $n=1500$ r/min,在电机运行中接入发电机 M01 的励磁电源和限流电阻 R_G,然后调节直流发电机 M01 的限流电阻 R_G(即改变电机 M03 的负载),保持电机 M03 的电枢电流 $I_d<1.0$ A,在额定负载范围内,测取 3～5 点,读取电机 M03 的转速 n,电机 M03 的电枢电流 I_d,测试系统反转时的静特性曲线 $n=f(I_d)$,并记入表 5-14 中。

表 5-14　反转时静特性测定记录表

$n/(\text{r/min})$					
I/A					

　　最后,正负给定电位器 RP₁ 和 RP₂ 逆时针旋到底,电机转速 $n=0$,给定钮子开关 S_1 拨向上方,NMCL-03 的可调电阻逆时针旋到底,断开主回路电源。

　　2)闭环控制特性 $n=f(U_g)$ 的测定

　　主回路和控制回路按图 5-22 和图 5-23 接线,组成双闭环直流调速系统,调节 NMCL-22 中 UPW 的电位器 RP,确认 UPW 的"2"端的占空比为 50%。然后,闭合主回路电源,若电机 M03 有缓慢转动,则可调节 UPW 的电位器 RP 使得

电机转速 $n=0$。断开发电机 M01 的励磁电源和限流电阻 R_G，注意控制特性 $n=f(U_g)$ 的测定，发电机 M01 不需要接入励磁电源和限流电阻 R_G。然后，调节给定电压 U_g，使得电机 M03 空载起动并运行至电机转速 $n=1500$ r/min，记录给定电压 U_g 和电机 M03 的转速 n，测试双闭环控制特性 $n=f(U_g)$，数据记入表 5 - 15 中，测试时注意电机 M03 的电枢电流 $I_d < 1.0$ A。同时测定速度反馈系数 $\alpha = \dfrac{U_n^*}{n_m}$，电流反馈系数 $\beta = \dfrac{U_{im}^*}{I_{dm}}$

表 5 - 15　控制特性测定记录表

$n/(\text{r/min})$						
U_g/V						

最后，给定电位器 RP_1 逆时针旋到底，电机转速 $n=0$，断开主回路电源。

6. 系统动态波形的测试

主回路和控制回路按图 5 - 22 和图 5 - 23 接线，组成双闭环直流调速系统，断开发电机 M01 的励磁电源和限流电阻 R_G。闭合主回路电源，若电机 M03 缓慢转动，则需要调节 NMCL - 22 中 UPW 的电位器 RP，使得 UPW 的输出"2"端 PWM 波的占空比为 50%，则电机转速 $n=0$。电机 M03 空载起动并升速到转速 $n=1000$ r/min，注意用示波器监视 UPW 的输出"2"端 PWM 波的占空比在 10% ～ 90% 以内，其窄脉冲不得突然消失。

利用慢扫描双踪示波器从 NMCL - 18 中 ASR 的"1"端和 ACR 的"1"端，测试转速和电流的动态波形，并用数字示波器记录动态波形。

(1)突加给定起动时，电机电枢电流波形和转速波形。

(2)突减给定停车时，电机电枢电流波形和转速波形。

5.6.6　注意事项

(1)直流电机工作前，必须先加上直流励磁电源。

(2)接入 ASR 构成转速负反馈时，为了防止振荡，可预先把 ASR 的 RP_3 和 RP_4 电位器逆时针旋到底，使调节器放大倍数最小，同时，ASR 的"5"、"6"端接入可调电容(预置 7 μF)。

(3)测取静特性时，须注意主电路电流不许超过电机的额定值(1.0 A)。

(4)系统开环连接时，不允许突加给定信号 U_g 起动电机。

(5)改变接线时，必须先按下主控制屏主电源开关的"断开"红色按钮，同时使系统的给定电压 U_g 为零。

(6)双踪示波器的两个探头地线通过示波器外壳短接,故在使用时,必须使两探头的地线同电位(只用一根地线即可),以免造成短路事故。

(7)实验时需要特别注意起动限流电路的继电器有否吸合,如该继电器未吸合,进行过流保护电路调试或进行带负载实验时,就会烧坏起动限流电阻。

5.6.7 实验报告

(1)根据实验数据,列出 SG3525 的各项性能参数、逻辑延时时间、同一桥臂驱动信号的死区时间、起动限流继电器吸合时的直流电压值等。

(2)列出开环机械特性数据,画出对应的曲线,并计算出满足 $s = 0.05$ 时的开环系统调速范围。

(3)根据实验数据,计算出电流反馈系数 β 与速度反馈系数 α。

(4)列出闭环静特性数据,画出对应的曲线,计算出满足 $s = 0.05$ 时的闭环系统调速范围,并与开环系统调速范围相比较。

(5)列出闭环控制特性 $n = f(U_g)$ 数据,并画出对应的曲线。

(6)画出下列动态波形:

①突加给定时的电机电枢电流和转速波形,并在图上标出超调量等参数。

②突加与突减负载时的电机电枢电流和转速波形。

(7)试对 H 型 PWM 变换器的优缺点以及由 SG3525 控制器构成的直流脉宽调速系统的优缺点及适用场合作出评述。

(8)对实验中感兴趣现象的进行分析和讨论。

(9)实验的收获、体会与改进意见。

5.6.8 预习报告

(1)双闭环可逆直流脉宽调速系统的组成与基本原理。

(2)双闭环可逆直流脉宽调速系统的性能指标和动态性能。

5.6.9 思考题

(1)为了防止上、下桥臂的直通,有人把上、下桥臂驱动信号死区时间调得很大,这样做行不行,为什么?你认为死区时间长短由哪些参数决定?

(2)与采用晶闸管的移相控制直流调速系统相对比,试分析采用自关断器件的脉宽调速系统的优点。

第6章 交流调速系统实验

6.1 双闭环三相异步电机调压调速系统

6.1.1 实验目的

(1)熟悉晶闸管相位控制交流调压调速系统的组成与工作原理。

(2)熟悉双闭环三相异步电机调压调速系统的基本原理。

(3)掌握绕线式异步电机调压调速时的机械特性。

(4)掌握交流调压调速系统的静特性和动态特性

(5)熟悉交流调压系统中电流环和转速环的调节方法与主要作用。

6.1.2 实验内容

(1)测定绕线式异步电机转子不串电阻时的人为机械特性。

(2)测定双闭环交流调压调速系统的静特性。

(3)测定双闭环交流调压调速系统的动态特性。

6.1.3 实验设备

(1)电源控制屏(NMCL-32);

(2)低压控制电路及仪表(NMCL-31);

(3)触发电路和晶闸管主回路(NMCL-33);

(4)可调电阻(NMCL-03);

(5)直流调速控制单元(NMCL-18);

(6)电机导轨及测速发电机(或光电编码器);

(7)直流发电机 M03;

(8)三相绕线式异步电机 M09;

(9)双踪示波器;

(10)万用表。

6.1.4 实验原理

1. 系统原理

双闭环三相异步电机调压调速系统的主电路为三相晶闸管交流调压器(TVC)及三相绕线式异步电机 M09。控制系统由零速封锁器(DZS)、电流调节器(ACR)、速度调节器(ASR)、电流变换器(FBC)、速度变换器(FBS)、触发器(GT)以及脉冲放大器(AP_1)等组成。其系统原理图如图 6-1 所示。

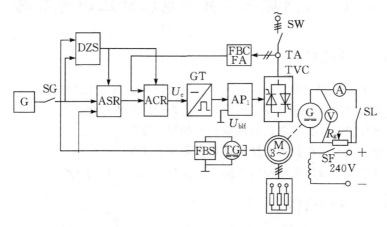

图 6-1 双闭环三相异步电机调压调速系统原理图

整个调速系统采用速度、电流两个反馈控制环。这里的速度环作用基本上与直流调速系统相同而电流环的作用则有所不同。在稳定运行情况下,电流环对电网振动仍有较大的抗扰作用,但在起动过程中电流环仅起限制最大起动电流的作用,不会出现最佳起动的恒流特性,也不可能是恒转矩起动。

异步电机调压调速系统结构简单,采用双闭环系统时静差率较小,且比较容易实现正转、反转、反接和能耗制动。但在恒转矩负载下不能长时间低速运行,因低速运行时转差功率全部消耗在转子电阻中,使转子过热。

2. 三相异步电机的调速方法

交流调速系统按转差功率的处理方式可分为三种类型。

转差功率消耗型:异步电机采用调压、变电阻等调速方式,转速越低时,转差功率的消耗越大,效率越低。

转差功率馈送型:控制绕线式异步电机的转子电压,利用其转差功率可实现调节转速的目的,这种调节方式具有良好的调速性能和效率,如串级调速。

转差功率不变型:这种方法转差功率很小,而且不随转速变化,效率较高,例如改变磁极对数调速、变频调速等。

如何处理转差功率在很大程度上影响着电机调速系统的效率。

1)定子调压调速

当负载转矩一定时,随着电机定子电压的降低,主磁通减少,转子感应电动势减小,转子电流减小,转子受到的电磁力减小,转差率 s 增大,转速减小,从而达到速度调节的目;同理,定子电压升高,转速增加。其优点是调速平滑,采用闭环系统时,机械特性较硬,调速范围较宽;缺点是低速时转差功率损耗较大、功率因数低、电流大、效率低。它较适合于风机和具有泵类特性的负载,如图 6-2(a)所示。

2)转子变电阻调速

当定子电压一定时,电机主磁通不变,若减小定子电阻,则转子电流增大,转子受到的电磁力增大,转差率减小,转速升高;同理,增大定子电阻,转速降低。转子变电阻调速的优点是设备和线路简单,投资不高,但其机械特性较软,调速范围受到一定限制,且低速时转差功率损耗较大,效率低,如图 6-2(b)所示。

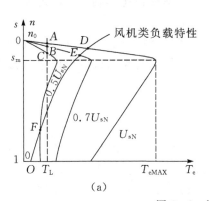

(a)

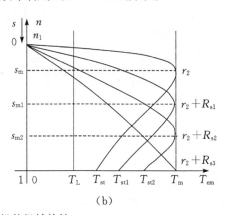

(b)

图 6-2　异步电机的机械特性

(a)定子在不同电压时;(b)转子变电阻调速时

3)电磁转差离合器调速

电磁转差离合器调速是以恒定转速运转的异步电机为原动机,通过改变电磁转差离合器的励磁电流进行速度调节。电磁转差离合器由电枢和磁极两部分组成,二者之间没有机械的联系,均可自由旋转。离合器的电枢与异步电机转子轴相连并以恒速旋转,磁极与工作机械相连。

电磁转差离合器的工作原理:如果磁极内励磁电流为零,电枢与磁极间没有任何电磁联系,磁极与工作机械静止不动,相当于负载被"脱离";如果磁极内通入直流励磁电流,磁极即产生磁场,电枢由于被异步电机拖动旋转,因而电枢与磁极间有相对运动而在电枢绕组中产生电流,并产生力矩,磁极将沿着电枢的运转方向旋转,此时负载相当于被"合上",调节磁极内通入的直流励磁电流,就可调节转速。电磁转差离合器调速的优点是控制简单,运行可靠,能平滑调速,采用闭环控制后可扩大调速范围,运用于通风类或恒转矩类负载;其缺点是低速时损耗大、效率低。

4)串级调速

串级调速是将转子中的转差功率通过变换装置加以再利用,以提高设备的效率。串级调速的工作原理实际上是在转子回路中串接一个与转子绕组感应电动势频率相同的可控的附加电动势,通过控制这个附加电动势的大小,来改变转子电流的大小,从而改变转速。串级调速具有机械特性比较硬、调速平滑、损耗小、效率高等优点,便于向大容量发展,但它也存在着功率因数较低的缺点。

5)改变磁极对数调速

由于同步转速 $n_1 = 60f_1/n_p$,改变定子的极对数 n_p 就可以改变转速 n。显然这种调速方法简单,但不能实现无级调速。

6)变频调速

当极对数不变时,电机转子转速与定子电源频率成正比,因此,连续地改变供电电源的频率,就可以连续平滑地调节电机的转速。

异步电机变频调速具有调速范围广、调速平滑性能好、机械特性较硬的优点,可以方便地实现恒转矩或恒功率调速,整个调速特性与直流电机调压调速和弱磁调速十分相近。

6.1.5　实验方法

双闭环交流调压调速系统主回路和控制回路按图 6-3 和图 6-4 连接,NMCL-32 的"三相交流电源"的钮子开关拨向"交流调速"。给定电位器 RP$_1$ 和 RP$_2$ 左旋到最大位置,可调电阻 NMCL-03 左旋到最大位置。注意:图 6-3 的主回路中接入的是交流电流表和交流电压表。

1.移相触发电路的检测

(1)推上空气开关,主电源暂不上电。用示波器测试 NMCL-33 的双脉冲观察孔,应有双窄脉冲,且间隔均匀,幅值相同(约为 10 V),相位差 60°。

(2)给定电压 U_g 直接与 NMCL-33 中的 U_{ct} 连接,将 NMCL-33 面板上的 U_{blf} 端接地。调节偏移电压 U_b,使触发角 α 在 30°~180°可调,调试完成后,将 U_b 逆时针旋到最大位置。

(3)将正组触发脉冲的六个键开关接通,测试正桥晶闸管的触发脉冲是否正常,正常情况下,晶闸管阴极和控制极之间应有幅值为 1.0~2.0 V 的双脉冲。

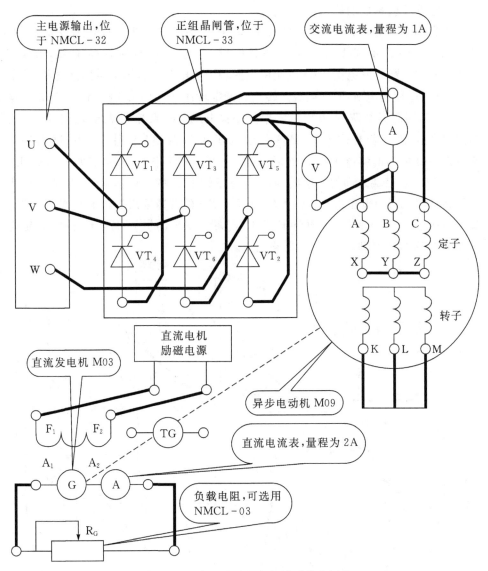

图 6 - 3　双闭环交流调压调速系统主回路

2. 控制单元调试

连接主回路和控制回路,如图 6 - 3 和图 6 - 4 所示,转速计置于 ON 状态,参照 5.2 节中直流调速系统的调试方法,调试三相交流调压调速系统的各个控制单元,包括 ASR 和 ACR 的限幅电压的调节。速度环 FBS 和电流环 FBC 的调节,其具体调试方法如下:

1)速度反馈系数的调试

首先,断开 NMCL - 18 中 ACR 的"7"端与 NMCL - 33 中的 U_{ct} 以及 U_g 与 NMCL - 18 中 ASR 的"2"端之间的连接线,给定电压 U_g 直接与 U_{ct} 连接,形成开环调速系统。断开发电机 M03 的励磁电源和限流电阻 R_G,闭合主回路电源,调节给定电压 U_g 使得电机 M09 空载运转达到额定转速(约为 1420 r/min)。若定子电流 $I_d > I_{ed}$,则需要微调 NMCL - 33 中的偏移电压 U_b,或者缓慢调节给定电压 U_g 和偏移电压 U_b。若异步电机 M09 的端电压(AB 两端)不到 220 V,则需调节 NMCL - 33 中的偏移电压 U_b。然后,取出 NMCL - 31 中 FBS 的"3"端与 NMCL - 18 中 ASR 的"1"端之间的连接线,调节速度反馈 FBS 的电位器 RP 使得它的输出 "3"和"4"端之间的电压为 +3 V(此时转速计 TG 的转速输出端与 FBS 的"1"、"2" 端反向连接)。测试完成后,再将 FBS 的"3"端与 ASR 的"1"端重新连接,给定电位器 RP_1 逆时针旋到底,断开主回路电源。

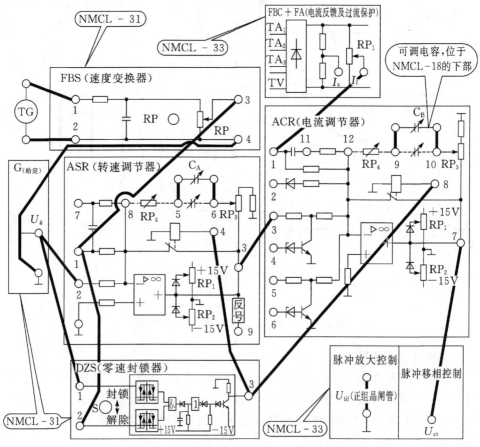

图 6 - 4　双闭环交流调压调速系统控制回路

2) 电流反馈系数的调试

如图 6 - 4 所示,断开 ASR 的"3"端与 ACR 的"3"端以及给定电压 U_g 与 NMCL - 33 中 U_{ct} 之间的连接线,给定电压 U_g 直接连接到 ACR 的"3"端,连接 NMCL - 18 中 ACR 的"7"端与 NMCL - 33 中的 U_{ct},形成电流的单闭环系统,给定电位器 RP$_1$ 和 RP$_2$ 逆时针旋到底,使得 $U_g = 0$,NMCL - 33 中的偏移电压 U_b 逆时针旋到底。断开发电机 M03 的励磁电源和限流电阻 R_G,NMCL - 31 中的零速封锁器 DZB 置于"封锁"状态,闭合主回路电源,负给定电压 U_g(S$_1$ 拨向下方)设置 3 V,电机 M09 空载运行(若电机 M09 不转,可调节 NMCL - 33 中 FBC(左下方的电流反馈 I_f)的电位器 RP$_1$ 使 M09 运转),注意此时定子电流 $I_d < I_{ed}$,交流电机 M09 的端电压为 220V,否则需调节 NMCL - 33 中的 U_b。调节 NMCL - 33 中左下方的电流反馈 I_f 的电位器 RP$_1$,使得三相异步电机 M09 的转速 $n = 0$,最后再回调电流反馈 I_f 的电位器 RP$_1$,使得 M09 电机刚要转动还没转动时立即停止,则电流环便调试完成。调试完成后,给定电位器 RP$_1$ 和 RP$_2$ 以及钮子开关 S$_1$ 复位。

3. 开环机械特性的测定

(1) 断开 NMCL - 18 中 ACR 的"7"端至 NMCL - 33 的 U_{ct} 以及给定电压 U_g 与 ACR 中"3"端的连接线,NMCL - 31 的给定电压 U_g 直接连接至 U_{ct},形成开环系统。注意绕线式三相异步电机 M09 的转子回路不接可调电阻,它的输出端直接短接,发电机 M03 的限流电阻 R_G 接成串联形式且阻值为 1800 Ω,并将 R_G 逆时针旋到最大位置。

(2) 闭合主回路电源(按下主控制屏绿色闭合开关按钮),这时候主控制屏 U、V、W 端有电压输出,电机 M09 的线电压为 220 V。

(3) 断开发电机 M03 的励磁电源和限流电阻 R_G,调节给定电压 U_g,使电机 M09 空载运行并调至端电压 220 V,电机转速为 1420~1480 r/min。调试过程中,若定子电流 $I_d > I_{ed}$,则需要微调 NMCL - 33 中的偏移电压 U_b。若还无法调节到 $I_d < I_{ed}$ 且电机 M09 已达到额定转速,则需要缓慢调节给定电压 U_g 和偏移电压 U_b。然后,发电机 M03 接入励磁电源和限流电阻 R_G,调节直流发电机 M03 的限流电阻 R_G,在电机 M09 的负载范围内测取 3~5 点,读取直流发电机 M03 的输出电压 U_G、电枢电流 I_G 以及被测电机 M09 的转速 n,计算三相异步电机的输出转矩 M,并将数据记入表 6 - 1 中。注意电机的额定电流 I_{ed},以防过流,烧毁电机。

(4) 调节给定电压 U_g,降低电机 M09 的端电压,在端电压为 180 V 时重复上述实验,测试一组人为机械特性。

注意:在测试电机 M09 的电磁转矩 M 时,为了得到发电机 M03 的电枢电流 I_G,请将直流电流表串接到发电机 M03 的电枢回路中。

表 6 - 1　开环机械特性测试数据记录表

$n/(\text{r/min})$						
I_G/A						
U_G/V						
$M/(\text{N}\cdot\text{m})$						

注:采用直流发电机的测试数据,转矩可按下式计算:

$$M = 9.55(I_G U_G + I_G^2 R_s + P_0)/n$$

式中　M——三相异步电机电磁转矩;

　　　I_G——直流发电机电流(可将直流电流表接入发电机 M03 的回路);

　　　U_G——直流发电机电压(R_G 两端的电压,电枢两端可并联电压表);

　　　R_s——直流发电机 M03 的电枢电阻(参照本书 5.1 节 R_a 的测试结果);

　　　P_0——机组空载损耗。不同转速下取不同数值:$n=1500$ r/min,$P_0=13.5$ W;$n=1000$ r/min,$P_0=10$ W;$n=500$ r/min,$P_0=6$ W。

4. 闭环系统特性的测定

(1)按图 6 - 3 和图 6 - 4 连线,将系统接成双闭环调压调速系统,转子回路仍短接,逐渐增加给定电压 U_g 至约 +2 V,使电机 M09 的转速 $n_0=1420$ r/min(额定转速)。若电机转速不足,可以微调 NMCL - 33 中的偏移电压 U_b,确认电机 M09 运行正常。

(2)调节 ASR 和 ACR 的外接电容及放大倍数调节电位器(ASR 和 ACR 的 RP_4),用慢扫描示波器测试突加突减给定的动态波形(利用 ASR 和 ACR 的"1"端测试),并确定较佳的调节器参数。

(3)调节给定电压 U_g,使转速至 $n=1420$ r/min,电机 M09 的负载按一定间隔给出,测试 3~5 组数据,测出闭环静特性 $n=f(M)$,记录到表 6 - 2 中。

表 6 - 2　闭环系统静特性测试数据记录表

$n/(\text{r/min})$						
I_G/A						
U_G/V						
$M/(\text{N}\cdot\text{m})$						

(4)系统动态特性的测试,用慢扫描示波器测试并记录如下波形,即:

①突加突减给定电压 U_g 起动电机 M09 时转速 n,ASR 输出"3"端(电机转速输出 U_{gi})的动态波形。

②电机 M09 稳定运行,突加突减负载(加上和去掉发电机 M03 的励磁电源和负载 R_G)时的转速 n,ASR 输出"3"的动态波形。

6.1.6　实验报告

(1)根据实验数据,画出开环时,电机 M09 的人为机械特性。

(2)根据实验数据,画出闭环系统静特性,并与开环特性进行比较。

(3)根据记录下的动态波形分析系统的动态过程。

6.1.7　注意事项

(1)接入 ASR 构成转速负反馈时,为了防止振荡,可预先把 ASR 的 RP_3 电位器逆时针旋到底,使调节器放大倍数最小,同时,ASR 的"5"、"6"端接入可调电容(预置 7 μF)。

(2)测取静特性时,须注意电流不许超过电机 M09 的额定值(0.55A)。

(3)三相主电源连线时需注意,不可接错相序。

(4)系统开环连接时,不允许突加给定信号 U_g 起动电机。

(5)改变接线时,必须先断开主控制屏总电源开关,同时使系统的给定电压 U_g 为零。

(6)双踪示波器的两个探头地线通过示波器外壳短接。注意:在使用时,必须使两探头的地线同电位(只用一根地线即可),以免造成短路事故。

(7)低速实验时,实验时间应尽量短,以免电阻器过热引起串接电阻数值的变化。

(8)绕线式异步电机:$P_N=100$ W,$U_N=220$ V,$I_N=0.55$ A,$n_N=1350$ r/min,$M_N=0.68$ N·m,Y 形接法。

6.1.8　预习报告

(1)双闭环异步电机调压调速系统的组成与工作原理。

(2)双闭环异步电机调压调速系统的机械特性。

(3)双闭环异步电机调压调速系统的静特性。

(4)双闭环异步电机调压调速系统的动态特性。

(5)三相交流调压电路对触发电路的要求。

6.1.9　思考题

(1)三相绕线式异步电机转子回路串接电阻的目的是什么? 不串电阻能否正常运行?

(2)为什么交流调压调速成系统不宜用于长期处于低速运行的生产机械和大功率设备上?

6.2　双闭环三相异步电机串级调速系统

6.2.1　实验目的

(1)熟悉双闭环三相异步电机串级调速系统的组成及工作原理。

(2)掌握串级调速系统的调试方法及步骤。

(3)了解串级调速系统的静态与动态特性。

6.2.2　实验内容

(1)控制单元及系统调试。

(2)测定开环串级调速系统的机械特性。

(3)测定双闭环串级调速系统的静特性。

(4)测定双闭环串级调速系统的动态特性。

6.2.3　实验设备

(1)电源控制屏(NMCL-32);

(2)低压控制电路及仪表(NMCL-31);

(3)触发电路和晶闸管主回路(NMCL-33);

(4)可调电阻(NMCL-03);

(5)直流调速控制单元(NMCL-18);

(6)电机导轨及测速发电机(或光电编码器);

(7)直流发电机 M03;

(8)绕线式异步电机 M09;

(9)双踪示波器;

(10)万用表。

6.2.4　实验原理

　　绕线式异步电机串级调速,即在转子回路中串接附加电动势进行调速。通常使用的方法是:转子三相电动势经二极管三相桥式不控整流得到直流电压;由晶闸管有源逆变电路产生直流电动势,从而方便地实现调速,并将吸收异步电机转子侧传递的转差功率,这是一种比较节能经济的调速方法。

　　本系统为晶闸管亚同步闭环串级调速系统。控制系统由速度调节器 ASR,电流调节器 ACR,触发装置 GT,脉冲放大器 MF,速度变换器 FBS,电流变换器 FBC

等组成。其系统主回路和控制回路原理图如图 6-5 所示,主回路接线图如图 6-6
所示,控制回路原理和接线图可参考图 6-7。

6.2.5 实验方法

1.移相触发电路的调试

推上空气开关,主回路电源暂不上电,双闭环交流异步电机串级调速的主回路
和控制回路暂不连接。

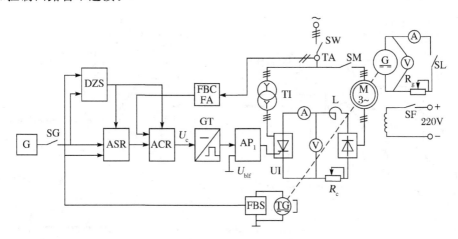

G—给定器;DZS—零速封锁器;ASR—速度调节器;ACR—电流调节器;GT—触发装置;
FBS—速度变换器;FA—过流保护器;FBC—电流变换器;AP_1—正组脉冲放大器

图 6-5 双闭环交流串级调速系统原理图

(1)用示波器测试 NMCL-33 中的双脉冲观察孔,相邻的观察孔应有双窄脉
冲,且间隔均匀,幅值相同(约为 10 V),相位差为 60°。

(2)给定电压 U_g 直接与 NMCL-33 中的 U_{ct} 连接,给定电位器 RP_1 逆时针旋
到底使得 $U_{ct}=0$,将 NMCL-33 面板上的 U_{blf} 端接地。

(3)将正组触发脉冲的 6 个琴键开关置于“脉冲通”的状态,观察正桥晶闸管的
触发脉冲是否正常,正常情况时晶闸管控制极和阴极之间应有幅值为 1.0～2.0 V
的双脉冲。

(4)用示波器在 NMCL-33 的左上方三相电源 U、V、W 孔处的“U”孔测得一
个电压信号,同时用示波器在脉冲放大控制的“1”孔处测得一个双窄脉冲信号,调
节 NMCL-33 中的偏移电压 U_b(逆时针旋到底),使得晶闸管触发角在示波器上
显示 $\alpha=180°$(即双窄脉冲左侧脉冲的左边缘与“U”孔正弦电压信号 180° 相交)。

2. 控制单元调试

按照图 6-6 的主回路和图 6-7 的控制回路连线，NMCL-03 的可调电阻串接成 1800 Ω，其电位器逆时针旋到底，NMCL-32 中的三相交流电源输出电压选择为"交流调速"，给定电位器 RP₁ 逆时针旋到底，此时暂不闭合主回路电源。调试三相交流异步电机串级调速系统的各个控制单元，主要包括 ASR 和 ACR 的限幅电压的调节以及转速环 FBS 和电流环 FBC 的调节，在控制单元调试过程中用示波器监视 NMCL-33 中的正组晶闸管的触发角 α 的大小。具体调试方法如下：

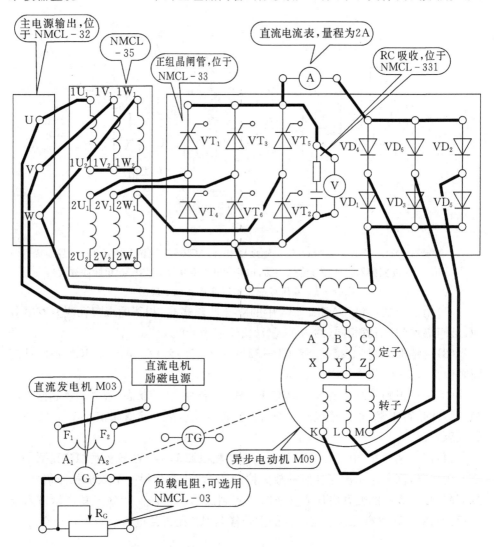

图 6-6 双闭环交流串级调速系统主回路接线图

1) ASR 的调试

确认 NMCL - 33 中的偏移电压 U_b 的电位器逆时针旋到底,使得 $U_b = 0$,示波器显示 $\alpha = 180°$,NMCL - 18 中 ASR 的 RP_1、RP_2、RP_3、RP_4 全部逆时针旋到底。断开 ASR 的"3"端和 ACR"3"端的连接线,正给定电位器 RP_1 预置 0.5 V,调节 ASR 的 RP_2 使得 ASR 的"3"端的输出电压为 -3.5 V。将给定钮子开关 S_1 拨向下方,负给定电位器 RP_2 预置 -0.5 V,调节 ASR 的 RP_1 使得 ASR 的"3"端的输出电压为 +3.5 V。

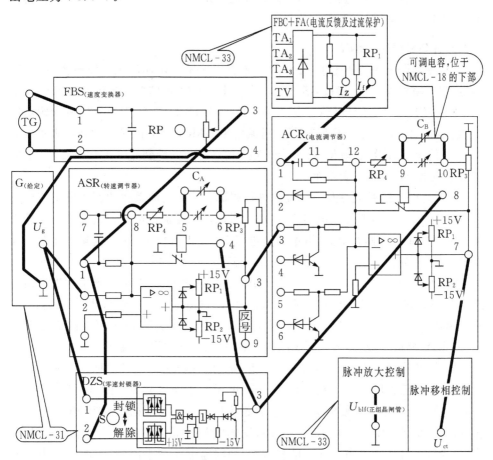

图 6 - 7 双闭环交流串级调速系统控制回路

2) ACR 的调试

确认已经断开 ASR 的"3"端和 ACR"3"端之间的连接线,断开给定电压 U_g 与 ASR 的"2"端之间的连接线,并将给定电压 U_g 直接与 ACR 的"3"端连接,确认 NMCL - 33 中的偏移电压 U_b 的电位器逆时针旋到底,使得 $U_b = 0$,给定钮子开关

S_1 拨向上方,给定电位器 RP_1 逆时针旋到底,示波器显示 $\alpha=180°$,NMCL - 18 中 ACR 的 RP_1、RP_2、RP_3、RP_4 全部逆时针旋到底。正给定电位器 RP_1 预置 0.5 V, 调节 ACR 的限幅电位器 RP_2,使得 ACR 的"7"端输出电压为 -3.0 V。将给定钮子开关 S_1 拨向下方,负给定电位器 RP_2 预置 -1.0 V,此时示波器显示 $\alpha=180°$。 调节 ACR 的限幅电位器 RP_1 使得 α 略大于 $120°$(理论上的触发角大于 $90°$),此时 ACR 的"7"端的输出电压为 $+3.0$ V 左右。

调试完成后,给定电位器 RP_1 和 RP_2 均逆时针旋到底,给定钮子开关 S_1 拨向上方,按控制回路图 6-7 重新连接。

3. 开环机械特性测试

(1)主回路电源暂不上电,三相异步电机交流串级调速的主回路按图 6-6 连接,控制回路如图 6-7 连接,断开 NMCL - 18 中 ACR 的"7"端与 NMCL - 33 的 U_{ct} 的连接线,断开给定电压 U_g 与 ASR 的"2"端的连接线,NMCL - 31 的给定电压 U_g 直接加至 U_{ct},形成开环调速系统,可调电阻 NMCL - 03 的三个 600 Ω 串接成为 1800 Ω 使用,确认给定电位器 RP_1 和 RP_2 均已逆时针旋到底,$U_{ct}=0$,NMCL - 03 可调电阻电位器逆时针旋到底。

(2)速度反馈系数在开环系统中进行调试。速度反馈系数的调试就是速度环 FBS 的调试。首先,断开发电机 M03 的励磁电源和限流电阻 R_G(先断开电阻后再断开励磁),闭合主回路电源,调节给定电压 U_g 使得电机 M09 空载起动并升速到额定转速(约为 1400 r/min),在电机 M09 运行中(约 1400 r/min),断开 NMCL - 31 中 FBS 的"3"端与 NMCL - 18 中 ASR 的"1"端之间的连接线,调节速度反馈变换器 FBS 的电位器 RP 使其"3"和"4"端之间的输出电压为 $+3$ V(此时转速计 TG 的转速输出端与 FBS 的"1"、"2"端正向连接),同时注意直流电流表的逆变电流 $I_d \leqslant 0.5$ A。调试完成后,再将 FBS 的"3"端与 ASR 的"1"端重新连接上。

最后,给定电位器 RP_1 逆时针旋到底,电机转速 $n=0$,断开主回路电源。

(3)确认已经断开发电机 M03 的励磁电源和限流电阻 R_G,闭合主回路电源,缓慢调节给定电压 U_g,使电机 M09 空载起动并升速到额定转速(约为 1400 r/min),在电机 M09 运行中(约为 1400 r/min),发电机 M03 接入励磁电源和限流电阻 R_G(先接励磁后接负载电阻),此时电机 M09 的转速 n 有所下降,直流电流表指示的逆变电流 I_d 有所上升,然后调节直流发电机 M03 的限流电阻 R_G,在 R_G 的可调范围内测取 5~6 点,同时注意逆变电流不得大于 0.5 A(否则即为整流状态),然后,读取直流发电机 M03 的输出电压 U_G、电枢电流 I_G 以及被测电机 M09 的转速 n, 数据记入表 6-3 中,最后计算三相异步电机的输出转矩。

表 6 - 3　调速系统在无转速负反馈时的开环工作机械特性

$n/(\text{r/min})$					
I_G/A					
U_G/V					
$M/(\text{N}\cdot\text{m})$					

注:采用直流发电机的数据,开环调速系统三相异步电机的电磁转矩可按下式计算:

$$M=9.55(I_G U_G + I_G^2 R_s + P_0)/n$$

式中,M 为三相异步电机电磁转矩;I_G 为直流发电机的电枢电流;U_G 为直流发电机的输出电压;R_s 为直流发电机的电枢电阻;P_0 为机组空载损耗。不同转速下取不同数值:$n=1500$ r/min, $P_0=13.5$ W;$n=1000$ r/min, $P_0=10$ W;$n=500$ r/min, $P_0=6$ W。

测试完成后,给定电位器 RP₁ 逆时针旋到底,电机转速 $n=0$,限流电阻 R_G 的电位器左旋到底,断开主回路电源。注意逆变电流 I_d 和直流发电机电枢电流 I_G 的区别,不得混淆,测量 I_G 时可将万用表串接到发电机 M03 的电枢回路中。

4. 闭环系统的静特性测定

(1)主回路电源暂不上电。三相交流异步电机串级调速的主回路按图 6 - 6 连接,控制回路如图 6 - 7 连接,形成双闭环调速系统,转速计 TG 的转速输出端与 NMCL - 31 中 FBS 的"1"、"2"端反向连接(以防飞车),转速计 TG 的电源置于"ON"状态,零速封锁器 DZS 拨向"封锁"状态。

(2)电流反馈系数在闭环系统中进行调试。电流反馈系数的调试就是电流环 FBC 中 I_f 的调节。首先,断开 ASR 的"3"端与 ACR 的"3"端,断开给定电压 U_g 与 ASR 的"2"端的连接线,给定电压 U_g 直接连接到 ACR 的"3"端,ACR 的"7"端与 NMCL - 33 中的 U_{ct} 连接,形成电流的单闭环调速系统。给定电位器 RP₁ 逆时针旋到底,NMCL - 33 中的偏移电压 U_b 逆时针旋到底。断开发电机 M03 的励磁电源和限流电阻 R_G,闭合主回路电源,给定钮子开关 S₁ 拨向下方,调节负给定电位器 RP₂ 使得电机 M09 空载运行到 1400 r/min,然后发电机 M03 接入励磁电源和限流电阻 R_G(若此时电机 M09 的转速下降较大,可略微调节 NMCL - 33 左下方的电流反馈 FBC 的电流反馈系数 I_f 的电位器 RP₁),调节 NMCL - 03 的限流电阻 R_G 的电位器使得直流电流表的逆变电流 I_d 为临界值 0.5 A(若直流电流表的读数较难调到 0.5 A,此时需要略微调节 NMCL - 33 左下方的电流反馈 FBC 的电流反馈系数 I_f 的电位器 RP₁)。断开电流反馈 FBC 的电流反馈系数 I_f 端与 ACR 的"1"端的连接线,调节电流反馈系数 I_f 的电位器 RP₁ 使得 I_f 端的电压为 +2.5 V,调试完成后重新连接电流反馈 FBC 的电流反馈系数 I_f 端与 ACR 的"1"端的接线,则电流反馈系数调试完成。负给定电位器 RP₂ 逆时针旋到底,电机转速 $n=0$,

给定钮子开关 S_1 拨向上方,断开主回路电源。

最后,测试转速反馈系数 α 和电流所馈系数 β,完成后按照图 6-6 的主回路和图 6-7 的控制回路重新连接,限流电阻 R_G 逆时针旋至最大。

(3)闭环系统静特性测定。断开发电机 M03 的励磁电源和限流电阻 R_G,闭合主回路电源。调节给定电压 U_g,使电机 M09 空载起动并升速至转速 $n=1300$ r/min,然后在电机 M09 运行中(约为 1300 r/min),发电机 M03 接入励磁电源和限流电阻 R_G,此时电机 M09 的转速有所下降,直流电流表指示的逆变电流 I_d 有所上升。调节直流发电机的限流电阻 R_G,在 R_G 的可调范围内测取 4~6 点,注意此时的逆变电流 $I_d \leqslant 0.5$ A,同时测定直流发电机 M03 的输出电压 U_G、电枢电流 I_G 以及被测电机 M09 的转速 n,填写表 6-4,计算不同负载条件下的 n、I_G、U_G、M。异步电机的电磁转矩 M 按开环调速系统的公式进行计算。这里注意区别逆变电流 I_d 和发电机 M03 的电枢电流 I_G,不可混淆,以防产生计算错误。

表 6-4　闭环系统静特性测定表

$n/(\text{r/min})$							
I_G/A							
U_G/V							
$M/(\text{N} \cdot \text{m})$							

最后,给定电位器 RP₁ 逆时针旋到底,电机转速 $n=0$,限流电阻 R_G 逆时针旋到底,断开主回路电源。

5. 闭环系统的参数整定

(1)三相交流异步电机串级调速的主回路按图 6-6 连接,控制回路如图 6-7 连接,形成双闭环调速系统,注意此时转速计 TG 的转速输出端与 NMCL-31 中 FBS 的"1"、"2"端反向连接(以防飞车)。

(2)断开发电机 M03 的励磁电源和限流电阻 R_G,闭合主回路电源。调节给定电压 U_g,使电机 M09 空载起动并升速到转速 $n=1300$ r/min 左右,观察电机运行是否正常。调节 ASR 和 ACR 的外接电容 C_A 和 C_B 及放大倍数调节电位器 RP₃ 和 RP₄,确定一组较为理想的调节器参数,最后利用 ASR 和 ACR 的"1"端测试电机 M09 的转速和电流的动态特性,用慢扫描示波器测试并记录突加突减给定的动态波形。这里需要注意双闭环三相交流异步电机串级调速时,由于 ACR 调试时已经使得 $\alpha > 90°$,再加入给定电压 U_g 后将使 $\alpha \gg 90°$,β 很小,因此电机转速可调范围较小,使得电机迅速达到额定转速,类似飞车,但处于可控状态。

测试完成后,给定电位器 RP₁ 逆时针旋到底,电机转速 $n=0$,断开主回路电源。

6. 闭环系统动态特性的测定

三相异步电机交流串级调速的主回路按图 6－6 连接，控制回路如图 6－7 连接，形成双闭环调速系统。

断开发电机 M03 的励磁电源和限流电阻，闭合主回路电源。调节给定电压 U_g，使电机 M09 空载起动并升速至转速 $n=1300$ r/min，然后在电机 M09 运行中（约为 1300 r/min），发电机 M03 接入励磁电源和限流电阻 R_G，此时电机 M09 的转速有所下降，直流电流表指示的逆变电流 I_d 有所上升，再利用 ASR 和 ACR 的"1"端，用慢扫描示波器测试并记录以下动态特性：

①突加（突减）给定起动（制动）电机时，测试电机转速 n 和电流 I 的动态波形。

②突加（突减）给定起动（制动）电机时，测试电机转速输出 U_{gi} 的动态波形（利用 ASR 的"3"端测试）。

③电机稳定运行时（1000～1200 r/min），突加（突减）负载时的 n、I、U_{gi} 的动态波形。

6.2.6 注意事项

(1)本实验利用串级调速装置直接起动电机，不再另外附加设备，所以在电机起动时，必须使晶闸管逆变角 β 处于 β_{min} 位置，然后才能加大 β，使逆变器的逆变电压缓慢减少，电机平稳加速。

(2)本实验中，α 的移相范围为 90°～150°，注意不可使 $\alpha<90°$，否则易造成短路事故。注意：由于是交流调速系统，示波器上显示的 α 需加 30°。

(3)接线时，注意绕线式电机的转子有 4 个引出端，其中 1 个为公共端，不需接线。

(4)接入 ASR 构成转速负反馈时，为了防止振荡，可预先把 ASR 的 RP₃ 电位器逆时针旋到底，使调节器放大倍数最小，同时，ASR 的"5"、"6"端接入可调电容（预置 7 μF）。

(5)测取静特性时，须注意电流不许超过电机的额定值(0.55 A)。

(6)三相主电源连线时需注意，不可接错相序。

(7)系统开环连接时，不允许突加给定信号 U_g 起动电机。

(8)改变接线时，必须先按下主控制屏总电源开关的"断开"红色按钮，同时使系统的给定电压 U_g 为零。

(9)双踪示波器的两个探头地线通过示波器外壳短接。注意：在使用时，必须使两探头的地线同电位（只用一根地线即可），以免造成短路事故。

(10)绕线式异步电机：$P_N = 100$ W，$U_N = 220$ V，$I_N = 0.55$ A，$n_N = 1350$ r/min，$M_N = 0.68$ N·m，Y形接法。

6.2.7 实验报告

(1)根据实验数据，画出开环机械特性、闭环系统静特性 $n = f(M)$，并进行分析与比较。

(2)根据动态波形，分析系统的动态过程。

(3)测试并计算转速反馈系数 α 和电流反馈系数 β。

6.2.8 预习报告

(1)双闭环异步电机串级调速的组成与工作原理。

(2)双闭环异步电机串级调速的静态与动态特性。

6.2.9 思考题

(1)若逆变装置的逆变角 $\beta > 90°$ 或 $\beta < 30°$，则主电路会出现什么现象？为什么要对逆变角 β 的调节范围作一定的要求？

(2)串级调速系统的开环机械特性为什么比电机本身的固有特性软？

(3)以绕线式异步电机转速、电流双闭环串级调速原理为基础，结合 Matlab 仿真软件包，构建绕线式异步电机双闭环串级调速系统的仿真模型，并给出各模型的具体参数，通过编写 M 文件设置模型器件参数，并在模型中调用 M 文件进行仿真。

6.3 异步电机 SPWM 与 SVPWM 变频调速系统

6.3.1 实验目的

(1)掌握异步电机变压变频调速系统的组成及工作原理。

(2)理解基于单片机的 SPWM 波形生成的工作原理与特点以及不同调制方式对系统性能的影响。

(3)熟悉电压空间矢量控制(磁链跟踪控制)的工作原理与特点。

(4)掌握异步电机变压变频调速系统的调试方法。

6.3.2 实验内容

(1)连接线路构成一个实用的异步电机变频调速系统。

(2)过压保护、过流保护环节测试。

(3)采用 SPWM 数字控制时,不同输出频率、不同调制方式(同步、异步、混合调制)时的磁通分量、磁通轨迹、定子电流与电压、IGBT 两端电压波形测试。

(4)测定 U/f 曲线并分析不同的 U/f 曲线对电机磁通的影响。

(5)采用电压空间矢量控制(SVPWM)时,不同输出频率、不同调制方式时的磁通分量、磁通轨迹、定子电流与电压、IGBT 两端电压波形测试。

(6)低频补偿特性测试。

6.3.3　实验设备

(1)电源控制屏(NMCL-32);

(2)低压控制电路及仪表(NMCL-31);

(3)脉宽调制和空间矢量控制变频调速系统(NMCL-09A)

(4)转速计及电机导轨;

(5)异步电机 M04;

(6)发电机 M03;

(7)双踪示波器;

(8)万用表。

6.3.4　实验原理

1. 三相异步电机的变压变频调速

异步电机转速基本公式为

$$n = \frac{60f}{p}(1-s)$$

其中,n 为电机转速,f 为电源频率,p 为电机极对数,s 为电机的转差率。当转差率固定在最佳值时,改变 f 就可以改变转速 n。为使电机在不同转速下运行在额定磁通,改变频率的同时必须成比例地改变输出电压的基波幅值,这就是所谓的VVVF(变压变频)控制。工频 50 Hz 交流电源整流后可以得到一个直流电压源,对此直流电压进行 PWM 逆变控制,使变频器输出的 PWM 波形中的基波为预先设定的电压/频率比曲线所规定的电压频率数值。因此,这个 PWM 的调制方法是其中的关键技术。

目前常用的变频器调制方法为正弦波 PWM、马鞍波 PWM 和空间电压矢量PWM 方式。

正弦波 PWM 变频调速方式:正弦波脉宽调制法(SPWM)是最常用的一种调制方法,SPWM 信号是通过用三角载波信号与正弦信号相比较的方法产生,当改变正弦参考信号的幅值时,脉宽随之改变,从而改变了主回路输出电压的大小。当改变正弦参考信号的频率时,输出电压的频率即随之改变。在变频器中,输出电压的调整和输出频率的改变是同步协调地完成的,这称为 VVVF(变压变频)。

　　SPWM 调制方式的特点是半个周期内脉冲中心线等距、脉冲等幅、调节脉冲宽度、各脉冲面积之和与正弦波下的面积成正比例,因此,其调制波形接近于正弦波。在实际运用中对于三相逆变器,是由一个三相正弦波发生器产生三相参考信号,与一个公用的三角载波信号相比较,而产生三相调制波,如图 6-8 所示。

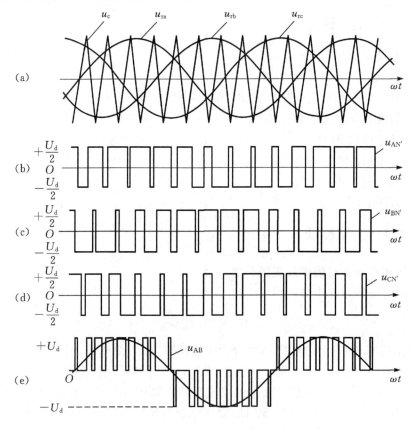

图 6-8　SPWM 波形

　　另外,对于直流电机,励磁系统是独立的,只要对电枢反应有恰当的补偿,磁通 Φ_m 就能保持不变。在交流异步电机中,磁通 Φ_m 由定子和转子磁势合成产生,要保持磁通恒定就需要进行相应的补偿。

$$E_g = 4.44 f_1 N_S k_{N_S} \Phi_m$$

式中,E_g 为气隙磁通在定子绕组中感应的电动势;f_1 为定子电流频率;N_S:定子绕组每相匝数;k_{N_S}:基波绕组系数;Φ_m 为每极气隙磁通量。

从上式可以看到,通过控制 E_g 和 f_1 就可以达到控制 Φ_m 的目的。对此需要考虑基频(额定频率)以下和基频以上两种情况。

1)基频以下调速

从上式可知,要保持 Φ_m 恒定,当频率 f_1 从额定值 f_{1N} 向下调节时,必须同时降低 E_g,使电动势频率比为常数,即

$$\frac{E_g}{f_1} = 常数$$

在实际的电机控制中,绕组中的感应电动势是难以直接控制的,当电动势值较高时,可以忽略定子绕组的漏磁阻抗压降,而认为定子相电压 $U_s \approx E_g$,就可以得到

$$\frac{U_s}{f_1} = 常数$$

这种就是恒压频比的控制方式。

恒压频比控制在低频时 U_s 和 E_g 都较小,定子阻抗压降所占的份量就比较显著,不再能忽略。这时需要把电压 U_s 抬高一些,以便近似地补偿定子压降,其机械特性如图 6-9(a),(b)所示。

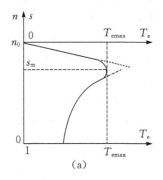
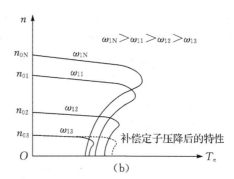

图 6-9　异步电机的机械特性

(a)恒压恒频时;(b)恒压频比时

2)基频以上调速

在基频以上调速时,频率应该从 f_{1N} 向上升高,但定子电压却不可能超过额定电压 U_{sN},最多只能保持 $U_s = U_{sN}$,这使磁通与频率成反比地降低,相当于直流电机弱磁升速。

如果电机在不同转速时所带的负载都能使电流达到额定值,即都能在允许温升下长期运行,则转矩基本上随磁通变化。按照电力拖动原理,在基频以下,磁通恒定时转矩也恒定,属于恒转矩调速性质;而在基频以上,转速升高时转矩降低,基

本上属于恒功率调速。

另外,变压变频调速系统实验原理如图 6 - 10 所示。

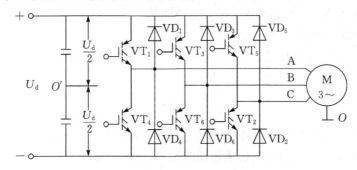

图 6 - 10　变压变频调速系统实验原理图

2. 空间矢量调制

经典的 SPWM 控制主要着眼于使输出电压尽量接近正弦波,并未顾及输出电流的波形;而电流滞环跟踪控制则直接控制输出电流,使之在正弦波附近变化,它比只要求正弦电压前进了一步。然而,交流电机需要输入三相正弦电流的最终目的是在电机空间形成圆形旋转磁场,从而产生恒定的电磁转矩。

圆形旋转磁场是通过磁链跟踪控制达到的,也就是跟踪圆形旋转磁场来控制逆变器的工作,磁链的轨迹是交替使用不同的电压空间矢量得到的,所以又称电压空间矢量 PWM(Space Vector PWM,SVPWM)控制。

当电机通入恒压恒频的交流市电时,其合成空间矢量 $\boldsymbol{u}_s$ 以电源角频率 ω_s 为电气角速度作恒速旋转。当某一相电压为最大值时,合成电压矢量 $\boldsymbol{u}_s$ 就落在该相的轴线上,表示为

$$\boldsymbol{u}_s = \boldsymbol{u}_{A0} + \boldsymbol{u}_{B0} + \boldsymbol{u}_{C0}$$

同样可以得到定子电流和磁链的空间矢量 $\boldsymbol{I}_s$ 和 $\boldsymbol{\psi}_s$。此时电机定子磁链幅值恒定,其空间矢量以恒速旋转,磁链矢量顶端的运动轨迹呈圆形,称为磁链圆。

当电机在中高速运行、忽略定子电阻压降时,合成电压矢量 $\boldsymbol{u}_s$ 可近似表示为

$$\boldsymbol{u}_s \approx \omega_1 \boldsymbol{\varPsi}_m e^{j(\omega_1 t + \frac{\pi}{2})}$$

其中,$\boldsymbol{\varPsi}_m$ 为磁链幅值,说明合成电压矢量 $\boldsymbol{u}_s$ 和磁链矢量 $\boldsymbol{\varPsi}_s$ 正交,那么控制电机产生圆形旋转磁场的问题就转化为空间电压矢量的运动轨迹问题。

图 6 - 11 是三相 PWM 逆变器供电给异步电机的原理图,为使电机对称工作,必须三相同时供电。a、b、c 分别代表 3 个桥臂的开关状态,规定上桥臂器件导通用"1"表示,下桥臂器件导通用"0"表示。

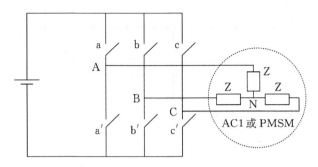

图 6 - 11　三相逆变器示意图

开关(c,b,a)的组合有 8 种状态,在这 8 种状态下电机的相电压和线电压见表 6 - 5。

表 6 - 5　三相电机在不同开关状态下的相电压及线电压

c	b	a	V_{AN}	V_{BN}	V_{CN}	V_{AB}	V_{BC}	V_{CA}
0	0	0	0	0	0	0	0	0
0	0	1	$2V_{DC}/3$	$-V_{DC}/3$	$-V_{DC}/3$	V_{DC}	0	$-V_{DC}$
0	1	0	$-V_{DC}/3$	$2V_{DC}/3$	$-V_{DC}/3$	$-V_{DC}$	V_{DC}	0
0	1	1	$V_{DC}/3$	$V_{DC}/3$	$-2V_{DC}/3$	0	V_{DC}	$-V_{DC}$
1	0	0	$-V_{DC}/3$	$-V_{DC}/3$	$2V_{DC}/3$	0	$-V_{DC}$	V_{DC}
1	0	1	$V_{DC}/3$	$-2V_{DC}/3$	$V_{DC}/3$	V_{DC}	$-V_{DC}$	0
1	1	0	$-2V_{DC}/3$	$V_{DC}/3$	$V_{DC}/3$	$-V_{DC}$	0	V_{DC}
1	1	1	0	0	0	0	0	0

可以看到生成的空间矢量模值是 V_{DC},将向量(V_{AN},V_{BN},V_{CN})通过 Clarke 变换到两相(α,β)坐标系(此处采用的变换向量为真实向量的 2/3),有

$$V_{s\alpha}=V_{AN}$$

$$V_{s\beta}=(2V_{BN}+V_{AN})/\sqrt{3}$$

结果见表 6 - 6。

表 6 - 6　开关向量在两相静止坐标系下的表示

c	b	a	$V_{s\alpha}$	$V_{s\beta}$	向量
0	0	0	0	0	$\mathbf{0}_{000}$
0	0	1	$2V_{DC}/3$	0	$\mathbf{U}_0$

0	1	0	$-V_{\mathrm{DC}}/3$	$V_{\mathrm{DC}}/\sqrt{3}$	$\boldsymbol{U}_{120}$
0	1	1	$V_{\mathrm{DC}}/3$	$V_{\mathrm{DC}}/\sqrt{3}$	$\boldsymbol{U}_{60}$
1	0	0	$-V_{\mathrm{DC}}/3$	$-V_{\mathrm{DC}}/\sqrt{3}$	$\boldsymbol{U}_{240}$
1	0	1	$V_{\mathrm{DC}}/3$	$-V_{\mathrm{DC}}/\sqrt{3}$	$\boldsymbol{U}_{300}$
1	1	0	$-2V_{\mathrm{DC}}/3$	0	$\boldsymbol{U}_{180}$
1	1	1	0	0	$\boldsymbol{0}_{111}$

表 6 - 6 中向量 $\boldsymbol{U}$ 的下标表示向量在空间的角度。表 6 - 6 得到了在两相静止坐标下开关(c,b,a)的 8 种状态下的 8 个基本向量,其中有两个零向量。

空间矢量调制的目的是将给定的空间矢量用已有的基本向量表示。假设系统输出变量为 $\boldsymbol{U}_{\mathrm{out}}$,假定它位于第一扇区,如图 6 - 12 所示。

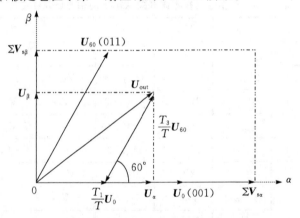

图 6.12　输出向量的坐标映射

向量 $\boldsymbol{U}_{\mathrm{out}}$ 由 $\boldsymbol{U}_0$ 和 $\boldsymbol{U}_{60}$ 合成,$\boldsymbol{U}_0$ 由开关状态(c,b,a)=(001)$_\mathrm{B}$ 产生,其作用时间表示为 T_1,同样将 $\boldsymbol{U}_{60}$ 的作用时间表示为 T_3,映射到三相坐标系时可以得到

$$T = T_1 + T_3 + T_0$$

$$\boldsymbol{U}_{\mathrm{out}} = \frac{T_1}{T}\boldsymbol{U}_0 + \frac{T_3}{T}\boldsymbol{U}_{60}$$

T 为 PWM 的输出周期,当 T_1 和 T_3 之和小于 T 时,用零向量补齐。映射到 (α,β) 坐标系可以得到

$$U_\beta = \frac{T_3}{T}|\boldsymbol{U}_{60}|\sin60°$$

$$U_\alpha = \frac{T_1}{T}|\boldsymbol{U}_0| + \frac{T_3}{T}|\boldsymbol{U}_{60}|\cos60°$$

式中空间向量的模等于 $2V_{DC}/3$。为了计算方便,将其以 $V_{DC}/\sqrt{3}$ 归一化,可以得到 $|U_{00}|=|U_{60}|=2/\sqrt{3}$,这样可以得到

$$T_1=\frac{T}{2}(\sqrt{3}U_\alpha-U_\beta)$$

$$T_3=TU_\beta$$

式中,U_α 和 U_β 分别是 U_{out} 经 $V_{DC}/\sqrt{3}$ 归一化后在两相坐标上的投影。用 T 将 T_1 和 T_3 归一化后得到

$$t_1=\frac{T_1}{T}=\frac{1}{2}(\sqrt{3}U_\alpha-U_\beta)$$

$$t_2=U_\beta$$

同理可以求得 U_{out} 位于第二扇区时 t_1 和 t_2 的值

$$t_1=\frac{1}{2}(-\sqrt{3}U_\alpha+U_\beta)$$

$$t_2=\frac{1}{2}(\sqrt{3}U_\alpha+U_\beta)$$

t_1、t_2 的分别对应 U_{120} 和 U_{60} 作用的时间。

为了便于计算,定义 X、Y、Z 为

$$X=U_\beta$$

$$Y=\frac{1}{2}(\sqrt{3}U_\alpha+U_\beta)$$

$$Z=\frac{1}{2}(-\sqrt{3}U_\alpha+U_\beta)$$

因此,当 U_{out} 位于第一扇区时,$t_1=-Z$,$t_2=X$;当位于第二扇区时,$t_1=Z$,$t_2=Y$。同理可以求出当 U_{out} 位于其他扇区时的值(见表 6-7)。

表 6-7　U_{out} 位于不同扇区时的值

扇区 作用时间	$1:U_0,U_{60}$	$2:U_{120},U_{60}$	$3:U_{120},U_{180}$	$4:U_{240},U_{180}$	$5:U_{240},U_{300}$	$6:U_0,U_{300}$
t_1	$-Z$	Z	X	$-X$	$-Y$	Y
t_2	X	Y	Y	Z	$-Z$	$-X$

为了求出一个给定向量的扇区号,定义

$$V_{ref1}=U_\beta$$

$$V_{ref2}=\frac{1}{2}(\sqrt{3}U_\alpha-U_\beta)$$

$$V_{ref}=-\frac{1}{2}(\sqrt{3}U_\alpha+U_\beta)$$

那么扇区号 $N=a+2b+4c$。其中:假如 $V_{ref1}>0$,那么 $a=1$,否则 $a=0$;假如 $V_{ref2}>0$,那么 $b=1$,否则 $b=0$;假如 $V_{ref3}>0$,那么 $c=1$,否则 $c=0$。

为了将 t_1、t_2 转化为 MCU 中 PWM 发生器的时间常数 T_a、T_b、T_c,定义

$$t_{aon}=\frac{1-t_1-t_2}{2}T_{CNT}$$

$$t_{bon}=t_{aon}+t_1 T_{CNT}$$

$$t_{con}=t_{aon}+t_2 T_{CNT}$$

式中,T_{CNT} 是 PWM 定时器的周期寄存器值,那么可以得到表 6-8。

表 6-8　不同扇区不同时间常数对应的值

时间常数 ＼ 扇区	$1:U_0,U_{60}$	$2:U_{120},U_{60}$	$3:U_{120},U_{180}$	$4:U_{240},U_{180}$	$5:U_{240},U_{300}$	$6:U_0,U_{300}$
T_a	t_{aon}	t_{con}	t_{con}	t_{bon}	t_{bon}	t_{aon}
T_b	t_{bon}	t_{aon}	t_{aon}	t_{con}	t_{con}	t_{bon}
T_c	t_{con}	t_{bon}	t_{bon}	t_{aon}	t_{aon}	t_{con}

变频调速系统原理框图如图 6-13 所示。它由交-直-交电压源型变频器、16 位单片机 80C196MC 所构成的数字控制器、控制键盘与运行指示、磁通测量与保护环节等部分组成。

逆变器功率器件采用智能功率模块 IPM(Intel Ligent Power Modules),型号为 PM10CSJ060(10A/600V)。IPM 是一种由六个高速、低功耗的 IGBT,优化的门极驱动和各种保护电路集成为一体的混合电路器件。由于采用了能连续监测电流的有传感功能的 IGBT 芯片,因而实现高效的过流和短路保护,同时 IPM 还集成了欠压锁定和过流保护电路。该器件的使用,使变频系统硬件简单紧凑,并提高了系统的可靠性。

数字控制器采用 Intel 公司专为电机高速控制而设计的通用性 16 位单片机 80C196MC。它由一个 C196 核心、一个三相波形发生器以及其他片内外设构成。其他片内外设中包含有定时器、A/D 转换器、脉宽调制单元与事件处理阵列等。

在实验系统中 80C196MC 的硬件资源分配如下:

(1)P3、P4 口:用于构成外部程序存储器的 16 b 数据和地址总线。

(2)WG1~WG3:用于输出三相 PWM 波形,控制构成逆变器的 IPM。

(3)EXTINT:用于过流、过压保护。

(4)通过接于 A/D 转换器输入端 ACH2 和 ACH1,使之输入频率和改变 U/f (低频补偿)。

(5)利用 P0 和 P1 口的 $P_{0.4}$~$P_{0.7}$ 和 $P_{1.0}$~$P_{1.3}$,外接按钮开关,用于起动、停

止、故障复位两种调制方法,三种调制模式的选择。

(6)利用 P2、P5、P6 口的 $P_{2.4} \sim P_{2.7}$,$P_{5.4}$ 与 $P_{6.6}$,$P_{6.7}$,外接指示灯,用于指示系统所处状态。

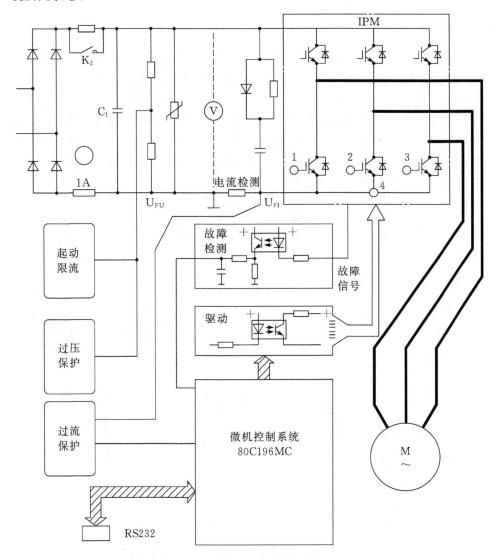

图 6 - 13　变频调速系统原理图

(7)磁通观测器用于电机气隙磁通测量。其前半部分为 3/2 变换电路,将三相电压 V_A、V_B、V_C 从三相静止坐标系 A、B、C 变换到二相静止坐标系 α、β 上,成为 V_α、V_β。电路的后半部分则分别对 V_α、V_β 积分。在忽略定子漏磁和定子电阻压降的前提下,两个积分器的输出分别是二相静止坐标系中电机气隙磁通在 α、β 轴上的分量 φ_α 与 φ_β;它们的波形形状相似,相位差 90°。将两个积分的输出分别接入示波器的 X 轴输入和 Y 轴输入,即可得到电机气隙磁通的圆形轨迹。

6.3.5　实验方法

　　按图 6-14 连接线路,此时 M04-A 与 M03 相连接,并且 M04-A 作为电机、M03 作为发电机使用,电机 M04-A 的定子按三角形接法连线。连接线路经过检查无误后,推上 NMCL-32 的空气开关,将 NMCL-09A 挂箱左下角的船型开关置于"ON"状态,将右下角的"给定"频率电位器逆时针旋到零,频率值可由电位器旋钮左侧的显示器读取,此时实验挂箱 NMCL-09A 默认设置值为 SPWM 控制和同步调制方式,与之对应的功能指示灯点亮,同时将右下角的低频补偿 U/f 旋钮逆时针旋到底,然后即可进行实验。

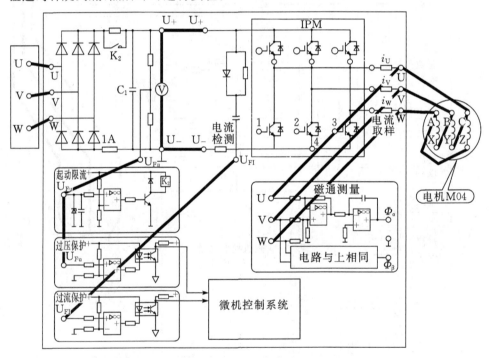

图 6-14　异步电机 SPWM 与 SVPWM 变频调速系统

　　注意:本实验中 M04-A 电机的航空插头不使用,此航空插头在交流变压变频调速与 NMCL-13B 配套使用。具体实验步骤如下所述。

　　(1)闭合电源控制屏 NMCL-32 的绿色按钮主电路开关,则 220 V 交流电压接到 NMCL‐09A 的电源输入 U、V、W 端,同时将转速计 TG 的船型开关置于"ON"状态。

(2)按下 NMCL‐09A 右下角的白色"起动"按钮,对应的"运行"指示灯点亮,调节"给定"频率电位器旋钮,电机 M04‐A 即可起动运行。给定频率越大,电机 M04‐A 的转速越高,调节频率到最高值 50 Hz 时,电机转速达到最高(额定转速约为 1420 r/min)。

(3)先按下 NMCL‐09A 右下角的白色"停止"按钮,电机 M04‐A 停止运行,将"给定"频率电位器逆时针旋到零,切换到空间矢量控制以及其他调制方式进行实验。利用 U/f 低频补偿功能,在 NMCL‐09A 挂箱上进行电机转速和磁通测量实验,并作不同条件下的对比分析。

实验完成后,按下 NMCL‐09A 右下角的白色"停止"按钮,电动转速 $n=0$,断开电源控制屏的绿色按钮主电源,NMCL‐09A 的"给定"频率电位器逆时针旋到零。

注意:在电机 M04‐A 运行时,即使按下 NMCL‐09A 右下角的"空间矢量"、"同步调制"、"异步调制"、"混合调制"等白色按钮,系统不会响应。为了切换到这些功能,必须先按下白色"停止"按钮,使电机 M04‐A 停止运行,才能切换到空间矢量控制以及其他调制方式。电机 M04‐A 停止转动后,应该将"给定"频率电位器逆时针旋到零,以防止下次起动运行时电机突然达到较高的转速。系统出现故障停机时,必须在查明原因并解除故障之后,方可按下 NMCL‐09A 右下角的"故障复位"按钮,使红色"故障"指示灯熄灭,系统恢复正常状态后,才可以按实验要求继续进行实验。

(4)过压与过流保护测试。断开电源控制屏的绿色按钮主电路开关,NMCL‐09A 左下角的船型开关置于"ON"状态。

①按下 NMCL‐09A 右下角的白色"起动"按钮,则"起动"指示灯点亮,利用示波器监测微机控制系统(80C196MC)输出的 6 个驱动脉冲观测孔(或者测试 6 个 IGBT 栅极和发射极之间的脉冲)为 PWM 波,当断开过压保护连接线(包括起动限流的三个 U_{FU} 端口之间的连接线),经过约 10s 之后,红色"故障"指示灯点亮,同时 6 个驱动脉冲观测孔的 PWM 波消失,此时控制系统处于封锁状态,表示过压保护工作正常。

测试完毕后,需要将断开的过压保护连接线按原来的位置重新接回,此时再按下白色"故障复位"按钮,则红色"故障"指示灯熄灭。若红色"故障"指示灯还不熄灭,则需要按下白色"停止"按钮。

②按下 NMCL‐09A 右下角的白色"起动"按钮,则"起动"指示灯点亮,利用示波器监测微机控制系统输出的 6 个驱动脉冲观测孔为 PWM 波,当断开过流保

护连接线,经过约 10 s 之后,红色"故障"指示灯点亮,同时 6 个驱动脉冲观测孔的 PWM 波消失,此时控制系统处于封锁状态,表示过流保护工作正常。

测试完毕后,需要将断开的过流保护连接线按原来的位置重新接回,此时再按下白色"故障复位"按钮,则红色"故障"指示灯熄灭。若红色"故障"指示灯还不熄灭,则需要按下白色"停止"按钮。

(5)采用正弦脉宽调制控制(SPWM)。闭合电源控制屏的绿色按钮开关,采用 SPWM 控制,给定频率电位器调节为 50 Hz、30 Hz 条件下,测量并记录在下述不同调制方式时的电机气隙磁通轨迹(测量该磁通轨迹需将示波器处于"X – Y"测量模式下进行,且 X 与 Y 为等刻度,同时将示波器的两个探头分别接到磁通测量模块的 φ_α 与 φ_β 上(NMCL – 09A 中为 α 与 β),示波器的一个探头的地与磁通测量模块上的地相连接)、主回路中的 6 个 IGBT 驱动波形(栅极与地之间)、电机 M04 – A 定子端电压波形,并观察电机运行的平稳性与噪声大小。注意:IGBT 驱动波形的测量可以利用主回路 IPM 区域的 IGBT 的 6 个控制极,也可以利用 NMCL – 09A 中间区域的 6 个脉冲观察孔得到。

①同步调制:系统设定的载波比 $N=12$(系统程序内部默认值,不可更改)。

②异步调制:系统设定的载波频率 $f_t=600$ Hz(系统程序内部默认值,不可更改)。

③混合调制:分三段执行。第一段 0～12.5 Hz,载波比 $N_1=100$;第二段 12.5～25 Hz,载波比 $N_2=80$;第三段,25～50 Hz,载波比 $N_3=60$(系统程序内部默认值,不可更改)。

当在低频(1～2 Hz)时,若电机 M04 – A 无法转动,可调节低频补偿电位器 U/f(顺时针旋转时,低频补偿电压增大),直到电机 M04 – A 能转动时为止。

(6)采用电压空间矢量控制(SVPWM)。实验条件与实验方法、测试与记录的波形可以参照第 5 条。

(7)低频补偿性能测试。在 SPWM 和 SVPWM 控制条件下,针对三种调制方式,低频时电机 M04 – A 的定子压降补偿可通过低频补偿电位器 U/f 得到,在输出频率为 1～2 Hz 时,调节 U/f 直到电机 M04 – A 能均匀转动时为止,同时通过主回路上的电流采样电阻进行 i_U、i_V、i_W 测试并记录直流母线电流的变化。

6.3.6 实验报告

(1)列出 SPWM 控制时,在不同调制方式,不同输出频率条件下测量的各种波形与电机工作情况。

(2)列出 SVPWM 控制时,在不同输出频率条件下所测量的各种波形与电机工作情况。

(3)调节低频补偿度,列出电机能均匀旋转的最低工作频率。

(4)分析 SPWM 控制和 SVPWM 控制,不同调制方式时的电机气隙磁通轨迹,IGBT 驱动波形与定子端电压等波形,以及电机平稳性与噪声比较。

(5)对实验中感兴趣现象的分析、讨论。

6.3.7　注意事项

(1)转换不同控制与调制方式时,要等到电机转速接近于零时,再按起动按钮,以免对电机造成冲击。

(2)主回路中的保险丝为 1A,不要任意放大。

6.3.8　预习报告

(1)VVVF 系统调速的组成与基本原理。

(2)SPWM 波的生成方法。

(3)电压空间矢量控制(SVPWM)的工作原理。

6.3.9　思考题

(1)如何区别交-直-交变压变频器是电压源还是电流源变频器? 它们在性能上有什么差异?

(2)采用二极管不控整流器和功率开关器件 PWM 逆变器组成交-直-交变频器有什么优点?

6.4　基于 DSP 的方波无刷直流电机(BLDCM)调速系统

6.4.1　实验目的

(1)掌握方波无刷直流电机(Brushless DC Motor,BLDCM)的组成、工作原理及性能特点。

(2)熟悉 DSP 控制的 BLDCM 调速系统的组成及工作原理。

(3)了解无转子位置传感器实现电机转子位置检测的工作原理、特点与实现方法。

(4)研究速度调节器采用不同控制方法(PID 控制、FUZZY 控制以及 PID-FUZZY 控制)时对系统稳态、动态特性的影响。

(5)掌握方波无刷直流电机调速系统的实验研究方法,包括虚拟仪器的使用方法。注意:无上位机时,实验系统无虚拟仪器功能,有关虚拟仪器需要取消。

6.4.2 实验内容

(1)熟悉 BLDCM 实验系统的组成与工作原理。

(2)在有与无转子位置传感器情况下,分别测量电机转子位置信号,并对这两种检测方法进行优缺点比较。

(3)分别在有与无转子位置传感器情况下,研究电机的起动性能,并进行性能比较。

(4)对功率晶体管基极驱动波形、电机定子线电压波形、定子电流波形等进行测试。

(5)对速度调节器采用不同控制方法的系统,进行稳态特性、动态特性研究;并研究速度调节器控制参数改变对系统性能的影响。

6.4.3 实验设备

(1)低压控制电路及仪表(NMCL-31);

(2)DSP 控制的直流方波无刷电机调速系统(NMCL-14A);

(3)电源控制屏(NMCL-32);

(4)电机 M15(40W);

(5)发电机 M03(不接励磁和电阻负载);

(6)双踪示波器;

(7)上位机(包括软件)和串口连接线。

6.4.4 实验原理

永磁式同步电机以其结构简单、运行可靠,特别是具有其他电机所无法比拟的高效率而得到了人们越来越多的关注。永磁同步电机可按工作原理、驱动电流和控制方式的不同,分为具有正弦波反电势的永磁同步电机(PMSM)和具有方波(或梯形波)反电势的永磁同步电机,后者又称为无刷直流电机(BLDCM)。

基于 DSP 的方波无刷直流电机调速系统原理框图如图 6-15 所示。

调速系统由稀土永磁方波电机 PM、电机转子位置传感器、转速传感器(或光电编码器)、由功率管构成的逆变器 IV 以及以 DSP(TMS320F240)为核心的数字控制器等构成。系统已配备与上位机通信的接口和软件,用户选用上位机后,可以方便地在上位机人机界面上进行实验操作、测试并记录实验曲线。

系统也可工作在无转子位置传感器状态,这时转子位置可通过观测器获得,两种工作状态通过开关 S 切换。

系统可以不选用光电编码器,而利用转子位置信号检测电机的转速。如果用

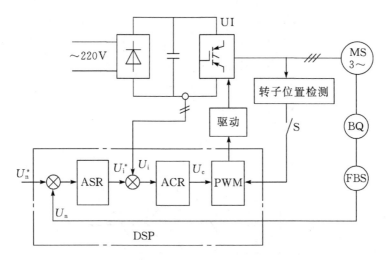

图 6-15 基于 DSP 的方波无刷直流电机调速系统原理框图

户选用光电编码器,则一方面可以在电机无转子位置传感器情况下进行起动特性研究,另一方面则可以将现有系统扩展成高精度位置伺服系统。

BLDCM 系统中的逆变器(Ⅳ)工作在自控式变频工作状态,即它的输出频率控制不是独立的,而是根据电机转子的位置来决定。只有在转子位置转过一定角度后,逆变器中导通的功率管才进行切换,使定子合成磁势前进一步,并以此方式进行循环。随着电机转速的上升,转子转过该角度的时间快,逆变器功率管切换的频率也高,使定子合成磁势前进的速度变快。这样,定子合成磁势旋转的速度与转子的旋转速度保持在同步状态,从而不会造成失步,由此可见,转子位置信号的检测是不可缺少的。

为了检测转子位置,可以用在电机上安装转子位置传感器的方法,也可以用转子位置观测器的方法(电机上不安装转子位置传感器)。实验系统中,当工作在无位置传感器时,使用的是反电势法检测转子位置,它通过检测定子绕组开路相的感应电势过零点,来间接得到转子的位置信号。系统主电路、反电势波形以及转子位置与绕组馈电的配合关系如图 6-16(c)所示。

在 T_0 时刻,转子 d 轴位于图 6-16(c)图中 D_0 位置,即转子 d 轴超前定子绕组 A 轴的位置为 $\theta = -\pi/6$。为产生最大平均电磁转矩,逆变器功率管应为 VG_5、VG_6 导通,其余均为关断,即 C、B 相导通,A 相不导通。绕组 C、B 相中电流流向是从 C 端流入,Z 端流出,又从 Y 端流入再从 B 端流出,如图 6-16(c)所示。

这时,定子的合成磁势为 6.16(c)中 F_Σ 所示,它与转子磁势的夹角为 $\frac{2\pi}{3}$。设

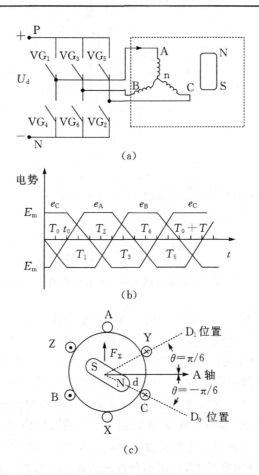

图 6-16 BLDCM 的主电路、反电势波形、转子位置与绕组馈电的关系

(a)主电路;(b)反电势波形;(c)转子位置与绕组馈电的关系

电磁转矩使电机转子按逆时针方向旋转,在 t_0 时刻转子刚转过 $\pi/6$,这时 d 轴与 A 轴重合,即 $\theta=0$,A 相反电势 e_A 为零。若能测出这个反电势过零时刻,并延迟 $\frac{1}{12}$ 周期的时间,即在 T_1 时刻,转子已转到 D_1 位置,且定子合成磁势与转子磁势的夹角为 $\frac{\pi}{3}$。为保证继续产生最大的平均电磁转矩,逆变器功率管必须从 VG₅、VG₆ 导通改变为 VG₆、VG₁ 导通。VG₆、VG₁ 导通后,定子合成磁势向前转过 $\frac{\pi}{3}$,从而使两个磁势的夹角又变成 $\frac{2\pi}{3}$。这样转子继续旋转,逆变器功率管不断换流,使定子、转子

两个磁势夹角始终在 $\frac{2\pi}{3} \sim \frac{\pi}{3}$ 范围内变化。

　　根据对称性,只要能够测出各相绕组反电势的过零时刻并做适当延迟,就可确定方波无刷直流电机的换流时序,保证电机运行在自同步方式。

　　但是,绕组反电势是难以直接检测的,因此采用变通形式如端电压法。以 A 相为例,如上所述,在 $T_0 \sim T_1$ 期间,A 相不导通,认为 A 相电压 U_{An} 等于反电势 e_A,那么端电压为 $U_{AN} = U_{An} + U_{nN} = e_A + U_{nN}$,在 T_0 时刻,$e_A = 0$,B、C 两相电流相反,并假设其阻抗相等,因此,$U_{nN} = U_d/2$。这样 $U_{An} = 0$,$U_{nN} = U_d/2$,所以只要检测到 $U_{AN} - U_d/2$ 的过零时刻,就可以间接地检测到 e_A 的过零时刻(因为 $U_{AN} - U_{nN} = U_{AN} - U_d/2 = U_{An} = e_A = 0$)。

　　具体实现时,只需随时检测三相绕组的端电压 U_{AN}、U_{BN}、U_{CN}(即 U、V、W 与 N 之间的电压),并分别减去 $U_d/2$;一旦未导通相的端电压减去 $U_d/2$ 后之值为零,则再延时 $\frac{T}{12}$,即可发出逆变器功率管的换流信号,这就是端电压法的基本原理。

　　由上述 BLDCM 工作原理分析可见,BLDCM 可以看成是采用电子换向的直流电机,也可以看成是使用直流电源并由逆变器供电的交流同步电机,又可以看成是一台具有转子位置反馈的闭环控制步进电机。

　　BLDCM 属于两相馈电电机,无论转子处于什么位置,都只有两相绕组通电,从主电路的等值电路图,可推导出其转速表达式为

$$n = \frac{U_{d0} - I_a R}{k_e}$$

式中,$R = 2r_1$,r_1 为电机的一相等效电阻;k_e 为电势系数;$U_{d0} = U_d D$,为加到两相绕组间的直流电压平均值,其中 U_d 为直流母线电压,D 为 PWM 调制波的占空比。

　　由上式可见,只需对三相桥式逆变器进行 PWM 调制(请特别注意,这里不是异步机变频调速系统中的 SPWM 调制,而是双闭环可逆直流脉宽调速系统实验中介绍的直流 PWM 调制),就可方便地改变其直流端电压,从而实现无级调速。这与普通有刷直流电机的调压调速是非常相似的,改变占空比 D,从而得到一组互相平行的机械特性曲线,其开环机械特性较硬,具有较宽的调速范围。

　　总之,BLDCM 具有同步电机的结构,故而简单、牢固、免维修;又具有普通有刷直流电机的调速性能,故而调速系统结构简单、容易实现且调速性能优良。因此,BLDCM 获得了日益广泛的应用。特别是近几年来,它在家用电器(特别是在空调器中的应用,称为直流变频)与伺服系统中的应用,充分显示了它的优越性。

6.4.5　实验方法

　　(1)按图 6-17 连接主电路、电流检测、过流保护,并将主回路中 U 相定子电

流取样电阻（U_i 和 U 之间）短接。连接上位机与挂箱 NMCL-14A 间的串口通信线，即面板上的 RS232 与 PC 机串口相连接。

注意：主回路中 U_+ 与 U_+ 之间可接电流表，也可短接；U_- 与 U_- 之间需要短接，以形成回路。另外，在选用上位机后，可在上位机人机界面上完成实验操作、测试并记录实验曲线。请在实验前仔细阅读附录中 NMCL-14A 上位机程序使用说明，以便掌握具体操作方法。

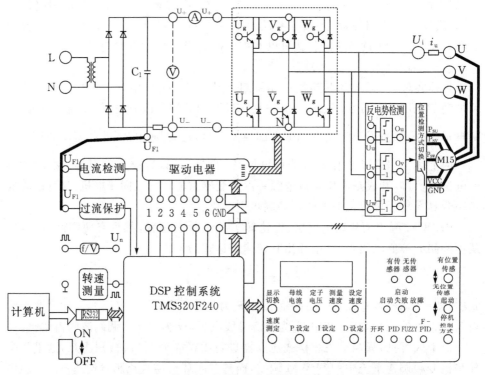

图 6-17　基于 DSP 的方波无刷直流电机调速系统实验面板与接线图

（2）NMCL-31 中的给定电位器 RP_1 和 RP_2 左旋到零，可调电阻 NMCL-03 的电位器左旋到底。NMCL-14A 中的速度设定、P 设定、I 设定、D 设定 4 个电位器均左旋到底。

（3）接线检查无误后，推上空气开关，闭合 NMCL-14A 挂箱左下方的船形开关，这时系统默认设置为开环控制和有传感器方式，其指示灯点亮。若需转换控制方式，需要待电机停止后再按下控制方式按钮才可以转换，同时相应控制方式指示灯点亮。

（4）系统设置于开环工作状态，分别在有与无位置传感器情况下，进行电机转子位置信号检测实验。

①先按下有位置传感器按钮,使系统工作在有位置传感器状态,此时有传感器指示灯点亮。闭合绿色按钮主电源,电机转速计 TG 的开关置于"ON"状态。将 NMCL - 14A 的速度设定电位器顺时针旋转到二分之一额定转速($n_N/2$)左右的位置(数字显示转速约为 750 r/min)。打开 NMCL - 14A 挂箱的上位机控制软件(无刷直流电机实验平台软件 NMCL14 - V2.0),设置串口实现上位机和挂箱之间的通信,点击界面右下角的系统连接按钮,然后按起动按钮,起动电机并运转。

②按停机按钮,待电机停止后,按下无位置传感器按钮,使系统工作在无位置传感器状态,此时无传感器指示灯点亮。然后,按下起动电机按钮,电机运转,用双踪示波器测量与记录无刷直流电机 M15 的端电压(U 与 V 之间)与 $-U_d/2$(整流输出电压的一半),比较器输出电压 O_u、O_v 与地之间的波形,并观察两波形之间的相位关系。

(5)系统处于开环控制状态,起动电机到达二分之一额定转速($n_N/2$)左右,测试并记录下列波形。

①功率晶体管(GTR)基极控制波形。用双踪示波器测试并记录 DSP 输出功率晶体管基极控制信号 1(对应于 U_g)、2(对应于 V_g)与 GND 之间波形,并分析两波形间的相位关系。

②电机定子线电压(U、V 之间)波形。

③电机定子电流波形。将 U 相定子电流取样电阻短接线拆除,用示波器观测并记录定子电流取样电阻两端波形,测试完毕后仍将该电阻短接。

④轴编码器输出波形(无编码器系统不做)。将电机起动到 $n_N/2$ 左右,观测编码器输出脉冲,记录脉冲周期以及电机的实际速度(用于实验报告中计算编码器每转脉冲数)。

(6)电机起动性能测试(无编码器系统不做)。

①不用位置传感器,使系统仍工作在开环控制状态,起动电机并将转速调节到 $n_N/2$ 左右,按停机按钮,然后再按起动按钮,用示波器测试并记录 f/V 输出 $U_n = f(t)$ 曲线,连续测试三次。

②用位置传感器时,步骤同上,连续测试并记录 $U_n = f(t)$ 曲线三次。

③将电机速度调节到 $n_N/10$ 左右,分别在用与不用位置传感器条件下,测试并记录 $U_n = f(t)$ 曲线,连续测试三次。

(7)速度调节器改变时系统稳态机械特性测试。NMCL - 14A 的主电路中,U_+ 与 U_+ 之间连接一个直流电流表,电机在高速与中速条件下,负载从轻载按一定间隔加到额定负载(发电机 M03 接入励磁和限流电阻 R_G,此时 R_G 接为 1800 Ω)。考虑到主回路母线电流 I_d 与电机定子电流 I_1 间存在固定的比例关系,为简单计以母线电流近似地代替电机定子电流,I_d 可在 0~1.0 A 范围内变化。速度调节器采用

下列控制方式时,分别测出系统稳态机械特性曲线:

①开环控制;

②PID 控制;

③模糊控制(FUZZY);

④模糊- PID 控制。

(8)不同控制方式时的系统动态特性研究。调节电机速度到 $n_N/2$ 左右,用示波器和上位机分别测试并记录在不同控制方式时的下列动态波形:

①突加给定时的 $n = f(t)$ (即 $U_n = f(t)$)与 $i_d = f(t)$ (即 $U_{FI} = f(t)$),U_n 为转速计的输出电压。起动电机到 $n_N/2$ 左右,按下停机按钮待停机后再按起动按钮,即可观察上述波形。

②突减给定时的 $n = f(t)$ 与 $i_d = f(t)$。起动电机到 $n_N/2$ 左右,按下停机按钮即可观察上述波形。

(9)速度调节器在不同 P、I、D 参数时的系统动态特性研究。系统处于 PID 控制状态,调节电机速度到 $n_N/2$ 左右,用示波器和上位机分别测试并记录不同 P、I、D 参数时的动态波形 $U_n = f(t)$。

注意:只有电机停机后,才能改变 PID 参数。

6.4.6　实验报告

(1)画出有与无转子位置传感器时测得的电机转子位置信号,并在无位置传感器的波形图上标出该相反电势的过零时刻,对这两种检测方法的优缺点进行分析比较。

(2)带有选件编码器的系统,画出轴编码器的输出波形,并计算出该编码器的每转脉冲数。

(3)画出下列波形:

①功率晶体管驱动波形,并注明每个周期中功率管的导通时间;

②电机定子线电压波形;

③电机定子电流波形。

(4)带有编码器的系统,根据实验记录,画出起动波形,并对这两种起动方法的优缺点进行分析比较。

①在 $0 \sim n_N/2$ 范围内分别在用与不用位置传感器条件下 $U_n = f(t)$ 波形;

②在 $0 \sim n_N/10$ 范围内分别在用与不用位置传感器条件下 $U_n = f(t)$ 波形;

③对实验中的两种起动方法进行性能比较。

(5)根据实测数据分别画出在下列控制方式下的系统稳态机械特性,并分析比较不同控制方式对系统动态、稳态特性的影响。

①开环控制；

②PID 控制；

③模糊控制；

④模糊-PID 控制。

(6)在不同控制方式下,画出系统在突加与突减给定时的动态波形 $n=f(t)$ 与 $i_d=f(t)$,并分析比较不同控制方式对系统动态特性的影响。

(7)画出不同 P、I、D 参数时的动态波形 $n=f(t)$ 并与开环控制时的 $n=f(t)$ 波形相比较,试分析 P、I、D 参数对 $n=f(t)$ 波形的影响。

(8)实验收获与体会。

6.4.7　注意事项

(1)本实验无需通过 NMCL-31 的给定电压 U_g 驱动电机。

(2)开机时,先闭合控制电源(空气开关),后闭合功率电源(绿色按钮主电源);关机时,先断开功率电源,后断开控制电源。

6.4.8　预习报告

(1)上位机控制软件 NMCL14-V2.0 的使用说明。

(2)方波无刷直流电机的工作原理。

(3)TMS320F240 芯片的基本组成与工作原理。

(4)PID 控制、FUZZY 控制、PID-FUZZY 控制。

6.4.9　思考题

(1)采用 DSP 控制的系统有什么优点?

(2)采用 DSP 控制的系统在操作时要注意什么?

(3)方波无刷直流电机起动时初始位置如何检测?

6.5　基于 DSP 的研究型变频调速系统

6.5.1　采用 SPWM 的开环 VVVF 调速系统

6.5.1.1　实验目的

(1)加深对 SPWM 生成机理和过程的理解。

(2)熟悉 SPWM 变频调速系统中直流回路、逆变桥器件和微机控制电路之间的连接与功能。

(3)掌握 SPWM 变频器运行参数和对特性的影响。

6.5.1.2　实验内容

(1)在不同调制方式下,测试不同调制方式与相关参数变化对系统性能的影响,并作比较分析与性能研究:

①同步调制方式时,在不同的速度下测试并分析载波比变化对定子磁通轨迹的影响;

②异步调制方式时,在不同的速度下测试并分析载波比变化对定子磁通轨迹的影响;

③分段同步调制时,在不同的速度下测试并分析载波比变化对定子磁通轨迹的影响。

(2)测试并分析起动时电机定子电流和电机速度波形 $i_v = f(t)$ 与 $n = f(t)$。

(3)测试并分析突加与突减负载时的电机定子电流和电机速度波形 $i_v = f(t)$ 与 $n = f(t)$。

(4)测试并分析低频补偿程度改变对系统性能的影响。

(5)测试并分析系统稳态机械特性 $n = f(M)$。

6.5.1.3　实验设备

(1)低压控制电路及仪表(NMCL - 31);

(2)电源控制屏(NMCL - 32);

(3)基于 DSP 的研究型变频调速系统(NMCL - 13B);

(4)鼠笼式异步电机 M04;

(5)他励直流发电机 M03;

(6)直流电机励磁电源;

(7)可调电阻 NMCL - 03;

(8)双踪示波器;

(9)万用表。

6.5.1.4　实验原理

1. 控制基本原理

由异步电机的工作原理可知,电机转速 n 满足 $n = \dfrac{60f}{p}(1-s)$,从上式可以得到,通过改变定子绕组交流供电电源频率,即可实现异步电机速度的改变。但是,在对异步电机调速时,通常需要保持电机中每极磁通保持恒定,这是因为如果磁通太弱,铁芯的利用率不充分,在同样的转子电流下,电磁转矩小,电机的带负载能力下降;如果磁通过大,可能造成电机的磁路过饱和,从而导致励磁电流过大,电机的功率因数降低,铁芯损耗剧增,严重时会因发热时间过长而损坏电机。

如果忽略电机定子绕组压降的影响,三相异步电机定子绕组产生的感应电动势有效值 E 与电源电压 U 可认为近似相等,即 $U \approx E = 4.44 f N k_N \Phi_m$。其中,$E$ 为气隙磁通在定子每相绕组中感应电动势的有效值,f 为定子电压频率,N 为定子每相绕组匝数,k_N 为基波绕组系数,Φ_m 为每极气隙磁通量。

由上式可知,在基频电压以下改变定子电源频率 f 进行调速时,若要保持气隙磁通 Φ_m 恒定不变,只需相应地改变电源电压 U 即可。我们称这种保持电机每极磁通为额定值的控制策略为恒压频比(U/f)控制。

在恒压频比控制方式中,当电源频率比较低时,定子绕组压降所占的比重增大,不能忽略不计。为了改善电机低频时的控制性能,可以适当提高低频时的电源电压,以补偿定子绕组压降的影响。我们称此时的控制方式为带低频补偿的恒压频比控制。以上两种控制特性示意图如图 6 - 18 所示。

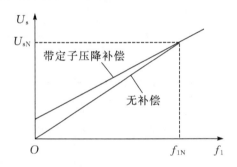

图 6 - 18　恒压频比控制特性

需要指出的是,恒压频比控制的优点是系统结构简单,缺点是系统的静态、动态性能都不高,应用范围有限。

2. 异步电机变频调速系统基本构成

在交流异步电机的诸多调速方法中,变频调速的性能最好,其特点是调速范围广、平滑性好、运行效率高,已成为异步电机调速系统的主流调速方式。

异步电机变频调速系统实验原理如图 6 - 19 所示,调速系统由不可控整流桥、滤波电路、三相逆变桥、DSP2812 数字控制以及其他保护、检测电路组成。

工作原理:三相交流电源由二极管整流桥整流,所得电流经滤波电路进行滤波后,输出直流电压;再由高频开关器件组成的逆变桥,将直流电逆变后输出三相交流电作为电机供电电源。其中,通过对开关器件通断状态的控制,实现对电机运行状态的控制。

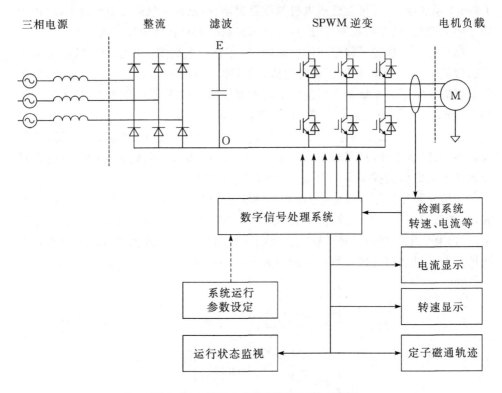

图 6-19　异步电机变频调速系统原理图

　　二极管整流桥、阻容滤波、三相逆变桥工作的基本原理、SPWM 生成的基本原理不再赘述，作为实验预习内容，请参考有关教材的相关章节。

3. 基于 DSP 的 SPWM 调速系统基本原理

　　TI DSP2812 是一款功能强大、专门用于运动控制开发的芯片。其片内有可以用来专门生成 PWM 波的事件管理单元 EVA、EVB，配套的 12 位 16 通道的 AD 数据采集，丰富的 CAN、SCI 等外设接口，为电机控制系统的开发提供了极大的便利。基于 DSP 的 SPWM 交流调速系统框图如图 6-20 所示。

　　系统上位机发送转速设定值及其他运行参数到 DSP 芯片内，其中载波周期值设置在定时器 1 周期寄存器(T1PR)内，将脉冲宽度比较值放置在比较单元的比较寄存器(CMPRx)中，通过定时器 1 控制寄存器(T1CON)设置定时器工作方式为连续增/减方式，通过比较控制寄存器 A(COMCONA)设置比较值重载方式，通过死区控制寄存器(DBTCONA)进行死区控制使能。进行比较操作时，计数器寄存器(T1COUNT)的值与比较单元比较寄存器的值相比较，当两个值相等时，延时一个时钟周期后,输出 PWM 逻辑信号。

对于脉宽比较值的生成程序以及 DSP2812 生成 PWM 的详细过程,这里不再详述,有兴趣的同学可以查找相关资料进行更深入的了解。

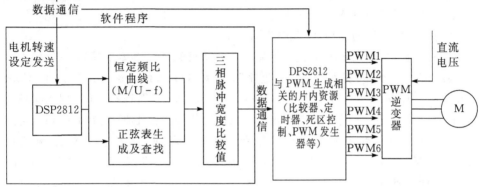

图 6-20　基于 DSP 的 SPWM 交流调速系统框图

4. 系统的参数

(1)交流电源为标准工频电源,故设定电源运行频率 f 可在 1～50 Hz 的范围内连续可调。

(2)调制方式。

同步调制:载波比可以在 30～500 连续可调。

异步调制(默认调制方式):载波频率可以在 1500～4000 Hz 连续可调。

分段同步调制:当运行频率 1 Hz<f<25 Hz 时,系统以异步方式运行;当运行频率 f≥25 Hz 时,系统以同步方式运行。

(3)U/f 曲线。三条 U/f 曲线可供选择,以满足不同的低频电压补偿要求。

①无低频补偿;

②当运行频率 1 Hz<f<5 Hz 时,补偿电压为 21.5 V;

③当运行频率 1 Hz<f<10 Hz 时,补偿电压为 43 V。

(4)电流校正在 -500～500 连续可调(电流校正主要是补偿电流信号采集系统的零点漂移)。

6.5.1.5　实验方法

按照实验要求连接 NMCL-13B 的硬件电路,主回路与 6.3 节的 NMCL-

09A 相同。主回路中的 U_{FU} 和 U_{FI} 分别与面板左侧的过压保护(含起动限流、过压检测)的 U_{FU}、过流保护的 U_{FI} 相连,XDS－510 型专用仿真器通过 14P 扁平带与 NMCL－13B 的运动控制卡连接,另一端通过 USB 与 PC 机连接,检查无误后,推上空气开关。使用时需要将 NMCL－13B 左下角的船型开关置于"ON"。NMCL－13B 上的运动控制卡右下角有专用电源开关,使用时需要将开关置于"ON",运动控制卡预留了 RS232 串口作为备用。NMCL－13B 右上角的三相电源 U、V、W 与电机 M04 相连,M04 电机定子按△形接法连线,电机 M04 的光电编码器与 NMCL－13B 右下角的航空插座相连。

注意:使用各处的模拟地,此时尚未上电。

首先,给 NMCL－13B 的运动控制卡下载执行软件。具体步骤如下:

在 PC 机上点击"开始",寻找"程序",选择"Texas Instruments",点击"Code Composer Studio 3.3",进入"Code Composer Studio.exe",选择"/F2812 XDS 510 Emulator/CPU_1 － TMS 320C28xx"。在控制软件界面上端选择"Debug",再选择"Connect",此时仿真器与运动控制卡相连并实现通信(若连接失败,需要在 Matlab 上输入"ticcs"指令,再次下载程序)。然后,再回到 SPWM20120709 界面,再次编译,弹出"Command Window",在 Matlab 上生成工程文件 SPWM20120709.pit(CustomMW),显示编译链接成功,同时将可执行程序下载到 NMCL－13B 的运动控制卡内,此时程序下载工作完成。

注意:在进行程序下载时,NMCL－13B 左下角的船型开关和运动控制卡内的开关均需置于"ON",否则无法下载程序。另外,在程序运行出现错误需要重新下载程序时,可以进入"/F2812 XDS 510 Emulator/CPU_1 － TMS 320C28xx",然后选择"File",点击"Load Program",重新进行下载程序。此方法较为简捷,因为前面使用的程序已经编译通过,此次只是再次调用而已。

其次,在 PC 机的 C 盘找到软件界面程序文件夹"13B 软件界面",打开后双击文件夹内的"主面板"程序,则可出现"Labview 8.5"的"NMCL－13B 异步电机变频调速研究实验"的界面,先运行,再选项。程序起动后,点击运行键"⇒",点击选择"感应电机开环 VVVF 调速实验研究",或者"感应电机磁场定向控制实验研究",或者"感应电机直接转矩控制实验研究"。

在 PC 机的 C 盘找到"13B"文件夹,打开文件夹后,出现"DTC"、"FOC"、"Openloop"三个文件。当选择"Openloop"时,点击"SPWM",再点击"SPWM20120709.mdl",进行编译,则 Matlab 和 CCS(Code Composer Studio)实现通信(将程序下载到运动控制卡内,实现 PC 机与运动控制卡之间的通信),否则在 Matlab 上给出"ticcs"指令,重新下载。

程序下载失败,再次下载步骤:/F2812 XDS 510 界面左侧有运行键和停止键,点击停止键后,将程序再次下载(File→load program,将 SPWM20120709. out 再次下载);之后,再次点击运行键,界面的左下角标示变绿。

　　软件关闭步骤:点击"F2812 XDS 510 Emulator"的左侧停止键,选择界面上端的"Debug",点击"Disconnect",则控制软件 F2812 XDS 510 关断,同时 Matlab 关断。

　　感应电机开环 VVVF 调速实验的具体步骤如下:

　　运行上位机调速系统软件(见图 6-21),观察右下角软件状态指示灯状态。若为红色,请重新下载软件;若为绿色,则表示 NMCL-13B 中运动控制卡下载软件成功,此时可以在图 6-21 所示的界面中选择"感应电机开环 VVVF 调速实验",则弹出开环变频调速实验面板(四个虚拟示波器从左到右、从上到下依次显示的是三相调制波、实际转速、线电流、模拟定子磁通轨迹)。系统默认状态为异步调制方式,载波频率 $f=3000$ Hz,系统电源频率 $f=30$ Hz。由于在运动控制卡核心芯片 DSP2812 内程序尚未运行,USB 接口无数据,因此界面中各虚拟示波器波形中为无规则波形,如图 6-22 所示。

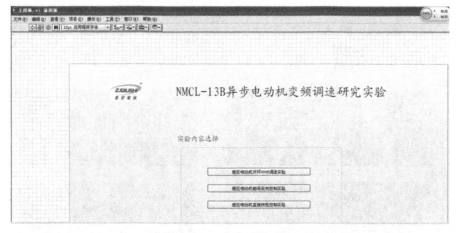

图 6-21　实验选择面板

　　保持上位机的"运行"状态,在下位机 DSP 中加载开环 SPWM 变频调速程序,加载完成后可从上位机前面板上看到虚拟示波器中有三路规则正弦调制波,如图 6-23 所示。将示波器探头连接至 SPWM 输出引出端口(NMCL-13B 中驱动隔离的 6 个观测孔),观测端口是否有脉冲输出(如果示波器性能满足要求,可以看到脉冲频率 $f=3000$ Hz),并且两两比较观测孔上 1-2、3-4、5-6 的波形,观察其相位是否相反,死区是否存在。

　　改变软件控制界面的"电流校正"输入框中的校正值,使"ABC 三相电流采样

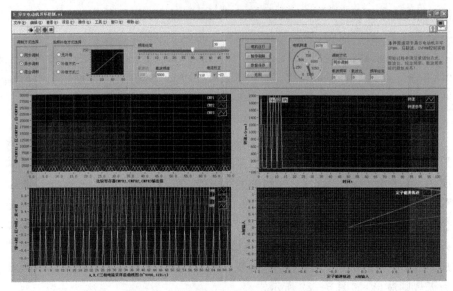

图 6-22　程序加载界面（程序加载前）

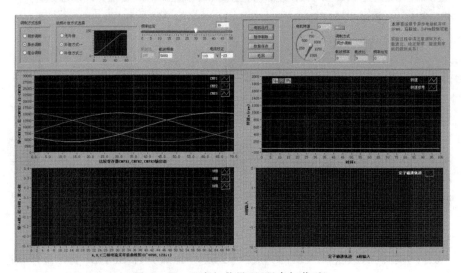

图 6-23　程序加载界面（程序加载后）

值曲线图"中三条电流曲线均值到零值（"A"调节三条线之间的距离，"B"将三条线拉近）。电流采样校正前后的上位机界面如图 6-24、图 6-25 所示。

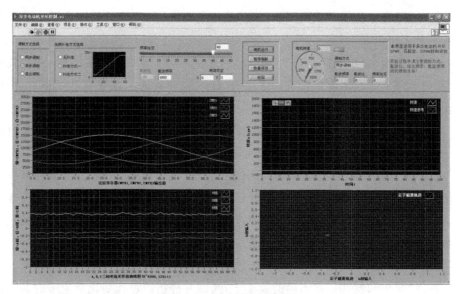

图 6-24　电流校正前界面

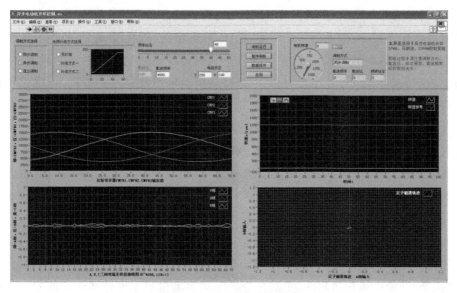

图 6-25　电流校正后界面

完成上述系统初始化检测及校正后,即可进行电机变频调速实验(此时用手旋转电机 M04 的转子,可在上位机转速显示图中观测到小幅曲线,同时上位机的转速指示转盘观察到指针摆动)。具体步骤为:

　　首先,闭合绿色按钮主电源开关,观察电机 M04 和上位机软件在默认参数条件下是否工作正常。

　　然后,选择"异步调制"方式,在不同的速度下,测试并分析载波比(或载波频率)变化对定子磁通轨迹的影响。注意:在控制软件界面上改变载波频率后,需要按计算机的回车键。

　　在"载波频率"输入框中输入载波频率,在"频率设置"调节条中设置预设值(1~50 Hz的整数),从上位机中观测定子磁通曲线。

　　上位机界面中保持"频率设置"值不变,更改"载波频率"的值(注意载波频率的变化范围),重新观测新的载波比下的定子磁通轨迹。通过对比前后磁通轨迹曲线,研究载波比变化对定子磁通轨迹的影响。在实验时可规定特定的频率、载波比等参数进行实验并做分析,也可以依据相关参数的限定关系自行进行设计。

　　在不同的"频率设置"下重复进行上述实验,并对实验结果做比较分析。

　　选择"同步调制"时,在不同的速度下,测试并分析载波比变化对定子磁通轨迹的影响;点击上位机中"电机运行"按钮切换到"电机停止"状态,使电机停止运行。在"调制方式选择"面板中选择"同步调制",并设定载波比和电源频率。完成上述设定后再切换回"电机运行"状态,使电机按照给定状态运行。选定不同的"频率给定"改变不同频率下的载波比,测试并分析其对定子磁通轨迹和转速的影响(注意载波频率的变化范围)。注意:在给定频率较低且载波比较小的情况下,电机会出现停转。

　　进行分段同步调制时,在不同的速度下,测试并分析载波比变化对定子磁通轨迹的影响。修改调制方式为"混合同步调制",此时系统设定为 1 Hz$<f<$25 Hz,为低频状态,该频率段系统将以异步方式运行;当 $f>$25 Hz 时,系统以同步方式运行,测试并分析起动时电机定子电流 $i_v=f(t)$ 和电机速度 $n=f(t)$ 的波形,如图 6-23 所示。在上位机界面中设定一种电机运行状态(建议以异步方式起动,同步方式在小载波比的条件下可能不能正常起动)。点击"电机运行"按钮使电机停止运转(此时按钮变为"电机停止"),点击"数据保存"按钮进行数据保存,然后点击"电机停止"使电机快速起动,测试并分析起动时电机定子电路和转速的变化。在电机完成起动后,点击"停止保存",停止数据的保存。数据保存和查看保存数据的界面如图 6-26、6-27 所示。

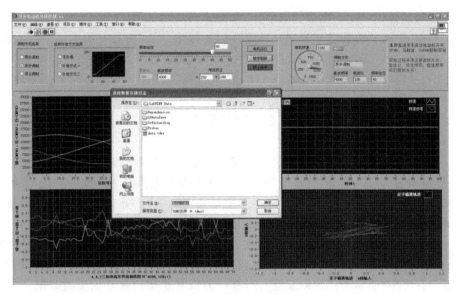

图 6-26　数据保存操作

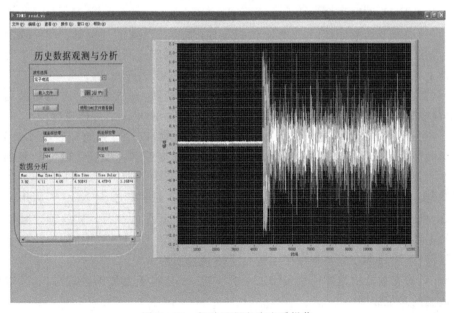

图 6-27　起动过程电流查看操作

另外,测试并分析突加与突减负载时的电机定子电流 $i_v = f(t)$ 和电机速度 $n = f(t)$ 的波形。为变频器(主回路的 IPM 区域)供电至电机运行至稳定状态,使用前面的"数据保存"功能,快速增加(减小)负载(接入发电机和电阻负载),测试并分析该过程的转速及定子电流的波形。

再有,测试并分析低频补偿对系统性能的影响。从"低频补偿方式"中选择不同的补偿曲线("无补偿"即无低频补偿;补偿方式一方面是指以电源频率为低频段,此时补偿电压为 21.5 V;另一方面是指以电源频率 1~10 Hz 时为低频段,此时补偿电压为 43 V)。

设定低频频率,测试并分析在不同的低频补偿方式下,电机起动过程的差异性。

测试并分析系统稳态机械特性 $n=f(M)$。设定载波频率的给定值为 3000 Hz,选取"异步调制"方式,调节负载(用发电机 M03 和可调电阻作为电机负载)。当电机达到稳态时记录转速值,依次取 3~5 个测试点,根据所得数据在坐标纸上绘制出系统的稳态机械特性。

实验完成后,首先断开绿色按钮主电源(逆变器断电),点击控制软件界面的"电机运行"按钮使之变为"电机停止",然后再点击"返回"按钮返回实验选取界面。从起动界面中"实验历史数据查看",可查看前面各步骤所保存的实验数据。关闭所有模块的电源,完成实验。

6.5.1.6　注意事项

(1)注意操作顺序,首先运行上位机程序,用示波器观测到正确的 PWM 波形后,再在上位机上观察是否有预期的调制波产生,同时进行电流校正,方可进行变频器上电操作。

(2)在上位机中修改调制方式时,需停止电机旋转,完成修改后方可重新运行(空载或轻载时,可以直接修改),以防电机波动过大,对电子器件造成冲击。

(3)在设置参数时,还要注意参数间的相互影响,以保证系统运行状态良好。控制载波频率,无论同步还是异步,在 SPWM 开环变频调速实验中载波频率都应该在一定的范围内,载波频率受到 DSP 事件管理器中周期寄存器(TIPR)位数的限制,程序中载波频率必须保持在 1500 Hz 以上。载波频率太小,电压利用率不足,电机转速降低甚至停转;电机频率太高,会影响程序的执行。实验测定载波频率规定在 4000 Hz 以下。当给定载波频率超出 1.5~4 kHz 范围时,上位机会进行报警,载波频率在底层程序中也进行了限制。

(4)为变频器供电时需缓慢增加电源供电,以免由于上位机参数写入、读取延迟造成的系统故障。

(5)在进行实验操作时,要注意电机上电以及运转中的声音变化,当出现异常声音时,要及时切断变频器(主电路电源)。

6.5.1.7　实验报告

针对 SPWM-VVVF 调速系统,进行以下分析:

(1)画出系统稳态机械特性 $n=f(M)$ 并加以分析;

(2)同步调制方式时,在不同的速度下分析载波比变化对定子磁通轨迹的影响;

(3)异步调制方式时,在不同的速度下分析载波比变化对定子磁通轨迹的影响;

(4)分段同步调制时,在不同的速度下分析载波比变化对定子磁通轨迹的影响;

(5)电机起动时,画出定子电流和电机速度波形 $i_v=f(t)$ 与 $n=f(t)$ 并加以分析;

(6)在不同调制方式下,分析不同调制方式与相关参数变化对系统性能的影响,并作比较研究。

6.5.1.8　预习报告

(1)NMCL-13B 的上位机控制软件使用说明。

(2)开环 VVVF 调速系统的基本原理。

(3)同步调试、异步调试和分段同步调制。

(4)载波比对电机定子磁通轨迹的影响。

(5)U/f 曲线及恒压频比控制特性。

6.5.2　采用 SVPWM 的开环 VVVF 调速系统

6.5.2.1　实验目的

(1)理解电压空间矢量脉宽调制(SVPWM)控制的基本原理。

(2)熟悉 SVPWM 调速系统中直流回路、逆变桥器件和控制电路之间的连接。

(3)掌握 SVPWM 变频器运行参数和特性。

6.5.2.2　实验内容

(1)在不同调制方式下,测试并分析不同调制方式与相关参数变化对系统性能的影响,并作比较研究。

①在同步调制方式时,在不同的速度下,观测载波比变化对定子磁通轨迹的影响;

②在异步调制方式时,在不同的速度下,观测载波比变化对定子磁通轨迹的影响;

③在分段同步调制时,在不同的速度下,观测载波比变化对定子磁通轨迹的影响。

(2)测试并分析起动时电机定子电流和电机速度波形 $i_v=f(t)$ 与 $n=f(t)$。

(3)测试并分析突加与突减负载时的电机定子电流和电机速度波形 $i_v = f(t)$ 与 $n = f(t)$。

(4)测试并分析低频补偿程度改变对系统性能的影响。

(5)测试并分析系统稳态机械特性 $n = f(M)$。

6.5.2.3　实验设备

与 6.5.1.3 相同。

6.5.2.4　实验原理

当用三相平衡的正弦电压向交流电机供电时,电机的定子磁链空间矢量幅值恒定,并以恒速旋转,磁链矢量的运动轨迹形成圆形的空间旋转矢量(磁链圆)。SVPWM 主要着眼于使形成的磁链轨迹跟踪由理想三相平衡正弦波电压源供电时所形成的基准磁链圆,使逆变电路能向交流电机提供可变频的电源,实现交流电机的变频调速。

现在以实验系统中采用的电压源型逆变器为例说明 SVPWM 的工作原理。三相逆变器由直流电源和 6 个开关元件(例如 MOSFET)组成。图 6-28 是电压源型逆变器的示意图。

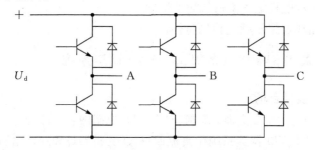

图 6-28　电压源型逆变器示意图

对于每个桥臂而言,它的上下开关元件不能同时打开,否则会因短路而烧毁元器件。其中,A、B、C 代表 3 个桥臂的开关状态。当上桥臂开关元件为开而下桥臂开关元件为关时,定义其状态为 1;当下桥臂开关元件为开而上桥臂开关元件为关时,定义其状态为 0。这样 A、B、C 有 000、001、010、011、100、101、110、111 共 8 种状态。逆变器每种开关状态对应不同的电压矢量,根据相位角不同,分别命名为 $U_0(000)$、$U_1(100)$、$U_2(110)$、$U_3(010)$、$U_4(011)$、$U_5(001)$、$U_6(101)$、$U_7(111)$,如图 6-29 所示。

其中,$U_0(000)$ 和 $U_7(111)$ 称为零矢量,位于坐标的原点,其他称为非零矢量,它们幅值相等,相邻的矢量之间相隔 60°。如果按照一定顺序选择这 6 个非零矢量的电压空间矢量进行输出,会形成正六边形的定子磁链,距离所要求的圆形磁链还

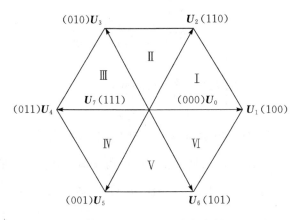

图 6-29 基本电压空间矢量

有很大差距,只有选择更多的非零矢量才会使磁链更接近圆形。

SVPWM 的关键在于用 8 个基本电压空间矢量的不同时间组合来逼近所给定的参考空间电压矢量。在图 6-30 中对于给定的输出电压 U,用它所在扇区的一对相邻的基本电压 U_x 和 U_{x+60} 来等效。此外,当逆变器单独输出零矢量时,电机的定子磁链矢量是不动的。根据这个特点,可以在载波周期内插入零矢量,调整角频率,从而达到变频目的。

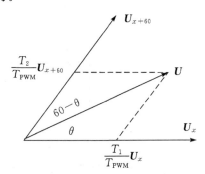

图 6-30 电压空间的线性组合

根据正弦定理可以得到

$$
\begin{cases}
\dfrac{T_1}{T_{\mathrm{PWM}}} U_x / \sin(60^\circ - \theta) = U / \sin 120^\circ \\[2mm]
\dfrac{T_2}{T_{\mathrm{PWM}}} U_{x+60} / \sin\theta = U / \sin 120^\circ
\end{cases}
$$

又有

$$
\frac{T_1}{T_{\mathrm{PWM}}} U_x + \frac{T_2}{T_{\mathrm{PWM}}} U_{x+60} = U
$$

得到

$$\begin{cases} T_1 = \dfrac{\sqrt{3}U}{U_x} T_{\mathrm{PWM}} \sin(60° - \theta) \\[2mm] T_2 = \dfrac{\sqrt{3}U}{U_{x+60}} T_{\mathrm{PWM}} \sin\theta \\[2mm] T_0 = T_{\mathrm{PWM}} - t_1 - t_2 \end{cases}$$

式中,T_{PWM}为载波周期;U 的幅值可以由 U/f 曲线确定;$\boldsymbol{U}_x$ 和 $\boldsymbol{U}_{x+60}$ 的幅值相同且恒为直流母线电压 $\dfrac{3}{2}V$;θ 可以由输出正弦电压角频率 ω 和 nT_{PWM} 的乘积确定。因此,当已知两相邻的基本电压空间矢量 $\boldsymbol{U}_x$ 和 $\boldsymbol{U}_{x+60}$ 后,就可以根据上式确定 T_1、T_2、T_0。

6.5.2.5　实验方法

实验方法与 6.5.1.5 相同。实验流程如图 6-31 和图 6-32 所示。

主程序流程图如图 6-31 所示。

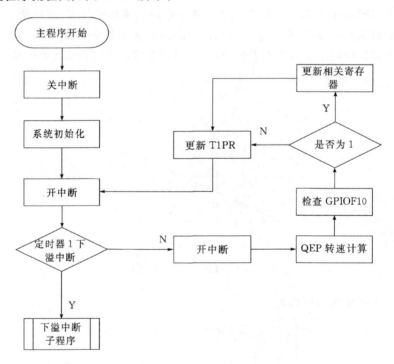

图 6-31　实验程序流程图

下溢中断子程序流程图如图 6-32 所示。

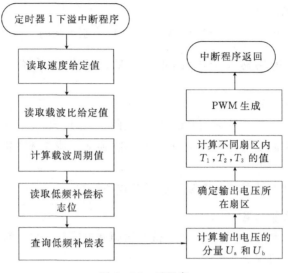

图 6-32　子程序

6.5.2.6　注意事项

与 6.5.1.6 相同。

6.5.2.7　实验报告

针对开环 SVPWM-VVVF 调速系统,进行以下分析:

(1)开环 SVPWM-VVVF 调速系统的稳态机械特性。

(2)在同步调制方式时,在不同的速度下载波比变化对定子磁通轨迹的影响。

(3)在异步调制方式时,在不同的速度下载波比变化对定子磁通轨迹的影响。

(4)在分段同步调制时,在不同的速度下载波比变化对定子磁通轨迹的影响。

(5)画出起动时电机定子电流和电机速度波形 $i_v = f(t)$ 与 $n = f(t)$,并加以分析;

(6)画出突加与突减负载时的电机定子电流和电机速度波形 $i_v = f(t)$ 与 $n = f(t)$,并加以分析。

(7)分析低频补偿程度改变对系统性能的影响。

6.5.2.8　预习报告

(1)NMCL-13B 上位机的控制软件使用说明。

(2)开环 SVPWM-VVVF 调速系统的组成与工作原理。

(3)同步调制、异步调制和分段同步调制。

(4)U/f 曲线以及低频补偿方法。

6.5.2.9　思考题

(1)基于 Matlab 的开环 SVPWM – VVVF 调速系统的仿真实现。

6.5.3　采用马鞍波 PWM 的开环 VVVF 调速系统

6.5.3.1　实验目的

(1)加深理解马鞍波脉宽调制的基本原理和工作过程。

(2)熟悉马鞍波变频调速系统中直流回路、逆变桥器件和微机控制电路之间的连接。

(3)掌握马鞍波脉宽调制变频器运行参数和特性。

6.5.3.2　实验内容

(1)在不同调制方式下,测试并分析不同调制方式与相关参数变化对系统性能的影响,并作比较研究。

①在同步调制方式、不同的速度下,观测载波比变化对定子磁通轨迹的影响;

②在异步调制方式、不同的速度下,观测载波比变化对定子磁通轨迹的影响;

③在分段同步调制、不同的速度下,观测载波比变化对定子磁通轨迹的影响。

(2)测试并分析起动时电机定子电流和电机速度波形 $i_v = f(t)$ 与 $n = f(t)$。

(3)测试并分析突加与突减负载时的电机定子电流和电机速度波形 $i_v = f(t)$ 与 $n = f(t)$。

(4)测试并分析低频补偿程度改变对系统性能的影响。

(5)测试并分析系统稳态机械特性 $n = f(M)$。

6.5.3.3　实验设备

实验设备与 6.5.1.3 相同。

6.5.3.4　马鞍波脉宽调制基本原理

马鞍波脉宽调制控制方式的提出主要是解决 SPWM 控制方式下电压利用率低的缺点。在 SPWM 控制方式下,在三角波的幅值为 1 的前提下,正弦波调制函数的幅值就不能超过 1,也就是说调制比是小于 1 的,直流电压利用率仅为 86.6%。基于此人们提出三次谐波注入的 PWM 控制方式,在注入了三次谐波后,就可以在保证总的调制函数的峰值不大于 1 的前提下,让其中的基波分量的幅值达到约 1.2,从而提高了直流电压的利用率。在三相无中线系统中,由于三次谐波电流无通路,所以三个线电压和线电流中均不含三次谐波。常用的的三次谐波注入的调制函数是 $f(\omega t) = M(\sin\omega t + 0.2\sin3\omega t)$。

　　由于三次谐波将基波的顶部削平了,形成了马鞍波的波形(见图6-33),并且只有将调制比 M 增大到超过1.2,才会出现过调制。

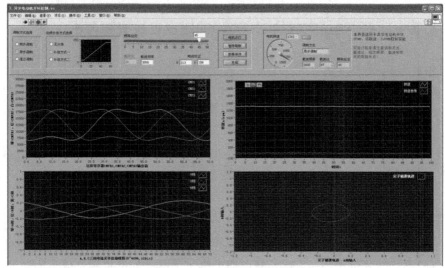

图6-33　马鞍波的波形

6.5.3.5　实验方法
实验方法与6.5.2.5相同,不再赘述。

6.5.3.6　注意事项
注意事项与6.5.2.6相同。另外,无论同步调制还是异步调制,马鞍波控制方式下的载波频率均小于3200 Hz。

6.5.3.7　实验报告
针对采用马鞍波脉宽调制的开环 VVVF 调速系统,进行以下分析:
(1)在同步调制方式时,在不同的速度下载波比变化对定子磁通轨迹的影响。
(2)在异步调制方式时,在不同的速度下载波比变化对定子磁通轨迹的影响。
(3)在分段同步调制时,在不同的速度下载波比变化对定子磁通轨迹的影响。
(4)系统稳态机械特性 $n=f(M)$。
(5)起动时电机定子电流和电机速度波形 $i_v=f(t)$ 与 $n=f(t)$。
(6)突加与突减负载时的电机定子电流和电机速度波形 $i_v=f(t)$ 与 $n=f(t)$。
(7)低频补偿程度改变对系统性能的影响。

6.5.3.8　预习报告
(1)采用马鞍波脉宽调制的开环 VVVF 调速系统的基本原理。
(2)马鞍波脉宽调制变频器运行参数对调速系统性能的影响。

6.5.3.9　思考题

(1)基于 Matlab 的采用马鞍波脉宽调制的开环 VVVF 调速系统仿真实现。

6.5.4　采用磁场定向控制(FOC)的感应电机变频调速系统

6.5.4.1　实验目的

(1)深入理解异步电机的矢量控制策略。

(2)掌握基于 DSP 的异步电机矢量控制变频调速系统的构成。

(3)熟悉基于 DSP 的异步电机矢量控制系统的分析、设计与调试方法。

(4)熟悉感应电机磁场定向控制(Field Oriented Control,FOC)的变频调速技术。

6.5.4.2　实验内容

(1)测试并分析系统的稳态机械特性 $n=f(M)$,以及定子磁通轨迹。

(2)测试并分析电机起动时定子电流和电机速度波形 $i_v=f(t)$ 与 $n=f(t)$。

(3)测试并分析突加与突减负载时的电机定子电流和电机速度波形 $i_v=f(t)$ 与 $n=f(t)$。

(4)研究速度调节器参数 $(P 、I)$ 改变对系统稳态与动态性能的影响。

(5)研究电流调节器参数 $(P 、I)$ 改变对系统稳态与动态性能的影响。

(6)研究转子回路时间常数 $(T_r=L_r/R_r)$ 改变对系统稳态与动态性能的影响。

6.5.4.3　实验设备

与 6.5.1.3 相同。

6.5.4.4　实验原理

在前三个试验中介绍了交流异步电机开环变频变压调速系统,它们采用了 U/f 恒定,转速开环的控制,基本上解决了异步电机平滑调速的问题。但是,对于那些对动态、静态性能要求都较高的应用系统来说,上述系统还不能满足使用要求。直流电机具有优良的动态、静态调速特性。异步电机的调速性能之所以不如直流电机主要是有以下三个原因:

(1)直流电机的励磁电路和电枢电路是相互独立的;而交流异步电机的励磁电流和负载电流都在定子电路内,无法将它们分开。

(2)直流电机的主磁场和电枢磁场在空间上互差 90°,而交流异步电机的主磁场和转子电流磁场间的夹角与功率因数有关。

(3)直流电机是通过独立的调节来实现两个磁场中的任意一个的调速,交流异步电机则不能。

　　在交流异步电机中实现对负载电流和励磁电流的独立控制,并使它们的磁场在空间位置上也能互差 90°成为人们追求的目标,并最终通过矢量控制的方式得以实现。

　　关于矢量控制的原理及实现方法从以下几个方面进行介绍:

1. 三种等效的产生旋转磁场的方法

　　在三相固定且空间上相差 120°绕组上通过三相平衡且相位相差 120°的交流电,会产生旋转磁场。电流交变一个周期,磁场也旋转一周,在磁场旋转过程中磁感应强度不变,所以称为圆磁场。在两相固定且空间上相差 90°的绕组上通过两相平衡且相位相差 90°的交流电后,同样会产生旋转磁场且与三相旋转磁场具有完全相同的特点。如果在旋转体上放置两个相互垂直的直流绕组 M、T,则当给这两个直流绕组分别通以直流电流时,它们的合成磁场仍然是恒定磁场。当旋转体开始旋转时,该合成磁场也随之旋转。如果调节两路直流电流 i_M、i_T 中的任何一路时,合成磁场的磁感应强度也得到了调整。用这三种方法产生的旋转磁场可以完全相同,这时可以认为三相磁场、两相磁场、旋转直流磁场系统是等效的。因此,这三种旋转磁场之间可以进行等效变换。

　　通常,把三相交流系统向两相交流系统的转换称为 Clarke 变换,或者称为 3/2 变换;两相系统向三相系统的转换称为 Clarke 逆变换,或者 2/3 变换;把两相交流系统向旋转的直流系统的转换称为 Park 变换;旋转的直流系统向两相交流系统的转换称为 Park 逆变换。

2. 矢量控制的基本思想

　　一个三相交流的磁场系统和一个旋转体上的直流励磁系统,通过两相交流系统作为过渡,可以互相进行等效转换。也就是说,由两个相互垂直的直流绕组同处于一个旋转体上,两个绕组中分别独立地通入由给定信号分解而得到的励磁信号 i_M 和转矩电流信号 i_T,并把 i_M、i_T 作为基本控制信号,通过等效变换,可以得到与基本控制信号 i_M 和 i_T 等效的三相交流控制信号 i_A、i_B、i_C,用它们去控制逆变电路。同样,对于电机在运行过程中系统的三相交流数据,又可以等效变换成两个相互垂直的直流信号,反馈到控制端,用来修正基本控制信号 i_M、i_T。

　　在进行控制时,可以和直流电机一样,使其中一个磁场电流 i_M 不变,而控制另一个磁场电流信号,从而获得和直流电机类似的控制效果。

　　矢量控制的基本原理也可以由图 6-34 加以说明。

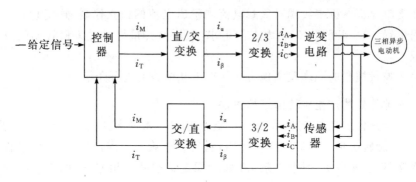

图 6-34　矢量控制原理框图

3. 矢量控制的坐标变换

1)Clarke 变换和 Clarke 逆变换

Clarke 变换为

$$\begin{bmatrix} i_\alpha \\ i_\beta \end{bmatrix} = \sqrt{\frac{2}{3}} \begin{bmatrix} 1 & -\dfrac{1}{2} & -\dfrac{1}{2} \\ 0 & \dfrac{\sqrt{3}}{2} & -\dfrac{\sqrt{3}}{2} \end{bmatrix} \begin{bmatrix} i_A \\ i_B \\ i_C \end{bmatrix}$$

Clarke 逆变换为

$$\begin{bmatrix} i_A \\ i_B \\ i_C \end{bmatrix} = \sqrt{\frac{2}{3}} \begin{bmatrix} 1 & 0 \\ -\dfrac{1}{2} & \dfrac{\sqrt{3}}{2} \\ -\dfrac{1}{2} & -\dfrac{\sqrt{3}}{2} \end{bmatrix} \begin{bmatrix} i_\alpha \\ i_\beta \end{bmatrix}$$

对于三相绕组不带零线的星形接法,有 $i_A + i_B + i_C = 0$,所以当只采集三相定子电流中的两相时,又有

$$\begin{bmatrix} i_\alpha \\ i_\beta \end{bmatrix} = \begin{bmatrix} \sqrt{\dfrac{3}{2}} & 0 \\ \dfrac{\sqrt{2}}{2} & \sqrt{2} \end{bmatrix} \begin{bmatrix} i_A \\ i_B \end{bmatrix}$$

逆变换为

$$\begin{bmatrix} i_A \\ i_B \end{bmatrix} = \begin{bmatrix} \sqrt{\dfrac{2}{3}} & 0 \\ -\dfrac{1}{\sqrt{6}} & \dfrac{1}{\sqrt{2}} \end{bmatrix} \begin{bmatrix} i_\alpha \\ i_\beta \end{bmatrix}$$

2)Park 变换和 Park 逆变换

根据两相旋转坐标系和两相静止坐标系的关系图(见图 6 - 35),得

$$i_\alpha = i_d\cos\theta - i_q\sin\theta$$

$$i_\beta = i_d\sin\theta + i_q\cos\theta$$

其矩阵关系为

$$\begin{bmatrix} i_\alpha \\ i_\beta \end{bmatrix} = \begin{bmatrix} \cos\theta & -\sin\theta \\ \sin\theta & \cos\theta \end{bmatrix} \begin{bmatrix} i_d \\ i_q \end{bmatrix}$$

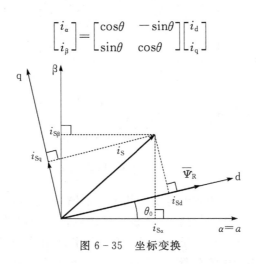

图 6 - 35　坐标变换

这是两相旋转坐标系向两相静止坐标系的变换矩阵,也就是 Park 逆变换,它是一个正交矩阵,所以从两相静止坐标系向两相旋转坐标系的变换为

$$\begin{bmatrix} i_d \\ i_q \end{bmatrix} = \begin{bmatrix} \cos\theta & \sin\theta \\ -\sin\theta & \cos\theta \end{bmatrix} \begin{bmatrix} i_\alpha \\ i_\beta \end{bmatrix}$$

也就是 Park 变换。其中,θ 为旋转坐标系与静止坐标系的的夹角,$\theta = \omega t + \theta_0$,$\theta_0$ 为初始夹角,ω 为旋转坐标系的旋转角速度。当把旋转坐标系的初始位置定位在静止坐标系上,即 $\theta_0 = 0$ 时,得到此时我们需要的 Park 变换和逆变换

$$\begin{bmatrix} i_M \\ i_T \end{bmatrix} = \begin{bmatrix} \cos\theta & \sin\theta \\ -\sin\theta & \cos\theta \end{bmatrix} \begin{bmatrix} i_\alpha \\ i_\beta \end{bmatrix}$$

$$\begin{bmatrix} i_\alpha \\ i_\beta \end{bmatrix} = \begin{bmatrix} \cos\theta & -\sin\theta \\ \sin\theta & \cos\theta \end{bmatrix} \begin{bmatrix} i_M \\ i_T \end{bmatrix}$$

4. 转子磁链位置的计算

为了让旋转坐标系下的直流电产生与三相交流电产生同样的磁场,旋转坐标系的位置必须和旋转磁场保持一致。这要求必须不断计算出转子磁链的位置来更新 θ 值。对于转子磁链的计算有多种方法,根据实验条件可以有不同的选择,在这里利用电流模型法来进行转子的磁链估计。

电流模型估计法的基本思路是根据描述转子磁链与电流关系的磁链方程估

计、计算转子磁链。电流估计模型的运算框图如图 6 - 36 所示。

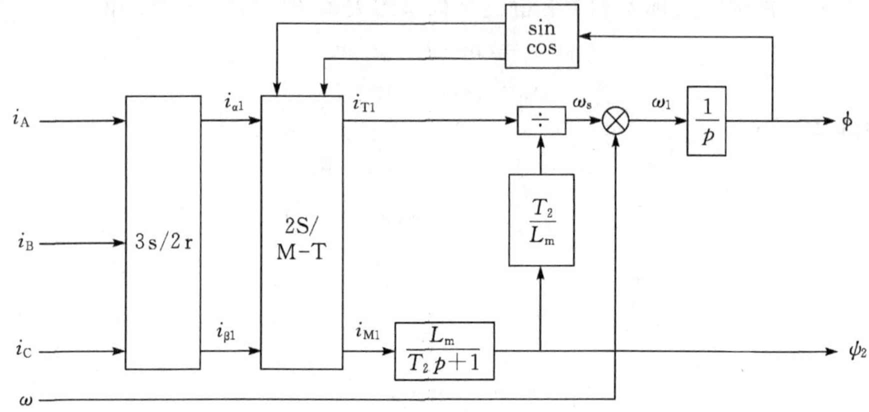

图 6 - 36　转子磁链电流估计模型

　　输入信号包括经检测得到的电机三相电流瞬时值 i_A、i_B、i_C 和转速信号 ω；输出信号包括转子磁链矢量的幅值 Ψ_r 和表征磁链位置 ϕ 的值，用于磁链闭环控制。将静止坐标系中的电机三相定子电流经 3/2 变换和静止-旋转变换，按转子磁链定向得到旋转坐标系中的电流分量 i_M 和 i_T，再按照下面的式子求得 Ψ_r 和 ϕ 值。

$$
\begin{cases}
\Psi_r = \dfrac{L_m}{T_r p + 1} i_M \\[2ex]
\omega = \omega_1 - \omega_s \\[2ex]
\omega_s = \dfrac{L_m}{T_r \Psi_r} i_T \\[2ex]
\theta = \displaystyle\int \omega_1 \mathrm{d}t
\end{cases}
$$

式中，$T_r = L_r / R_r$ 是转子回路的时间常数。因为采用电流模型的磁链估计与电机的运行转速有关，该计算方法可用于任何速度范围，尤其可用于系统零转速起动的情形。但是，基于该模型的转子磁链估计精度仍受到电机参数变化的影响，尤其是转子电阻会受到电机升温和频率变化的影响，难以对其进行补偿，而且磁饱和程度也将会影响电感 L_m 和 L_r。

5. 异步电机定子、转子参数测定

　　在以三相异步电机为控制对象构建的高性能矢量控制变频调速系统中，控制器的设计、系统的结构与调试均涉及到电机的相关参数。三相异步电机的常用参数主要包括电机定子电阻 R_s、定子漏感 L_s、转子电阻 R_r、转子漏感 L_r、励磁电阻 R_m 和励磁电感 L_m。一般情况下，上述参数都采用实验的方法进行测定。测定结

束,测定的参数在程序中作为定值被使用。常用的实验方法包括:

1)利用伏安法测定常温下定子三相绕组的电阻值

在测试电路中接入可变直流电源,并且在异步电机定子回路中串入限流电阻,将电路中的限流电阻调至最大阻值。调节直流电源,使定子相绕组电流不超过电机额定电流的 20%,读取对应的电压值与电流值,求得定子三相绕组的电阻值。

2)利用短路实验法测定定子、转子漏抗以及折合到定子侧的转子等效电阻

试验中将电机转子堵转(转差率 $s=1$)。为了防止实验中出现过流,一般将电机接通较低交流电压 $U_\mathrm{s}=0.4U_\mathrm{sN}$,使得在定子绕组内流过额定电流。记录定子输入功率 P_s、电压 U_s 和电流 I_s。利用式

$$X_\mathrm{s}=X_\mathrm{r}'=\frac{\sqrt{\left(\dfrac{U_\mathrm{s}}{I_\mathrm{s}}\right)^2-\left(\dfrac{P_\mathrm{s}}{I_\mathrm{s}^2}\right)^2}}{2},\ R_\mathrm{r}'=\frac{P_\mathrm{s}}{I_\mathrm{s}^2}-R_\mathrm{s}$$

计算得到定子、转子平均漏抗,以及折合到定子侧的转子平均电阻。

3)利用空载实验法测定励磁电阻和励磁电感

在实验中,异步电机在额定电压作用下空载运行,改变定子电压,记录定子绕组的端电压 U_0、空载电流 I_0、空载功率 P_0 和转速 n。根据式

$$R_\mathrm{m}=\frac{U_0^2}{P_0},\ L_\mathrm{m}=\frac{U_0^2}{\sqrt{U_0^2 I_0^2-P_0^2}}$$

求得电机的励磁电阻和励磁电感。

6. 转子时间常数对矢量控制系统动态、静态性能的影响

在转子磁场定向中,转子时间常数是影响最大也是最关键的参数。其中,转子电阻受温度的影响会在很大范围内变化,在有些情况下,这可能是使转子时间常数发生变化的主要原因。另外,磁路饱和程度的改变也会使转子时间常数发生变化。

1)转子时间常数变化对系统稳态性能的影响

假定 $R_\mathrm{r}>R_\mathrm{r}^*$,于是有 $\dfrac{L_\mathrm{r}^*}{R_\mathrm{r}}<\dfrac{L_\mathrm{r}^*}{R_\mathrm{r}^*}$。如果系统仍旧按照原来的方法进行磁场定向,就会出现旋转坐标偏离实际转子磁链的情况,此时磁场定向被破坏。因为此时磁场定向 MT 轴系的解耦条件受到破坏,这意味着指令值在 MT 轴系上的分量并没有成为转子磁通和电磁转矩的实际控制量,也就无法实现矢量控制。对于 $R_\mathrm{r}>R_\mathrm{r}^*$ 这种情况,实际的 $\varPsi_\mathrm{r}$ 要大于 $\varPsi_\mathrm{r}^*$,将使电机过励,引起磁路饱和,损耗增大,功率因数下降,温度过高等现象。

2)转子时间常数变化对系统动态性能的影响

磁场定向遭到破坏后,MT 轴系已不再沿转子磁场方向定向,而变为一个任意的 MT 轴系,从这时的转子磁链和电压矢量方程看,无论何种原因或者扰动使磁场定向遭

到破坏后,都会使 MT 坐标内产生增量 $\Delta\Psi_m$ 和 $\Delta\Psi_t$。在扰动消失后,这两个磁通增量不会立即消失,而是以震荡形式衰减,在这一过程中电磁转矩会随之发生振荡。

由上面的分析可以看出,由于转子参数发生偏差,不仅会使电机在不合适的稳态工作点下运行,还会使系统动态性能下降,甚至产生不需要的振荡。

7. 基于 DSP 的异步电机矢量控制实现方法

图 6-37 是三相异步电机采用 DSP 全数字控制的结构图。

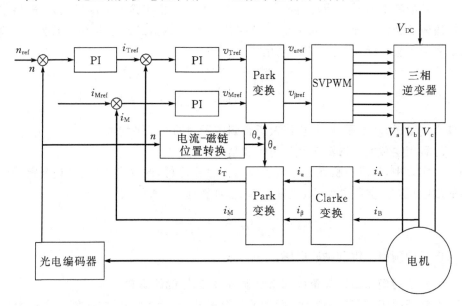

图 6-37　采用 DSP 的三相异步电机全数字控制的结构图

通过电流传感器测量逆变器输出的定子电流 i_A、i_B,经过 DSP 的 A/D 转换器转换成数字量,并利用式 $i_C=-(i_A+i_B)$ 计算出 i_C。

通过 Clarke 变换和 Park 变换将电流 i_A、i_B、i_C 变换成旋转坐标系中的直流分量 i_M、i_T,并且将 i_M、i_T 作为电流环的负反馈量。

利用 2048 线的增量式编码器测量电机的机械转角位移,并将其转换成转速 n。转速 n 作为速度环的反馈量。

由于异步电机的转子机械转速与转子磁链转速不同步,所以用基于电流模型估计法的电流-磁链位置转换模块求出转子磁链位置,用于参与 Park 变换与逆变换的计算。

给定转速与转速反馈量的偏差经过速度 PI 调节器,其输出作为用于转矩控制的电流 T 轴参考分量 i_{Tref}。i_{Tref} 和 i_{Mref} 与电流反馈量 i_M、i_T 的偏差经过电流 PI 调节器,分别输出 MT 旋转坐标系的的相电压分量 V_{Tref} 和 V_{Mref},V_{Tref} 和 V_{Mref} 经过

Park 变换转换成 αβ 直角坐标系的定子相电压矢量的分量 $V_{\alpha ref}$ 和 $V_{\beta ref}$。

当定子电压矢量的分量 $V_{\alpha ref}$ 和 $V_{\beta ref}$ 和其所在的扇区已知时，就可以利用 6.5.2 中介绍的电压空间矢量 SVPWM 技术，产生 PWM 控制信号来控制逆变器。

8. 基于 DSP 的异步电机矢量控制的性能指标

(1)电源运行频率设定在 1～50 Hz 的范围内连续可调。

(2)电机制动起动控制。

(3)速度调节器参数(P、I)P 在 0.001～1 连续可调，I 在 0.001～1 可调。

(4)电流调节器参数(P、I)P 在 10～500 范围内连续可调，I 在 0～5000 可调。

(5)转子时间常数 T_r 在 20～1000 范围内连续可调。

(6)电流零点校正在 −500～500 范围内连续可调。

6.5.4.5　实验方法

(1)采用一个双闭环交流调速系统，实验硬件连线以及 NMCL - 13B 的运动控制卡的程序下载与 6.5.1.5 相同，检查无误后，推上空气开关。

(2)运行程序。调用上位机调速系统软件，在图 6 - 21 所示的实验内容选择界面中选择"感应电机磁场定向控制实验研究"，此时弹出的界面为磁场定向控制实验面板。由于 DSP 内程序尚未运行，USB 接口无数据，因此上位机控制软件界面中各虚拟示波器的波形为无规则波形。保持上位机的运行状态，在下位机 DSP 中加载 FOC 控制程序，加载完成后上位机的面板上状态指示灯为绿色。将示波器探针连接至 NMCL - 13B 中驱动隔离的 6 个观察孔，观测端口是否有脉冲输出，并且两两比较观测孔 1−2、3−4、5−6，同时观察其相位是否相反，死区是否存在。

另外，此时默认的速度给定值所对应的电源频率 f＝20Hz，其他输入默认值如上位机界面所示。

(3)电流校零。观察上位机界面上的电流显示窗口中的三相电流是否为零，若不为零，可调节上位机的校正输入窗口的采样校正值。

(4)此时用手旋转电机 M04 的转子，可在上位机转速显示窗口中观测到小幅曲线，转速指示圆盘的指针摆动，则证明上位机通信正常。完成上述系统初始化检测及校正后，即可进行以下实验。

(5)闭合绿色按钮主电源开关，观察电机 M04 和上位机软件在默认参数条件下是否工作正常。

(6)测试并分析电机 M04 在不同速度下的机械特性，速度可选为 120 r/min、600 r/min、1200 r/min、1420 r/min。通过调节上位机软件界面的速度给定值，将电机 M04 加速到给定转速；待电机 M04 的转速稳定后开始接入发电机 M03 的负载，即励磁和可调电阻；通过选择不同的电阻值，测试并分析不同负载下的转速值，以及加载过程中上位机软件界面的定子磁通变化情况。

(7)测试起动和制动特性。在不同的速度 120 r/min、600 r/min、1200 r/min、1420 r/min 条件下,电机 M04 稳态运行时,点击上位机软件界面上的"电机运行"绿色按钮,变成"电机停止"红色按钮,电机开始制动,测试并分析电机 M04 制动过程中电机转速和定子电流的实验数据。待电机停转后,点击上位机软件界面上的"电机停止"红色按钮,此时电机起动,测试并分析电机起动过程中的电机转速和定子电流的实验数据。最后,选取不同的速度和不同的负载,再次进行上述实验。注意记录所有实验数据。

(8)测试突加减负载特性:在不同的速度 120 r/min、600 r/min、1200 r/min、1420 r/min 条件下,当电机 M04 运行平稳时,突然接入发电机 M03 的励磁和可调电阻负载,测试并分析突加负载后电机定子电流和电机转速的变化情况;等待加载过程稳定后,再突然拆除发电机 M03 的励磁和可调电阻负载,测试并分析突减负载后电机定子电流和电机转速的变化情况。

(9)测试并分析改变速度调节器参数(P、I、D)对系统稳态与动态性能的影响。在不同的速度 120 r/min、600 r/min、1200 r/min、1420 r/min 条件下,电机运行平稳后,在上位机软件界面上设置速度调节器的 PID 值。速度调节器的 PID 默认值是经过反复试验得到的一个比较合适的值,所以一般采取在 PID 默认值上下调节的方式测试速度调节器 PID 值对系统稳态特性的影响。设置不同的速度调节器 PID 值,在不同的 PID 值下对电机 M04 进行加速和减速,进行起动和制动实验,测试并分析改变 PID 值对电机动态特性的影响。

(10)测试并分析改变电流调节器参数(P、I、D)对系统稳态与动态性能的影响。实验方法同上。

(11)测试并分析改变转子回路时间常数($T_r = L_r/R_r$)对系统稳态与动态性能的影响。可以选取低速区进行此项试验,一般在 60 r/min、120 r/min 条件下,在电机运行平稳后,可以调节上位机软件界面上的 T_r 值输入窗口内的 T_r 值,观测 T_r 值改变对系统稳态特性的影响。T_r 值的默认值为 700,该值是经过反复试验得到的一个较为准确的电机参数。另外,实验中可以在 700 上下调节 T_r 值,观测 T_r 值偏大或偏小对电机稳态性能的影响。最后,在不同的 T_r 值下观测电机在低速(30~600 r/min)时的电机加速、减速、制动和起动情况,记录 T_r 值对系统动态性能的影响。

(12)注意在完成所有实验项目后,首先断开绿色按钮主电源开关,使得异步电机 M04 断电,然后停止上位机的程序运行,最后关掉上位机软件。

6.5.4.6　实验报告

(1)画出系统的稳态机械特性 $n = f(M)$ 以及定子磁通轨迹,并加以分析。

(2)画出系统起动时电机定子电流和电机速度波形 $i_v = f(t)$ 与 $n = f(t)$，并加以分析。

(3)画出系统突加与突减负载时的电机定子电流和电机速度波形 $i_v = f(t)$ 与 $n = f(t)$，并加以分析。

(4)分析转子回路时间常数 $(T_r = L_r / R_r)$ 改变对系统稳态与动态性能的影响。

(5)分析速度调节器参数 $(P、I)$ 改变对系统稳态与动态性能的影响。

(6)分析电流调节器参数 $(P、I)$ 改变对系统稳态与动态性能的影响。

6.5.4.7　预习报告

(1)学习 NMCL-13B 的控制软件的使用说明。

(2)复习基于 DSP 的异步电机矢量控制变频调速系统的基本原理。

(3)复习基于感应电机磁场定向控制的变频调速系统的组成与工作原理。

6.5.5　感应电机直接转矩控制(DTC)的变频调速系统

6.5.5.1　实验目的

(1)掌握异步电机直接转矩控制(Direct Torque Control, DTC)的系统工作原理。

(2)熟悉基于 DSP 的异步电机直接转矩控制系统的基本原理。

(3)熟悉 PID 调节对控制系统的影响，理解 PID 调节的基本规律和方法。

6.5.5.2　实验内容

(1)测试并分析系统的稳态机械特性曲线 $n = f(M)$ 以及定子磁通轨迹。

(2)测试并分析电机起动时定子电流和电机速度波形 $i_v = f(t)$ 和 $n = f(t)$。

(3)测试并分析突加与突减负载时的电机定子电流和电机速度波形 $i_v = f(t)$ 和 $n = f(t)$。

(4)研究改变速度调节器参数 $P、I、D$ 对系统稳态与动态性能的影响。

(5)研究改变转矩与磁通调节器滞环宽度对系统稳态与动态性能的影响。

(6)研究定子电阻变化对系统稳态与动态性能的影响。

6.5.5.3　实验设备

实验设备与 6.5.1.3 相同。

6.5.5.4　实验原理

在电机调速系统中，转速通过转矩控制，控制和调节电机转速的关键是如何有效地控制和调节电机的转矩。直接转矩控制无需与直流电机对比转换，它是在定子坐标系下分析交流电机的数学模型，以定子磁链矢量为基准，保持磁链幅值恒定,直接控制电机转矩。

异步电机电磁转矩可以表示为

$$T_e = n_p \frac{L_m}{L_r L_s'} |\boldsymbol{\Psi}_s| |\boldsymbol{\Psi}_r| \sin\delta_{sr}$$

式中，T_e 是电磁转矩，n_p 是电机极对数，L_m 是互感，L_r 是转子电感，L_s' 是定子瞬时电感，$\boldsymbol{\Psi}_s$、$\boldsymbol{\Psi}_r$ 是定子、转子磁链矢量，δ_{sr} 是定子、转子磁链矢量间的夹角。从中可以看出，电磁转矩取决于定子磁链矢量和转子磁链矢量的积，换言之，决定于两者的幅值的乘积及它们之间的空间电角度。

如果对转矩进行求导，可以得到

$$\frac{\mathrm{d}T_e}{\mathrm{d}t} = n_p \frac{L_m}{L_r L_s'} |\boldsymbol{\Psi}_s| |\boldsymbol{\Psi}_r| \cos\delta_{sr}$$

若 $|\boldsymbol{\Psi}_s|$、$|\boldsymbol{\Psi}_r|$ 保持恒定，便可以通过控制定子、转子磁链间夹角控制转矩，而且稳态情况下，δ_{sr} 较小，对电磁转矩的调节和控制作用是明显的。

另外，定转子磁链矢量有如下关系：

$$T_r \frac{\mathrm{d}\boldsymbol{\Psi}_r}{\mathrm{d}t} + \left(\frac{1}{\sigma} - T_r j \omega_r\right)\boldsymbol{\Psi}_r = \frac{L_m}{L_s'}\boldsymbol{\Psi}_s$$

上式表明在定子磁链矢量作用下，转子磁链矢量的动态响应具有一阶滞后特性。

根据以上分析，在动态系统中，可以假设这样一种控制方式：设定系统控制的响应时间远小于电机转子时间常数，使得在短暂的过程中，可以认为转子磁链矢量是不变的；进而如果同时保持定子磁链矢量的幅值不变，那么通过改变定子、转子磁链矢量之间的夹角 δ_{sr}，就可以实现电磁转矩的迅速改变和控制。这便是直接转矩控制的基本思想。

直接转矩变频调速实验系统原理如图 6-38 所示。

一般情况下，具体控制的实现方式是将定子磁链的近似圆形轨迹划分为六个扇区进行控制。系统根据转速调节器输出电磁转矩指令与异步电机的转矩观测值相比较得到转矩误差，通过三点式转矩调节器的输出确定转矩的调节方向；同时根据定子磁链观测值相位角判断定子磁链所在的扇区，通过磁链调节器的输出与转矩调节方向进行组合选择合适的定子电压空间矢量，从而确定主电路逆变器的开关状态，控制电机电磁转矩跟踪给定，实现异步电机的转速控制。

由上述原理图可知，直接转矩控制器主要由以下 6 部分组成。

1. 定子磁链、转矩估计

在直接转矩控制中，磁链观测的准确性是获得良好调速性能的关键，所以，对定子磁链的观测是直接转矩控制中的重要环节。定子磁链观测常用模型有 $u-i$、$i-n$、$u-n$ 三种模型。

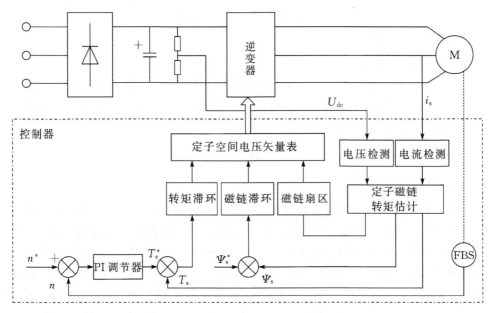

图 6-38　直接转矩变频调速实验系统原理图

u-i 模型建立在电压方程的基础上,观测器中只需要定子电阻参数。其缺点是在电机转速低于额定转速的 30% 时,u-$R_s i$ 作为积分项不大时,容易引起误差,误差主要由定子电阻影响。

i-n 模型不受定子电阻变化的影响,但是受转子电阻、漏感、主电感变化的影响。另外,该模型还要求精确测量转子角速度,所以适合于转速低于 30% 额定转速时使用。

u-n 模型结合了前两种模型的优点,但是观测器实现起来比较复杂。

根据现有系统可采集的信号量及降低系统复杂程度考虑,采用 u-i 模型进行定子磁链估计。模型如下:

$$\begin{cases} \psi_{s\alpha} = \displaystyle\int (u_{s\alpha} - R_s i_{s\alpha}) \, \mathrm{d}t \\ \psi_{s\beta} = \displaystyle\int (u_{s\beta} - R_s i_{s\beta}) \, \mathrm{d}t \end{cases}$$

另外两种模型请查阅其他相关资料。

根据电机理论,异步电机电磁转矩由定子、转子磁势矢量及其合成磁势矢量间的相互作用而产生,有

$$T_e = K_m \psi_s i_s \sin\angle(\psi_s, i_s)$$

在定子两相静止坐标系中,可以使用电磁转矩模型

$$T_e = K_m(\psi_{s\alpha} i_{s\beta} - \psi_{s\beta} i_{s\alpha})$$

对电磁转矩进行估计。

2. 转矩 PI 调节器

直接转矩控制系统中,设置转速调节器进行转速闭环控制,以抑制负载等扰动对转速的影响。转速调节器的输出决定了转矩给定的大小,由负载和转速调节的需要调节转矩给定的大小,转矩调节器采用 PI 调节器:

$$T_e = K_p \Delta n + K_i \int \Delta n \mathrm{d}t$$

3. 转矩滞环调节器

使用转矩滞环调节器实现对转矩的离散三点式控制。转矩调节器的输入是转矩给定值 T_e^* 与转矩观测值 T_e 的偏差 ΔT_e,转矩调节器的滞环容差为 $\pm \Delta \varepsilon_{T_e}$。当转矩给定值与观测值的偏差大于正容差时,转矩调节器输出"1",在空间矢量输出中加入相应的电压矢量,使定子磁链空间矢量正向旋转,磁通角 θ 增加,电磁转矩增大;当转矩偏差为正负容差之间时,转矩调节器输出"0",加入零矢量,使定子磁链空间矢量运动停止,定子磁链空间矢量与转子磁链空间矢量间的磁通角 θ 减小,电磁转矩下降;当转矩给定值与观测值的偏差小于转矩调节器的负容差时,转矩调节器的输出为"-1",加入相应的电压矢量,使定子磁链反向旋转,磁通角减小或反向,电磁转矩减小或者反向。转矩滞环调节器示意图如图 6-39 所示。

4. 磁链滞环调节器

磁链调节器的作用在于使定子磁链空间矢量在旋转过程中,其幅值保持在以给定值为基准,幅值变化在容差限的范围内波动,保持磁通幅值基本恒定。定子磁链调节器采用滞环比较器进行两点式调节,选择与定子磁链空间矢量运动轨迹为 60°或 120°的电压空间矢量。滞环比较器容差是 $\pm \varepsilon_\psi$。当定子磁链调节器的输入偏差大于正容差时,调节器输出为"1",说明定子磁链实际小于给定值,应增大定子磁链幅值;当定子磁链调节器的输入偏差小于负容差时,调节器输出为"0",说明定子磁链实际值大于给定值,应该减小定子磁链幅值。磁链滞环调节器示意图如图 6-40 所示。

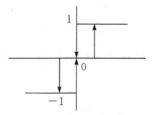

图 6-39　转矩滞环调节器

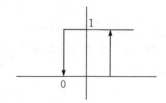

图 6-40　磁链滞环调节

5.磁链所在扇区判断

定子磁链与电磁转矩的调节均是针对定子磁链电压空间矢量的状态与运行轨迹,选择相应的电压空间矢量进行离散式调节。根据定子磁链空间矢量在 αβ 轴的投影分量 $\Psi_{s\alpha}$、$\Psi_{s\beta}$ 的大小与定子磁链空间矢量的角度,确定定子磁链空间矢量所在的扇区。首先根据 $\Psi_{s\beta}$ 是否大于 0,判断定子磁链空间矢量是位于横轴上方的 S(1)、S(2)、S(3)扇区,还是位于横轴下方的 S(4)、S(5)、S(6)扇区,如图 6-41 所示。

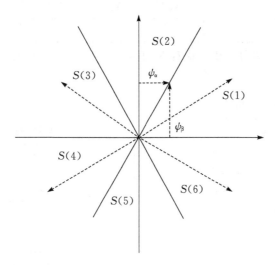

图 6-41　磁链所在扇区

若在圆形上侧的扇区,根据定子磁链空间矢量的角度即 $\dfrac{\psi_{s\alpha}}{\psi_{s\beta}}$ 与 tan30°的大小关系,即可确定 $\psi_{s\alpha}$ 的符号,从而确定具体所在扇区。定子磁链空间矢量在横轴下方时的扇区判断方法同理。

6.定子空间电压矢量表

根据转矩调节方向所需要的空间矢量以及定子磁链矢量幅值的大小,调节所需要的空间电压矢量,综合得出电压空间矢量选择表(见表 6-9)。

表 6 - 9　电压空间矢量选择表

Ψ_Q	T_Q	$S(1)$	$S(2)$	$S(3)$	$S(4)$	$S(5)$	$S(6)$
1	1	V_2	V_3	V_4	V_5	V_6	V_1
	0	V_0	V_7	V_0	V_7	V_0	V_7
	-1	V_6	V_1	V_2	V_3	V_4	V_5
-1	1	V_3	V_4	V_5	V_6	V_1	V_2
	0	V_7	V_0	V_7	V_0	V_7	V_0
	-1	V_5	V_6	V_1	V_2	V_3	V_4

DTC 控制系统软件主程序流程图如图 6 - 42 所示。

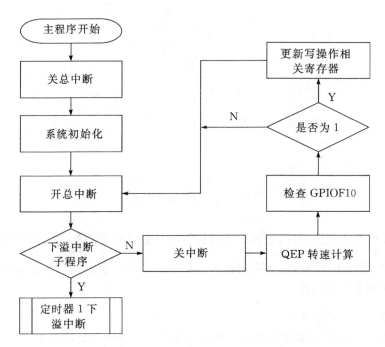

图 6 - 42　DTC 控制系统软件主程序流程图

中断服务子程序流程图如图 6-43 所示。

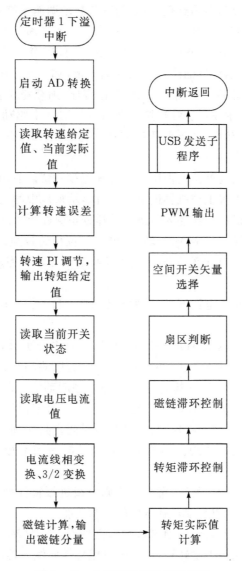

图 6-43　中断服务子程序流程图

USB 数据发送子程序流程图与开环时相同。

6.5.5.5　实验方法

(1)这是一个双闭环交流调速系统,实验硬件连线以及 NMCL-13B 的运动控制卡的程序下载与 6.5.1.5 相同,检查无误后,推上空气开关。

(2)运行程序。运行上位机调速系统软件,主界面如图 6-44 所示。观察右下角系统软件状态指示灯,若为红色,请重新下载起动调速系统软件;若为绿色,选择"感应电机直接转矩控制实验研究",此时弹出一个画面为直接转矩控制实验界面,如图 6-45 所示。由于 DSP 内程序尚未运行,USB 接口无数据,因此上位机控制软件界面中各虚拟示波器的波形为无规则波形,如图 6-46 所示。保持上位机的运行状态,在下位机 DSP 中加载 DTC 控制程序,加载完成后上位机的面板上状态指示灯为绿色。将示波器探针连接至 NMCL-13B 中驱动隔离的 6 个观察孔,观测端口是否有脉冲输出,并且两两比较观测孔 1-2、3-4、5-6,同时观察其相位是否相反,死区是否存在。

另外,此时默认的速度给定值所对应的其他输入默认值如上位机界面所示。

(3)电流校零。观察上位机界面上的电流显示窗口中的三相电流是否为零,若不为零,可调节上位机的校正输入窗口的采样校正值(i_v 和 i_v)。

(4)此时用手旋转电机 M04 的转子,可在上位机转速显示窗口中观测到小幅曲线,转速指示圆盘的指针摆动,则证明上位机通信正常。完成上述系统初始化检测及校正后,即可进行以下实验。

(5)闭合绿色按钮主电源开关,观察电机 M04 和上位机软件在默认参数条件下是否工作正常。

(6)系统默认异步电机 M04 是以发电机 M03 作为负载,软件控制界面中 PI 参数为 P、I 预设值,分别为 0.00253、0.00345。若以测功机作为负载,则 PI 参数预设值为 0.00453、0.00253。其中,系统上电空载起动的预设 PI 值分别为 0.0065 和 0.0155。因积分参数较小,系统起始状态下转矩给定值处于限幅饱和,转矩滞环控制未起作用,故电机将在最初的一段起始时间内处于加速状态,若干时间(数秒钟)后转矩控制开始起作用。实验时可在开始时适当增加 PI 中的积分参数的值,以加速上述过程的实现。

(7)当电机系统运行平稳后,考虑到不同负载机械特性的差异,在预设值的基础上微调 PI 参数,使调速系统具有更好的稳态性能。

(8)测试并分析调速系统的稳态机械特性曲线 $n=f(M)$ 以及定子磁通轨迹。若无测功机,则无法测得电磁转矩,此时的机械特性曲线为转速和电流之间的关系即 $n=f(I)$。

(9)均匀选取若干给定频率的给定值,如 10、20、30、35、47 Hz 等,在每个给定频率下逐渐增加负载即发电机 M03 的功率输出,测试并分析电机 M04 达到稳态时的转速及输出电压、电流,读取并记录发电机输出功率,依次测取 5～7 个点,在坐标纸上绘制出调试系统的稳态机械特性,从上位机控制软件的 DTC 控制界面测试并分析定子磁通轨迹及波形。

(10)测试并分析起动时电机定子电流和电机速度波形 $i_v = f(t)$ 和 $n = f(t)$,注意该调速系统只有在轻载或空载时可实现,带重载时不能直接起动!

(11)测试并分析突加和突减负载(发电机 M03 的励磁限流电阻)时的定子电流和电机速度波形 $i_v = f(t)$ 和 $n = f(t)$。

(12)设置调速系统的给定频率(建议选取 20~40 Hz),为变频器(主回路中的 IPM 区域)供电至电机运行到稳定状态,使用上位机控制软件的 DTC.vi 界面的"数据保存"功能,突加突减负载(发电机 M03 的励磁和限流电阻),测试并分析电机转速和定子电流的波形。

(13)测试并分析转矩 PI 参数变化时对系统稳态性与动态性能的影响。在稳态状态下改变 PI 参数(变化范围 0.00001~0.655),分析 PI 参数对系统稳态性能的影响。另外,修改 PI 参数,分析其对系统过渡过程的影响。

(14)测试并分析改变转矩和磁通调节器滞环宽度对系统稳态与动态性能的影响。上位机控制软件的 DTC 界面中滞环宽度显示为默认值,修改滞环宽度,测试并分析改变滞环宽度后,磁链波形以及转速稳定性的变化。

(15)测试并分析定子电阻变化对系统稳态与动态性能的影响。在电机低速运行条件下,设置"定子电阻 R_s 估计值"的大小,分析 R_s 修改前后转速的变化情况。

(16)实验完成后,首先为电机卸载,点击上位机软件控制界面的"返回"按钮,返回主面板,关闭上位机软件,关闭所有设备电源,整理实验台和连接导线。

图 6-44　上位机调速系统软件的主界面

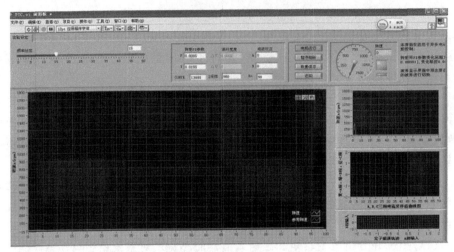

图 6 - 45　上位机调速系统软件的 DTC 实验界面

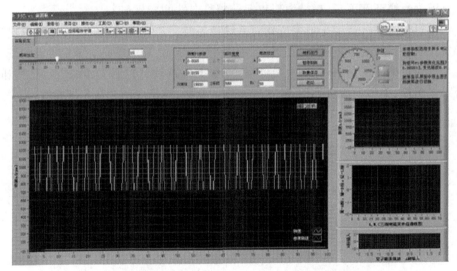

图 6 - 46　DSP 程序运行前 DTC 实验界面的无规则波形

6.5.5.6　注意事项

(1)由于系统为闭环系统,需要采集电流进行电流反馈,采集电流的准确性对系统稳态性能造成较大影响,因此实验前必须对电流进行较为准确的校正!在重新加载控制程序后需要重新校正。

(2)由于电机从起动到运行平稳状态,需要有滞环控制不起作用的过渡过程,此时电机不可控,短时速度可超过额定转速,因此电机不能重载起动,以防烧坏设备。

6.5.5.7　实验报告

(1)画出系统稳态机械特性曲线 $i = f(M)$ 及电机定子磁通轨迹,并加以分析。

(2)画出系统起动时电机定子电流和电机速度波形 $i_v = f(t)$ 和 $n = f(t)$,并加以分析。

(3)画出突加与突减负载时电机定子电流和电机速度波形 $i_v = f(t)$ 和 $n = f(t)$,并加以分析。

(4)分析改变速度调节器参数 P、I、D 对系统稳态与动态性能的影响。

(5)分析转矩与磁通调节器滞环宽度对系统稳态与动态性能的影响。

(6)分析定子电阻变化对系统稳态与动态性能的影响。

6.5.5.8　预习报告

(1)学习异步电机直接转矩控制系统的工作原理。

(2)复习基于 DSP 的异步电机直接转矩控制系统的基本原理。

(3)复习 PID 调节对闭环控制系统的影响及基本规律。

6.5.5.9　思考题

试分别论述磁场定向控制和直接转矩控制系统的优缺点与适用场合。

第 7 章　伺服电机控制系统实验

7.1　直流伺服电机控制系统

7.1.1　实验目的

(1)掌握直流伺服电机速度控制模式下的控制方式。
(2)掌握直流伺服电机位置控制模式下的控制方式。
(3)熟悉直流伺服电机转矩控制模式下的控制方式。
(4)熟悉直流伺服电机控制的优点及应用。

7.1.2　实验内容

(1)速度控制模式下的直流伺服电机调速实验。
(2)位置控制模式下的直流伺服电机调速实验。
(3)转矩控制模式下的直流伺服电机调速实验。

7.1.3　实验设备

(1)低压控制电路及仪表(NMCL-31);
(2)电源控制屏(NMCL-32);
(3)转速计及电机导轨;
(4)直流伺服电机控制系统(NMEL-30);
(5)直流伺服电机(M30);
(6)双踪示波器;
(7)万用表。

7.1.4　实验原理

直流伺服电机包括定子、转子铁芯、电机转轴、伺服电机绕组换向器、伺服电机绕组、测速电机绕组、测速电机换向器,其中转子铁芯由矽钢冲片叠压固定在电机转轴上。

伺服主要靠脉冲来定位,基本上可以这样理解,伺服电机接收到 1 个脉冲,就会旋转 1 个脉冲对应的角度,从而实现位移。因为伺服电机本身具备发出脉冲的功能,所以伺服电机每旋转一个角度,都会发出对应数量的脉冲,这样,和伺服电机接收的脉冲形成了呼应,或者叫闭环。如此一来,系统就会知道发了多少脉冲给伺服电机,同时又收了多少脉冲回来,这样,就能够很精确地控制电机的转动,从而实现精确的定位,可以达到 0.001 mm 的精度。

直流伺服电机特指直流有刷伺服电机。直流有刷伺服电机成本高,结构复杂,会产生电磁干扰,对环境有要求;起动转矩大,调速范围宽,控制容易,需要维护,但维护方便(换碳刷)。因此,它可以用于对成本敏感的普通工业和民用场合。

直流伺服电机不包括直流无刷伺服电机。直流无刷伺服电机体积小,质量轻,响应快,速度高,惯量小,转动平滑,力矩稳定,但电机功率有局限做不大;容易实现智能化,电子换相方式灵活,可以方波换相或正弦波换相;电机免维护,不存在碳刷损耗,运行温度低,效率高,噪声小,寿命长,电磁辐射小,可用于各种环境。

7.1.5　实验方法

1. 面板操作

面板操作说明见表 7-1。

表 7-1　面板操作说明

按键	名称	功能
1	UP	增加
2	DOWN	减小
3	CANCEL	退出,取消
4	ENTER	层次的后退和前进,进入,确定

2. 操作步骤及说明

(1)通过电磁接触器将电源接入主电路电源输入端子(三相接 R、S、T,单相接 R、S)。

(2)控制电路的电源 r、t 与主电路电源同时或先于主电路电源接通。如果仅接通了控制电路的电源,伺服准备好信号(SRDY) OFF。

(3)主电路电源接通后,约延时 1.5 s,伺服准备好信号(SRDY) ON,此时可以接受伺服使能(ServoEN)信号。检测到伺服使能有效,基极电路开启,电机激励,处于运行状态;检测到伺服使能无效或有报警,基极电路关闭,电机处于自由状态。

(4)当伺服使能与电源一起接通时,基极电路大约在 1.5 s 后接通。频繁接、通断开电源,可能损坏软起动电路和能耗制动电路,接通、断开的频率最好限制在每小时 5 次,每天 30 次以下。如果因为驱动器或电机过热,在将故障原因排除后,还要经过 30 min 冷却,才能再次接通电源。

3.注意事项

起动、停止的频率受伺服驱动器和电机两方面的限制,必须注意以下两个方面的问题。

伺服驱动器所允许的频率用于起动、停止频率高的场合,要事先确认是否在允许的频率范围内。允许的频率范围随电机种类、容量、负载惯量、电机转速的不同而不同。首先设置加减速时间,防止过大的再生能量。在位置控制方式下,设置上位控制器输出脉冲的加减速时间或设置驱动。

4.调整

(1)[速度比例增益](参数 PN30)的设定值。在不发生振荡的条件下,尽量设置得较大。一般情况下,负载惯量越大,[速度比例增益]的设定值应越大。

(2)[速度积分时间常数](参数 PN31)的设定值。[速度积分时间常数]设定得太小,响应速度将会提高,但是容易产生振荡。[速度积分时间常数]设定得太大,在负载变动的时候,速度将变动较大。一般情况下,[速度积分时间常数]和负载惯量大小对应,负载惯量越大,[速度积分时间常数]的设定值应越大。设置值过大、过小都会使响应变差。

5.试运行模式的简单接线运行

按图 7-1 接线:主电路端子、三相 AC 220V 接 R、S、T 端子,单相 AC 220V 接 R、S 端子;控制电压端子 r、t 接单相 AC 220V;编码器信号接插件 CN1 与伺服电机连接好;控制信号接插件 CN2 按图 7-1 所示连接。

操作流程如图 7-2 所示。

6.位置控制

(1)先按上面方法,设置合适的[速度比例增益]和[速度积分时间常数]。

(2)[位置比例增益](参数 PN44)的设定值,在稳定范围内,尽量设置得较大。[位置比例增益]设置得太大,位置指令的跟踪特性好,滞后误差小,但是在停止定位时,容易产生振荡。

[注 1][位置比例增益]设定得较小时,系统处于稳定状态,但是位置跟踪特性变差,滞后误差偏大。

[位置比例增益]的设定值可以参考表 7-2。

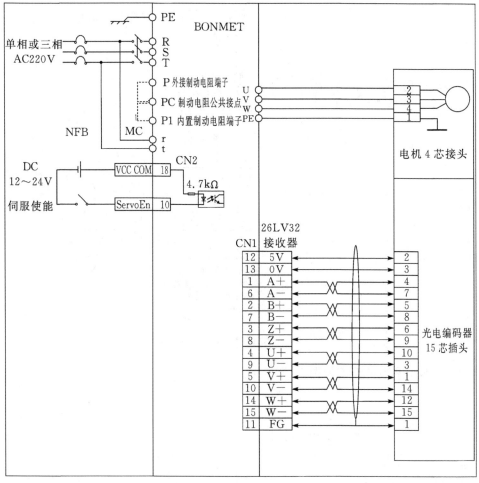

图 7 - 1　试运行接线图

表 7 - 2　位置比例增益的设定值

刚度	［位置比例增益］
低刚度	10～20/s
中刚度	30～50/s
高刚度	50～70/s

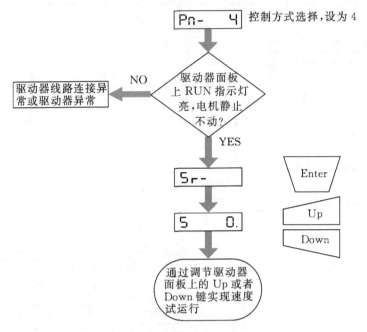

图 7-2 试运行模式操作流程图

(3)基本参数的调整如图 7-3 所示。

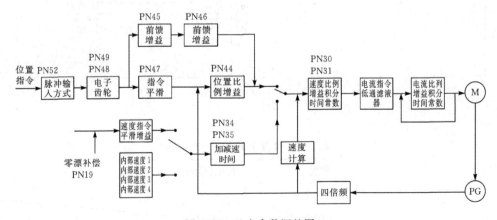

图 7-3 基本参数调整图

(4)位置控制模式的简单接线运行。按图 7-4 接线:主电路端子、三相 AC 220 V 接 R、S、T 端子,单相 AC 220 V 接 R、S 端子;控制电压端子 r、t 接单相 AC

220 V;编码器信号接插件 CN1 与伺服电机连接好;控制信号接插件 CN2 按图 7-4 所示连接。

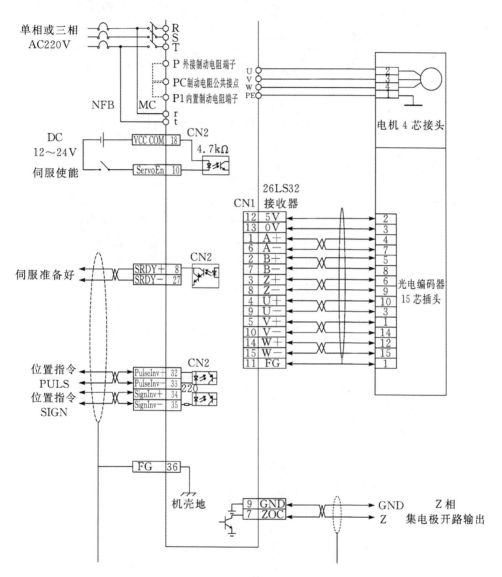

图 7-4　位置控制模式的接线图

(5)操作流程如图 7-5 所示。

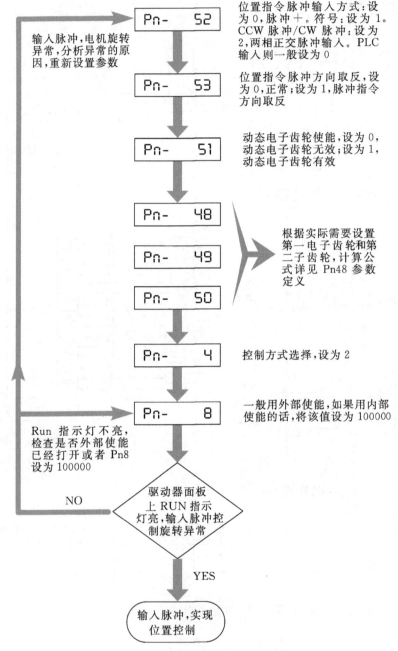

图 7-5 位置控制模式的操作流程图

7. 速度控制模式的接线运行

(1)按图 7-6 接线：主电路端子，三相 AC 220V 接 R、S、T 端子，单相 AC 220V 接 R、S 端子；控制电压端子 r、t 接单相 AC 220V；编码器信号接插件 CN1 与伺服电机连接好；控制信号接插件 CN2 按图 7-6 所示连接。如果仅作调速控制，可不需连接编码器输出信号；如果外部控制器是位置控制器，需要连接编码器输出信号。

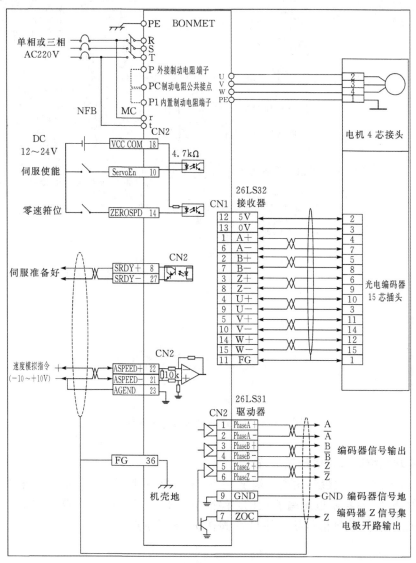

图 7-6 速度控制模式的接线图

（2）操作流程如图 7-7 所示。

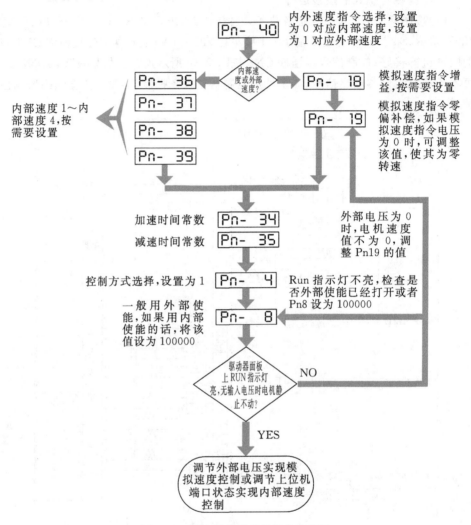

图 7-7 速度控制模式的操作流程图

8. 转矩控制方式的接线运行

（1）按图 7-8 接线：主电路端子、三相 AC 220 V 接 R、S、T 端子，单相 AC 220 V 接 R、S 端子；控制电压端子 r、t 接单相 AC 220 V；编码器信号接插件 CN1 与伺服电机连接好；控制信号接插件 CN2 按图 7-8 所示连接。

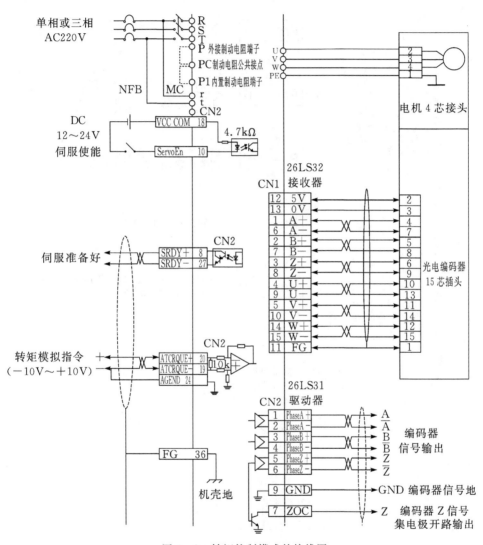

图 7 - 8　转矩控制模式的接线图

(2)操作流程如图 7－9 所示。

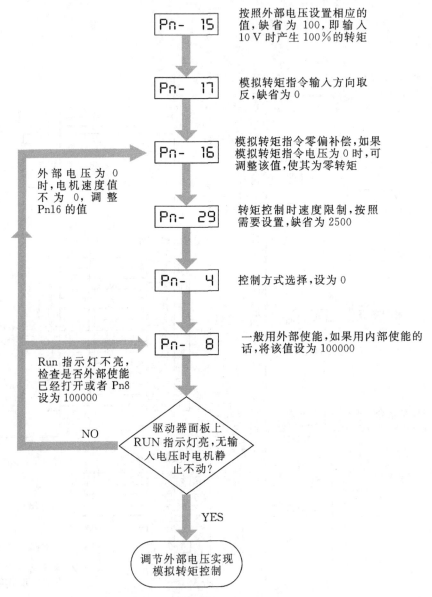

图 7 - 9　转矩控制模式的操作流程图

7.1.6　注意事项

在安装和连线完毕之后,在开机之前先检查以下几项:

(1)连线是否正确？尤其是 R、S、T 和 U、V、W,是否有松动的现象？

(2)输入电压是否正确？

(3)是否有短路现象？

(4)电机连接电缆有无短路或接地？

(5)编码器电缆连接是否正确？

(6)输入端子的电源极性和大小是否合适？

7.1.7　实验报告

(1)直流伺服电机速度控制模式下的电机调速特性分析。

(2)直流伺服电机位置控制模式下的电机调速特性分析。

(3)直流伺服电机转矩控制模式下的电机调速特性分析。

(4)分析这三种调速特性的优点及应用。

(5)分析直流伺服电机的实验数据及实验现象。

7.1.8　预习报告

(1)对直流伺服电机有什么技术要求？

(2)直流伺服电机有几种控制方式？

(3)直流伺服电机的机械特性和调节特性。

7.2　交流伺服电机控制系统

7.2.1　实验目的

(1)掌握交流伺服电机速度控制模式下的控制方式。

(2)掌握交流伺服电机位置控制模式下的控制方式。

(3)熟悉交流伺服电机转矩控制模式下的控制方式。

(4)熟悉交流伺服电机控制的优点及应用。

7.2.2　实验内容

(1)速度控制模式下的交流伺服电机调速系统。

(2)位置控制模式下的交流伺服电机调速系统。

(3)转矩控制模式下的交流伺服电机调速系统。

7.2.3 实验设备

(1)低压控制电路及仪表(NMCL-31);

(2)电源控制屏(NMCL-32);

(3)转速计及电机导轨;

(4)交流伺服电机控制系统(NMEL-21D);

(5)交流伺服电机(M21D);

(6)发电机(M03);

(7)双踪示波器;

(8)万用表。

7.2.4 实验原理

7.2.4.1 交流伺服电机的主要优点

交流伺服系统已成为当代高性能伺服系统的主要发展方向,使原来的直流伺服系统面临被淘汰的境地。20世纪90年代之后,交流伺服系统主要是采用全数字控制的正弦波电机伺服驱动。交流伺服驱动装置在电气传动领域的发展日新月异。其中,交流伺服电机同直流伺服电机比较,主要优点有:

(1)无电刷和换向器,工作可靠,维护和保养要求低。

(2)定子绕组散热比较方便。

(3)惯量小,易于提高系统的快速性。

(4)适应于高速大力矩工作状态。

(5)同功率下有较小的体积和质量。

交流伺服电机具有以下特点:

(1)调速、定位精度高。

(2)动态响应快。

(3)速度范围大,过载能力强。

(4)线性度好,力矩波动小。

(5)磁能积高,体积小,质量轻。

(6)损耗低,效率高。

(7)噪声低,温升低,使用年限长。

7.2.4.2 交流伺服电机的控制模式

本装置有三种控制模式,分别是位置控制模式、速度控制模式和转矩控制模式,如图7-10所示。

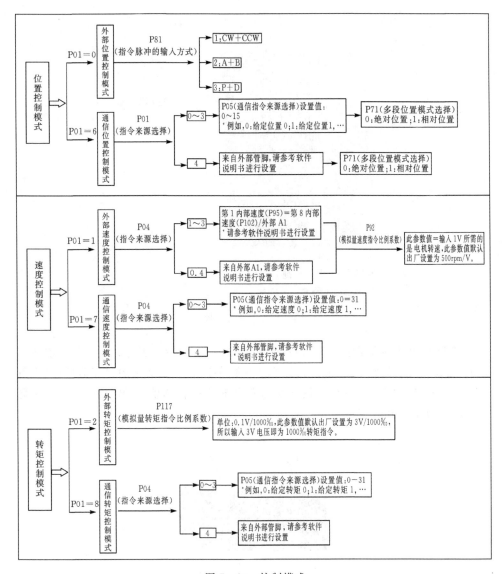

图 7-10　控制模式

7.2.4.3　控制面板

1.面板组成

　　E10 系列伺服调试器的显示面板由 2 排 6 位 LED 数码管显示器和 5 个按键组成,如图 7-11 所示。

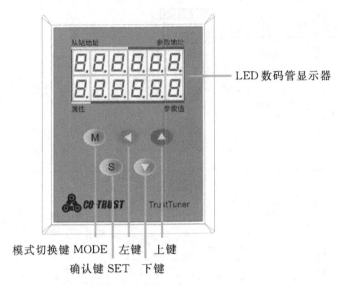

图 7 - 11　控制面板

　　LED 数码管显示器如图 7 - 12 所示,分为 4 个区域。其中:1 区(3 位数字),显示 Modbus 从站地址(不可设);2 区(3 位数字),显示该从站的寄存器地址(不可设);3 区(5 位数字),显示该从站 2 区寄存器对应的存储值;4 区(1 位数字),3 区存储值的数值属性设置。

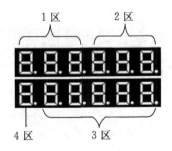

图 7 - 12　LED 数字显示

2. 按键说明

　　按键说明见表 7 - 3。

表 7 - 3　按键说明

按键符号	按键名称	功能描述	
M	模式切换键 MODE	在以下 4 种模式之间切换： ·状态监视模式 ·参数设定模式 ·EEPROM 写入模式 ·辅助功能模式	
S	进入/退出键 SET	短按进入伺服调试器菜单；设置完成，按 SET 键退出 (注：长按（约 5 s）进入调试器属性设置模式)	
▲	上键	增加序号或数值；长按则快加	注：改变数值时，只对有闪烁小数点的那一位数据有效
▼	下键	减小序号或数值；长按则快减	
◀	左键	把可移动的小数点移动到左边一位	

3. 调试器操作模式说明

调试器一共有 4 种操作模式，使用 MODE 键可改变操作模式。第一层是主菜单，短按 SET 键进入第二层菜单，完成具体操作后，按 SET 键确认操作，并从第二层菜单退出，返回到第一层菜单。菜单嵌入较深时，操作类似。在正常使用时，均是短按 SET 键进入下一层菜单进行设置或查询。当要改变调试器的属性时，在原任意菜单下，长按（约 5s）SET 键，则可进入调试器属性设置模式，设置完成后按 SET 键返回。

各操作模式的结构如图 7 - 13 所示。

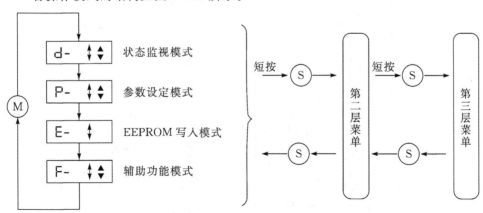

图 7 - 13　操作模式的结构

1)状态监视模式

按 MODE 键,在主菜单下选择状态监视模式 $\boxed{\text{d-}\quad}$,按上、下键选择需要显示的项目,按 SET 键进入具体的显示状态,如图 7 - 14 所示。

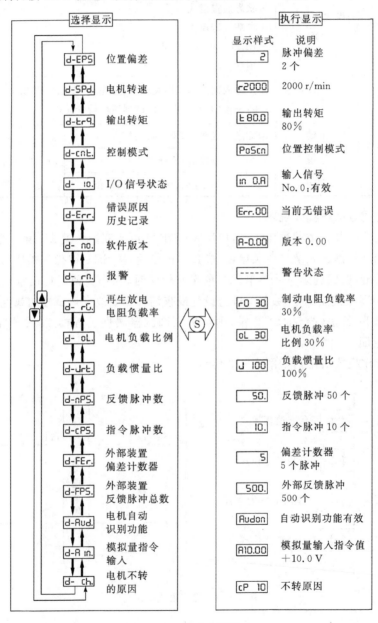

图 7 - 14　状态监视模式

2)参数写入模式

(1)选择显示的操作。从 LED 初始状态开始,先按 SET 键,再按一次 MODE键,显示为参数设定模式(见图 7-15)。

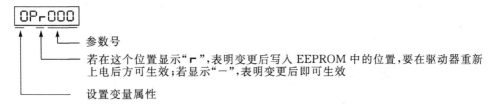

参数号

若在这个位置显示"⌐",表明变更后写入 EEPROM 中的位置,要在驱动器重新上电后方可生效;若显示"─",表明变更后即可生效

设置变量属性

图 7-15 参数设定模式

(2)执行表示的操作。按上键、下键,选择想要查阅或编辑的参数(见图 7-16)。

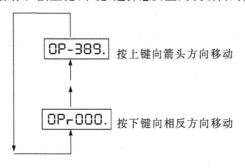

OP-389. 按上键向箭头方向移动

OPⲅ000. 按下键向相反方向移动

图 7-16 选择参数

按 SET 键进入执行操作。用左键移动小数点到需要改变大小的位置(见图 7-17)。用上、下键设置参数值:上键增加数值;下键减少数值。

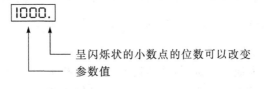

呈闪烁状的小数点的位数可以改变

参数值

图 7-17 执行操作

3)EEPROM 写入模式

(1)选择显示的操作。从 LED 初始状态开始,先按 SET 键,再按两次 MODE键,显示为参数设定模式 E-SEᵗ. 。

(2)执行表示的操作。按 SET 键改变执行显示为 ┃ EP　　-. ┃ ，执行写入时，持续按住上键，直到显示改为 ┃ StArt ┃ 。按住上键（约 5 s），使"－"增加，如图 7 - 18所示。

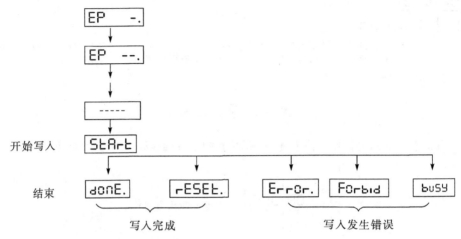

图 7 - 18　EEPROM写入模式

变更内容复位后要使设定的内容生效，在写入结束显示为 ┃ rESEt. ┃ 画面后，请关闭控制电源一次，进行复位。

4)恢复出厂设置

在 ┃ F- ┃ 下，按上、下键选择 ┃ F-rEc. ┃ ，按 SET 键进入执行模式 ┃ rEc-. ┃ 。

当需要将各参数值恢复为出厂默认值时，持续按上键，直到显示 ┃ StArt ┃ 。

通过按住上键（约 5 s）使"－"增加，如图 7 - 19 所示。

4. 伺服调试器系统说明

此调试器默认为伺服调试器，从站地址为 1，波特率为 19200，关闭自动搜索波特率功能。用户根据实际需要长按（约 5 s）SET 键可修改相关属性。用户设置或搜索后选用的波特率和从站地址可断电保存。上电后调试器默认显示为伺服的内容，当应用类型改变时，按对应设备显示相关内容。若所接设备不是伺服，显示 NO_SRD；若是通信故障，则全屏闪烁，上排显示 － － － － － －，下排显示 6 个 8；若没有通信故障，而是从机设备故障，则原显示内容闪烁。

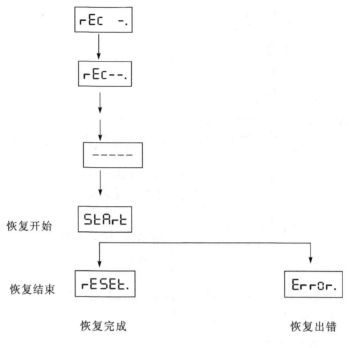

图 7 - 19 恢复出厂设置

7.2.5 实验方法

1.电机试运行

正确连接好伺服电机、驱动器和伺服调试器。此处连接面板上的 U、V、W 与电机铭牌上的 U、V、W 三相并一一对应,不可调换。将带有航空插头的连接线的一头连接到挂箱的航空插座,另一头连接到电机铭牌上的航空插座,此为编码器控制线。接上外部电源线。检查线路无误后,上电。

此时,显示屏显示 `001.221 / r 0`,按下 SET 后, `001.221 / r 0` 按一次SET键 `001.221 / d-SPd.`。

按 MODE 键,一次、两次、三次,直到在 F- 下,按上、下键选择到 `F-JoG.`。按 SET 键进入执行模式 `JoG -.`,持续按上键,直到显示到 `rEAdY.`。通过按上键使显示屏上的“—”增加,约 5 s,直至伺服准备好。再持续按左键,直至出现 `Su-on.` 伺服开启。

运行步骤如图 7 - 20 所示。

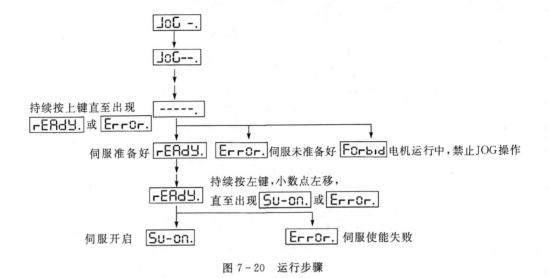

图 7 - 20　运行步骤

完成之后,按向上键,电机顺时针运转;按向下键,电机逆时针运转;不按上、下键,则停止运转。按 SET 键退出,试运行结束。

2.通信速度控制模式

液晶操作面板给定速度,无需端子外接连线。

(1)打开面板船型开关,按参数设置要求首先设置 2 个需要写入 EEPROM 的参数,写入后关闭面板船型开关进行断电。参数设定如下:

P01＝7(此参数需要写入 EEPROM,断电重启后才能生效);

P04＝3(此参数需要写入 EEPROM,断电重启后才能生效)。

再合上船型开关,继续设置其他参数如下:

P05＝1;

P325＝300(即给定转速,设置范围－3000～3000 ,电机运行过程中也可改变数值);

P282＝1(通信使能,将上述参数设置完成后,设置 P282＝1,即给伺服一个使能信号,电机接受命令,按设定速度运行。设置 P282＝0 后,电机停止运行)。

(2)操作注意事项:

①注明要写入 EEPROM 的参数,请按软件说明书上方法进行 EEPROM 的写入。首先,按照 EEPROM 写入模式的方法设定参数值。断电后重启,检查参数是否正确写入。然后,可以按同样方法写入其他参数。

②在伺服使能状态下,不能进行 EEPROM 的参数写入。

③P282 通信控制方式下的伺服使能,0 为不使能,1 为使能。

3. 外部速度控制模式

此时,外部模拟量即电压给定速度。

(1)打开面板船型开关,按参数设置要求首先设置 2 个需要写入 EEPROM 的参数,写入后关闭面板船型开关进行断电。参数设定如下:

P01＝1(此参数需要写入 EEPROM,断电重启后才能生效);

P04＝0(此参数需要写入 EEPROM,断电重启后才能生效)。

再合上船型开关,继续设置其他参数如下:

P92＝100,参数功能说明如图 7‐21 所示。

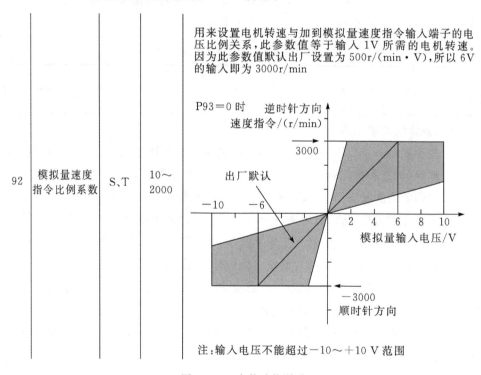

图 7‐21　参数功能说明

(2)面板上　　　　　　　　　　AI＋ 接面板 NMCL‐31 的给定电压 U_g 的正极,AGND 接地,用来给定模拟量电压,控制电机转速。

（3）面板上的 N — DC24V — ◯ COM+ ◯ 3 左侧黑色与红色接线柱之间内部

已经接入控制电源 DC24V，不需外接。

（4）通过左侧钮子开关，控制伺服电机的各功能端子通断。将 SRV-ON 端子侧的钮子开关 SA_1 打到"ON"，表示给伺服使能，电机就按设置的比例速度运行。SRV-ON 的钮子开关打到"OFF"，电机停止运行。

（5）调节给定电压从 0～5 V，测量并记录电机转速与模拟量给定电压的对应数值共 6 组，记入表 7-4，画出其对应的曲线。

表 7-4　交流伺服电机调速系统实验记录表（一）

U_g/V					
n/r					

（6）操作注意事项说明

①注明要写入 EEPROM 的参数，请按说明书上方法进行 EEPROM 的写入，断电后重启，检查参数是否正确写入，然后再写入其他参数。

②在伺服使能状态下，不能进行 EEPROM 的参数写入。

③关于参数 P92：此参数用来设置电机转速与输入电压之间的比例关系，默认为 500 r/(min·V)。即：如果 P92 设置值在默认下为 500，那么若外部输入电压为 1 V，则电机按 500 r/min 的速度转动，如果输入电压为 2 V，电机转速则为 1000 r/min，电机转速和输入电压成线性关系，如图 7-21 中表示。输入电压范围是 -10～+10 V，输入电压不能超过此范围。

④关于使能：外部速度控制模式下的使能方式使用外部端子使能 SRV-ON，如图 7-22 所示。

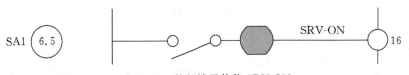

图 7-22　外部端子使能 SRV-ON

⑤请检查钮子开关是否都打到"OFF"端。

4. 通信位置控制模式

此时，操作面板给定内部脉冲数，无需端子接线。

(1)改变控制模式时需进行恢复出厂设置,所有参数均重新复位为系统原始默认值。

(2)打开面板船型开关,按通信位置控制的参数设置要求,首先设置 2 个需要写入 EEPROM 的参数,写入后关闭面板船型开关进行断电。

P01＝6(此参数需要写入 EEPROM,断电重启后才能生效)。

P04＝1(此参数需要写入 EEPROM,断电重启后才能生效)。

再合上船型开关,继续设置其他参数如下:

P05＝0。

3P290＝30000(即给 30000 个脉冲,走完 30000 个脉冲,电机停止。设置范围 $-2^{31} \sim 2^{31}$)。

P282＝1(通信使能,将上述参数设置完成后,设置 P282＝1,即给伺服一个使能信号,电机接受命令,运行)。

(3)操作注意事项

①注明要写入 EEPROM 的参数,请按说明书上方法进行 EEPROM 的写入,断电后重启,检查参数是否正确写入,然后再写入其他参数。

②在伺服使能状态下,不能进行 EEPROM 的参数写入。

③关于参数 P290:参数 P290 为"给定位置 0",单位为脉冲个数,此参数为 32 位双整数类型,参数属性默认情况下均为 16 位有符号数。因此,设置 P290 参数时,需将参数的属性设置为 32 位有符号数。

显示屏分为 4 个区域,第 4 区为 1 位数字,可设置参数的属性(见图 7 - 23)。

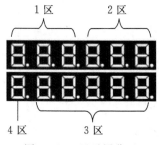

图 7 - 23 显示屏分区

默认为 0,表示参数默认为 16 位有符号数,要使 3P290 参数为 32 位有符号数,可将第 4 区数字设置为 3,如表 7 - 5 所示。也就是说,调节为 3P290 时,按 SET 键进行参数值的设置,设 30000,表示 30000 个脉冲数。

表7-5　显示屏第4区内容说明

显示并第4区内容	说明
0	16位有符号数
1	16位无符号数
2	16位16进制数
3	32位有符号数

P282通信控制方式下的伺服使能,0为不使能,1为使能。

此实验可以实现给定脉冲数控制电机行走圈数的控制,脉冲数在3P290中设置。对于改变电机运行的速度,参数P97中的值在此模式下控制电机的速度,默认为500,用户也可自行设置需要的速度。

5.外部位置控制模式

此时可以通过外部输入指令脉冲形式控制电机运行。

(1)打开面板船型开关,按参数设置要求,首先设置1个需要写入EEPROM的参数,写入后关闭面板船型开关进行断电。

P01=0(此参数需要写入EEPROM,断电重启后才能生效。

再合上船型开关,继续设置其他参数如下:

P80=0;

P81=3;

P86=1(默认值);

P87=1(默认值);

P88=1(默认值)。

(2)面板上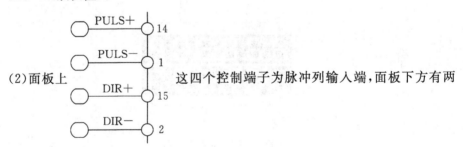这四个控制端子为脉冲列输入端,面板下方有两

路可调脉冲输出(见图7-24)。在脉冲输出接入前,用示波器测试脉冲波形,首次实验,请先用低频段。

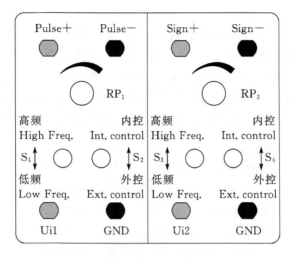

图 7 - 24　外部位置控制模式面板

（3）脉冲序列输入端 PULS＋与 DIR＋短接后接到面板下方的脉冲输出 Pulse ＋；脉冲序列输入端 PULS－接到面板下方脉冲输出的 Pulse－ ；DIR－悬空。

（4）左侧黑色与红色接线柱之间内部已经接入控制电源 DC24V，如图 7 - 25 所示。

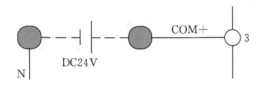

图 7 - 25　控制电源

（5）通过左侧钮子开关，控制伺服电机的各功能端子通断。将 SRV-ON 端子侧的钮子开关 SA$_1$ 打到"ON"，表示给伺服使能，电机就按设置的脉冲频率进行运行。SRV-ON 的钮子开关打到"OFF"，电机停止运行。

（6）调节给定脉冲从低频到高频，测量并记录电机转速与脉冲给定频率的对应数值共 6 组，记入表 7 - 6，画出其对应的曲线。

表 7 - 6　交流伺服电机调速系统实验记录表（二）

$n/(\text{r/min})$						
f/Hz						

（7）通过可调电位器控制脉冲输出的频率，从而调节电机的转速。

(8)操作注意事项：

①注明要写入 EEPROM 的参数，请按说明书上方法进行 EEPROM 的写入，断电后重启，检查参数是否正确写入，之后再写入其他参数。

②在伺服使能状态下不能进行 EEPROM 的参数写入。

③关于两路可调脉冲输出：面板下方两路可调脉冲输出是一样的，只是标注不同，一路标为 pulse，一路标为 sign。一般在实验中，只需用到其中一路。

6. 通信转矩控制模式

此时操作面板给定内部转矩，无需端子接线。

(1)打开面板船型开关，按参数设置要求，首先设置 2 个需要写入 EEPROM 的参数，写入后关闭面板船型开关进行断电。参数设定如下：

P01＝8(此参数需要写入 EEPROM，断电重启后才能生效)；

P04＝3(此参数需要写入 EEPROM，断电重启后才能生效)。

再合上船型开关，继续设置其他参数如下：

P05＝2；

P360＝1000 (即设定转矩 1000‰，设置范围是－2500‰～＋2500‰)；

P282＝1(通信使能，将上述参数设置完成后，设置 P282＝1，即给伺服一个使能信号，电机接受命令，运行)。

(2)操作注意事项：

①注明要写入 EEPROM 的参数，请按说明书上方法进行 EEPROM 的写入，断电后重启，检查参数是否正确写入，然后再写入其他参数。

②在伺服使能状态下，不能进行 EEPROM 的参数写入。

7. 外部转矩控制模式

此时外部模拟量即电压给定速度。

(1)打开面板船型开关，按外部转矩参数设置要求，首先设置 1 个需要写入 EEPROM 的参数，写入后关闭面板船型开关进行断电。参数设定如下：

P01＝2(此参数需要写入 EEPROM，断电重启后才能生效)。

再合上船型开关，继续设置其他参数如下：

P117＝30，参数功能说明如图 7－26 所示。

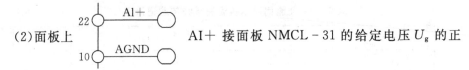

(2)面板上 AI＋ 接面板 NMCL－31 的给定电压 U_g 的正极，AGND 接地，用来给定模拟量电压，控制电机转速。

| 模拟量转矩
指令比例系数 | T | 10～
100 | 设置电机转矩与加到模拟量转矩指令输入端子的电压比例关系,单位为 0.1V/1000‰。因为此参数值默认出厂设置为 3V/1000‰,所以输入 3V 电压即为 1000‰转矩指令

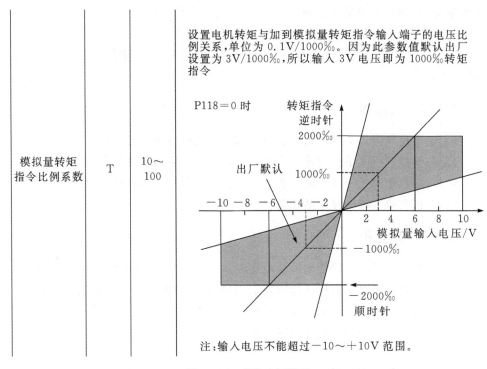 |

图 7-26　参数功能说明

(3)面板上的 左侧黑色与红色接线柱之间内

部已经接入控制电源 DC24V,不需外接。

(4)通过左侧钮子开关,控制伺服电机的各功能端子通断。将 SRV-ON 端子侧的钮子开关 SA_1 拨到"ON",表示给伺服使能,电机就按设置的比例转矩设定值运行。SRV-ON 的钮子开关拨到"OFF",电机停止运行。

(5)调节给定电压从 0～5V,测量并记录电机转速与模拟量给定电压的对应数值共 6 组,记入表 7-7,画出其对应的特性曲线。

表 7-7　交流伺服电机调速系统实验记录表(三)

U_g/V						
n/r						

(6)操作注意事项:

①注明要写入 EEPROM 的参数,请按说明书上方法进行 EEPROM 的写入,

断电后重启,检查参数是否正确写入,然后再写入其他参数。

②在伺服使能状态下,不能进行 EEPROM 的参数写入。

③关于使能:外部速度控制模式下的使能方式请使用外部端子使能 SRV-ON。

7.2.6 实验报告

(1)速度控制模式下的交流伺服电机调速系统的调速特性分析。

(2)位置控制模式下的交流伺服电机调速系统的调速特性分析。

(3)转矩控制模式下的交流伺服电机调速系统的调速特性分析。

(4)分析实验过程中发生的现象。

7.2.7 预习报告

(1)为什么三相调压器输出的线电压 U_{uw} 与相电压 U_{vn} 在相位上相差 90°?

(2)对交流伺服电机有什么技术要求,在制造与结构上采取什么相应措施?

(3)交流伺服电机有几种控制方式?

(4)什么是交流伺服电机的机械特性?

7.3 DSP 控制的同步电机伺服系统

7.3.1 实验目的

(1)熟悉三相永磁同步伺服电机的结构和工作原理。

(2)熟悉基于 DSP 的全数字控制交流伺服系统的硬件与软件。

(3)掌握交流同步电机磁场定向控制(FOC)的工作原理。

(4)掌握交流同步电机电流环和速度环 PID 参数设计原理。

(5)熟悉交流伺服系统的各种控制模式及工作方式。

(6)了解伺服系统在定位控制中的应用。

7.3.2 实验内容

(1)同步电机矢量变换控制原理实验。

(2)同步电机伺服系统电流环参数设计。

(3)同步电机伺服系统速度环参数设计。

(4)同步电机伺服系统位置环参数设计。

(5)同步电机伺服系统正弦波跟踪控制。

(6)同步电机伺服系统电子齿轮控制。

(7)同步电机伺服系统位置控制。

(8)同步电机伺服系统力矩控制。

7.3.3　实验设备

(1)THRSS-1 型实验系统；

(2)电机导轨及编码器；

(3)交流同步电机；

(4)PC 机(装有上位机软件)；

(5)双踪示波器(带隔离变压器)。

7.3.4　实验原理

THRSS-1 型同步电机 DSP 伺服实验采用 TI 公司的 2000 系列专用 DSP 控制芯片 TMS320LF2407A 作为主控芯片，控制方式采用磁场定向变频矢量控制，实现对同步电机的电流环、速度环、位置环三闭环的伺服控制系统。实验系统通过 PC 机进行控制，也可脱离 PC 机单独进行控制。

实验系统包括 PC 上位机与 DSP 控制的下位机两部分。下位机包括 DSP 控制单元、功率驱动单元、键盘显示单元、保护单元和反馈单元等。实验系统有五种控制方式：定位控制、脉冲控制和模拟量跟踪控制、力矩控制和调速控制。上位机可以对下位机进行控制，包括数据采集和各种参数的波形显示；脱离上位机时，下位机可单独操作，通过示波器测试参数波形。电机运行时可实时对电机 PI 参数进行修改。该实验装置配有 1024 光盘码导轨和三相永磁同步电机。

1.三相永磁同步电机的结构和工作原理

1)结构

永磁同步电机的定子与绕线式的定子基本相同，根据转子结构可以分为凸极式和嵌入式两类。凸极式转子是将永磁铁安装在转子轴的表面，如图 7-27(a)所示。因为永磁材料的磁导率十分接近空气的磁导率，所以在交轴(q 轴)、直轴(d 轴)上的电感基本相同。嵌入式转子则将永磁铁嵌入在转子轴的内部，如图 7-27(b)所示，因此交轴的电感大于直轴的电感，并且，除了电磁转矩外，还有磁阻转矩存在。为了使永磁同步电机具有正弦波感应电动势波形，其转子磁钢形状呈抛物线状，使其气隙中产生的磁通密度尽量呈正弦分布；定子电枢绕组采用短距分布式绕组，能最大限度地消除谐波磁动势。

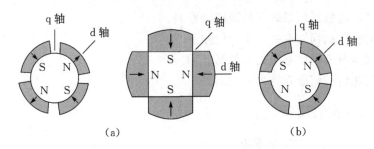

图 7-27　永磁转子结构（两对磁极）

(a)凸极式；(b)嵌入式

2)工作原理

永磁体转子产生恒定的电磁场,当定子接通三相对称的正弦波交流电时,则产生旋转的磁场,两种磁场相互作用产生电磁力,推动转子旋转。如果能改变定子三相电源的频率和相位,就可以改变转子的转速和位置,因此,对三相永磁同步电机的控制和三相异步电机一样,采用矢量控制。

2. 同步电机数学模型

三相永磁同步伺服电机的模型是一个多变量、非线性、强耦合系统。为了实现转矩线性化控制,就必须要对转矩的控制参数实现解耦。转子磁场定向控制是一种常用的解耦控制方式。

转子磁场定向控制实际上是将 Odq 同步旋转坐标系放在转子上,随转子同步旋转。其 d 轴(直轴)与转子的磁场方向重合(定向),q 轴（交轴)逆时针超前 d 轴90°电角度,如图 7-28 所示。

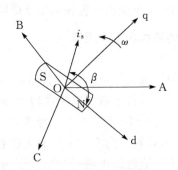

图 7-28　永磁同步电机定子 ABC 坐标系与转子 Odq 坐标系的关系

图 7-28（图中转子的磁极对数为 1)表示转子磁场定向后,定子三相不动坐标 A、B、C 与转子同步旋转坐标系 Odq 的位置关系。定子电流矢量 i_s 在 Odq

坐标系上的投影 i_d、i_q 可以通过对 i_A、i_B、i_C 的 Clarke 变换(3/2 变换)和 Park 变换(交/直变换)求得,因此 i_d、i_q 是直流量。

三相永磁同步伺服电机的转矩方程为

$$T_m = p(\Psi_d i_q - \Psi_q i_d) = p[\Psi_f i_q - (L_d - L_q)i_d i_q] \tag{7-1}$$

式中,Ψ_d、Ψ_q 为定子磁链在 d、q 轴的分量;Ψ_f 为转子磁钢在定子上的耦合磁链,它只在 d 轴上存在;p 为转子的磁极对数;L_d、L_q 为永磁同步电机 d、q 轴的主电感。

式(7-1)说明了转矩由两项组成,括号中的第一项是由三相旋转磁场和永磁磁场相互作用所产生的电磁转矩;第二项是由凸极效应引起的磁阻转矩。

对于嵌入式转子,$L_d < L_q$,电磁转矩和磁阻转矩同时存在。可以灵活有效地利用这个磁阻转矩,通过调整和控制 β,用最小的电流幅值来获得最大的输出转矩。

对于凸极式转子,$L_d = L_q$,因此只存在电磁转矩,而不存在磁阻转矩。转矩方程变为

$$T_m = p\Psi_d i_q = p\Psi_f i_s \sin\beta \tag{7-2}$$

由式(7-2)可以明显看出,当三相合成的电流矢量 i_s 与 d 轴的夹角 β 等于 $90°$ 时可以获得最大转矩,也就是说 i_s 与 q 轴重合时转矩最大。这时,$i_d = i_s \cos\beta = 0$,$i_q = i_s \sin\beta = i_s$,式(7-2)可以改写为

$$T_m = p\Psi_d i_q = p\Psi_f i_s \tag{7-3}$$

因为是永磁转子,Ψ_f 是一个不变的值,所以式(7-3)说明了只要保持 i_s 与 d 轴垂直,就可以像直流电机控制那样,通过调整直流量 i_q 来控制转矩,从而实现三相永磁同步伺服电机的控制参数的解耦,实现三相永磁同步电机转矩的线性化控制。

3. 同步电机 FOC 控制原理

图 7-29 为三相永磁同步电机采用磁场定向控制的算法框图。

通过电流传感器测量逆变器输出的定子电流 i_A、i_B,经过 DSP 的 A/D 转换器转换成数字量,并利用式 $i_C = -(i_A + i_B)$ 计算出 i_C。通过 Clarke 变换和 Park 变换将电流 i_A、i_B、i_C 变换成旋转坐标系中的直流分量 i_{sq}、i_{sd} 作为电流环的负反馈量。

利用增量式编码器测量电机的机械转角位移 θ_m,并将其转换成电角度 θ_e 和转速 n。电角度 θ_e 用于参与 Park 变换和逆变换的计算,转速 n 作为速度环的负反馈量。

给定转速 n_{ref} 与转速反馈量 n 的偏差经过速度 PI 调节器,其输出作为用于转矩控制的电流 q 轴参考分量 i_{sqref}。i_{sqref} 和 i_{sdref}(等于零)与电流反馈量 i_{sq}、i_{sd} 的偏差经过电流 PI 调节器,分别输出 Odq 旋转坐系的相电压分量 V_{sqref} 和 V_{sdref}。V_{sqref}

和 V_{sdref} 再通过 Park 逆变换转换成 $O_{\alpha\beta}$ 直角坐标系的定子相电压矢量的分量 $V_{s\alpha ref}$ 和 $V_{s\beta ref}$

当定子相电压矢量的分量 $V_{s\alpha ref}$、$V_{s\beta ref}$ 和其所在的扇区数已知时,就可以利用电压空间矢量 SVPWM 技术,产生 PWM 控制信号来控制逆变器。

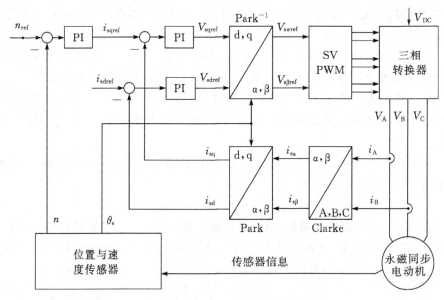

图 7-29　磁场定向控制(FOC)控制框图

系统中用到的 Park 和 Clark 变换可参考本教程的 6.5.4 节。

4. 空间矢量算法

在目前的 PWM 调制方法中,空间矢量调制法可以获得更高的直流电压利用率和更低的输出谐波,因而得到广泛的应用。另外,由于目前 TI 2000 系列 DSP 内部都有空间矢量发生器,从而使这一调制方法应用更为方便。当硬件生成的是五段式调制法时,相对于七段式的调制方法有更高的电压谐波算法,可参考本教程的 6.5.2 和 6.5.4 节。

5. 基于 DSP 全数字控制的同步电机伺服系统原理

1) 系统软硬件构成

实验系统中使用的为 TMS320F2407A,其内部包含 32KB 的 Flash(闪速)EE-PROM。图 7-30 所示为 DSP 控制变频调速原理图。

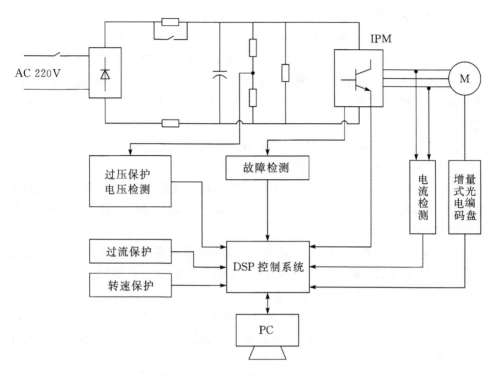

图 7 - 30　DSP 控制变频调速原理图

2)数字 PID 控制原理

图 7 - 31 所示为 PID 控制框图。

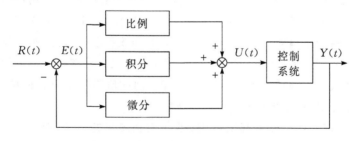

图 7 - 31　PID 调节器控制框图

本实验装置中采用了 PID 控制环节,下面介绍两种数字 PID 控制算法。

(1)位置式 PID 控制

$$u(KT) = K_p e(KT) + K_i \sum_{i=1}^{K} e(iT) + K_d [e(KT) - e(KT - T)]$$

（2）增量式 PID 控制

$$\Delta u(KT) = K_p(e(KT) - e(KT - T)) + K_i e(KT)$$
$$+ K_d[e(KT) - 2e(KT - T) + e(KT - 2T)]$$

其中，$u(KT)$ 为调节器第 K 个周期的输出信号；$e(KT)$ 为调节器的误差信号；K_p 为比例系数；K_i 为积分系数，$K_i = K_p/\tau_i$，τ_i 为积分时间常数；$K_d = K_p \tau_d$，τ_d 为微分时间常数。

3）PID 调节器参数对控制性能的影响

（1）比例控制 K_p 对系统性能的影响。

①对动态特性的影响：比例控制 K_p 加大，使系统的响应加快；K_p 偏大，振荡次数增加，有较大的超调，调节时间变长；K_p 太大，系统会趋于不稳定；K_p 太小，又会使系统的响应变慢。

②对稳态特性的影响：加大比例控制 K_p，在系统稳定的情况下，可以减少稳态误差，提高控制精度，但加大 K_p 只能减小误差，却不能完全消除稳态误差。

（2）积分控制 τ_i 对控制性能的影响。

①对动态特性的影响：积分控制 τ_i 影响系统的稳定性，τ_i 太小，系统将不稳定；τ_i 偏小，振荡次数较多；τ_i 太大，对系统性能的影响减少。但 τ_i 合适时，过渡特性比较理想。

②对静态特性的影响：积分控制 τ_i 能消除系统的稳态误差，提高控制系统的控制精度。但 τ_i 太大，积分作用太弱，以至不能减小稳态误差。

（3）微分控制 τ_d 对控制性能的影响。

微分控制不能单独使用，经常与比例控制或积分控制联合作用，构成 PD 控制或 PID 控制。微分控制的作用，实质上是跟偏差的变化速率有关，通过微分控制能够预测偏差，产生超前的校正作用，可以较好地改善动态特性，如超调量减少，调节时间缩短，允许加大比例控制，使稳态误差减少，提高控制精度等。但当 τ_d 偏大时，超调量较大，调节时间较长。当 τ_d 偏小时，同样超调量和调节时间都较大。只有 τ_d 取得合适，才能得到比较满意地控制效果。

把三者的控制作用综合起来考虑，不同控制规律的组合，对于相同的控制对象，会有不同的控制效果。一般来说，对于控制精度要求较高的系统，大多采用 PI 或 PID 控制。

7.3.5　实验方法

1. 调速工作模式

设定电机工作于调速模式下，等效直流电机基本变量的观察（转速 n、力矩电

流 i_q、励磁电流 i_d 为常数）。同步电机在转子磁场定向控制方式下，定子电流可以分解为励磁分量 i_d 和转矩分量 i_q，它们分别相当于等效直流电机中的励磁电流和电枢电流。因此，电机由静止到额定转速的起动过程中，其转速上升，i_q 电流波形与直流电机的相应变量波形十分相似，其电流波形也可以分为上升、恒流升速和恢复三个阶段。具体实验如下：

（1）测试并分析突加转速给定时的电机定子电流 i_q 和电机转速 n 波形。

（2）测试并分析电机动态、静态特性波形及相关参数。

（3）改变速度环 PID 参数，重复上述实验，分析参数变化对电机动态特性的影响。

2. 力矩给定模式

（1）通过上位机或下位机给定力矩量，这里给定 60（数字量），观测给定力矩电流 i_{q_ref} 和反馈力矩电流 i_q 波形。改变力矩电流给定符号，电机反方向转动，测定此时力矩电流 i_{q_ref} 和反馈力矩电流 i_q 波形。

（2）改变电机电流环参数，测试此时反馈力矩电流 i_q 和给定力矩电流 i_{q_ref} 的波形，并记录此时力矩电流 i_q 上升时间、调整时间和超调量。

3. 模拟量跟踪模式

（1）在上位机软件设定为下位机模拟量模式，记录此时的转速 n 波形及其跟踪的模拟量曲线。

（2）调节下位机模拟量幅值，测试此时的转速 n 响应曲线。

（3）调节下位机模拟量频率，测试此时的转速 n 响应曲线，并结合实验（2），测量伺服系统的频率响应曲线。

（4）上位机给定 S 曲线波形，测试此时转速 n 响应曲线，并记录波形。同时，改变 S 曲线的相关参数，记录速度响应曲线，加以分析对比。

以上实验是针对电机在跟踪模拟量时，速度响应的快慢，从而用于测量整个伺服系统的频率响应。该模式用于任意速度曲线的跟踪，同定位模式结合，可以用于点位、轮廓控制中。

4. 脉冲跟踪模式

（1）通过上位机或下位机设定跟踪的脉冲量，记录此时转速 n 及其波形。

（2）改变脉冲跟踪的频率，测试此时转速 n 曲线和定子电流 i_A 频率的变化。

（3）改变电子齿轮比例，在同一脉冲频率下，记录此时电机跟踪速度 n。

5. 定位模式

通过上位机给定电机转过的位置量，测试此时电机轴的位置和实际转过的位置量。

7.3.6 实验报告

(1)分别画出伺服系统在各种工作模式下的波形:

①电机转速 n、电流 i_q 阶跃响应曲线,并记录上升和调整时间及超调量。

②调速模式下电机的动态、静态特性、参数与波形曲线,并对曲线进行分析。

③改变速度环 PID 参数时,记录此时转速 n、电流 i_q 阶跃响应曲线,并给出上升和调整时间及超调量。

④电机在力矩模式下的电流 i_q 响应曲线。

⑤力矩模式下改变电流环参数时,电流 i_q 响应曲线。

⑥电机在模拟量跟踪时,记录给定模拟量和电机转速 n 曲线波形。

⑦改变 S 函数参数时,记录此时电机转速 n 变化曲线。

⑧给定脉冲频率变化时,电机转速 n 曲线。

(2)定位模式下,记录电机转过的位置量和定位时间。

(3)实验的收获、体会与改进意见。

7.3.7 预习报告

(1)交流同步电机磁场定向控制的原理。

(2)坐标变换的意义和变换公式。

(3)电压空间矢量调制的原理。

(4)伺服控制系统的组成与工作原理。

(5)数字 PID 控制的原理。

参考文献

[1]　陈伯时.电力拖动自动控制系统——运动控制系统[M].3 版.北京:机械工业出版社,2012.

[2]　阮毅,陈维均.运动控制系统[M].北京:清华大学出版社,2011.

[3]　阮毅,陈伯时.电力拖动自动控制系统——运动控制系统[M].4 版.北京:机械工业出版社,2010.

[4]　丁学文.电力拖动运动控制系统[M].北京:机械工业出版社,2007.

[5]　李宁,白晶,陈桂.电力拖动与运动控制系统[M].北京:高等教育出版社,2010.

[6]　李华德.电力拖动控制系统(运动控制系统)[M].北京:电子工业出版社,2006.

[7]　陈霞.电力拖动自动控制系统原理与设计方法[M].北京:中国电力出版社,2010.

[8]　顾春雷,陈中.电力拖动自动控制系统与 MATLAB 仿真[M].北京:清华大学出版社,2011.

[9]　刘松.电力拖动自动控制系统[M].北京:清华大学出版社,2006.

[10]　刘启新.电机与拖动基础[M].北京:中国电力出版社,2012.

[11]　汤蕴璆.电机学[M].4 版.北京:机械工业出版社,2011.

[12]　李发海.电机学[M].4 版.北京:科学出版社,2012.

[13]　王兆安,刘进军.电力电子技术[M].5 版.北京:机械工业出版社,2013.

[14]　徐立娟.电力电子技术[M].北京:人民邮电出版社,2010.

[15]　贺益康,潘再平.电力电子技术[M].2 版.北京:科学出版社,2012.

[16]　王云亮.电力电子技术[M].2 版.北京:电子工业出版社,2009.

[17]　曲永印,白晶.电力电子技术[M].北京:机械工业出版社,2013.

[18]　綦慧,杨玉珍.运动控制实验教程[M].北京:清华大学出版社,2010.

[19]　赵金.运动控制技术综合实验教程[M].武汉:华中科技大学出版社,2010.

[20]　潘再平,唐益民.电力电子技术与运动控制系统实验[M].杭州:浙江大学出版社,2008.

[21]　李传琦.电力电子技术计算机仿真实验[M].北京:电子工业出版社,2006.